이제 이 그

기억하세요

하루에 한 가지 툴(Tool)만이라도

사용해보세요

아이와의 일상이

달라질 거예요

Rory 김준희

똑게육아 

하트법칙

- 훈육 비법 전수 -

10년에 걸친 훈육에 대한 끈질긴 연구, 현업에 적용한 필기와 비법들
직관적인 하트법칙으로 후임자에게 전수

똑게육아 하트법칙

- 훈육 비법 전수 -

로리(김준희) 지음

북로스트
BOOK ROAST

차례

똑게육아 하트법칙 워밍업

part 1. 똑게육아 훈육 기본기 다지기

part 2. 똑게육아 하트법칙의 큰 틀 이해하기

part 3. 하트법칙 C마스터, 아이와 접속하기

기본 개념 Tool

실전 적용 Tool

part 4. 하트법칙 A마스터, 액셀 밟아주기

기본 개념 Tool

실전 적용 Tool

part 5. 하트법칙 B마스터, 브레이크 밟아주기

후속 결과 편

기본 개념 Tool

약기어 실전 적용 Tool

강기어

똑게육아 하트법칙

워밍업

●

마인드 세팅

프롤로그

'육아'라는 끝이 보이지 않는 깜깜한 터널 속,
'훈육'이라는 힘든 과제를 막힘 없이 한 큐에 풀어나갈 최고의 방법

같은 갈등을 마주해도
헤쳐나갈 방법을 아는지 모르는지에 따라
문제 인식과 최종 결과는 드라마틱하게 달라진다.

부모인 당신의 육아 숨통을 트여줄 핵심 로드맵 '똑게육아 하트법칙'

이 책의 내용을 처음으로 떠올린 시기는 2016~17년경이었습니다. 2018년은 첫째가 초등학생이 되던 해로 저의 육아 인생에서는 결코 잊을 수 없는 해였고, 동시에 다음 단계의 육아 터널로 들어가는 길목이었지요. 2017년부터 본격적으로 구상하고 준비한 작품을 2018년에 정비하여 '똑게육아 훈육 클래스'로 선보여 강의를 진행했고, 2020~21년에는 코로나바이러스감염증-19(아래 '코로나')로 인해 초등학생이었던 두 아이와 집콕 육아를 하며 그 내용과 사례를 보다 심화시키게 되었습니다. 그 후 3년을 더 공들여 끝없이 다듬은 결과, 저의 오랜 염원이었던 작품을 드디어 여러분에게 선보이게 되어 굉장히 감격스러운 마음입니다.

이 책을 세상에 내놓는 지금, 세계적인 거장 봉준호 감독의 '마스터 클래스'를 보며 특히 마음에 와닿았던 이야기들이 떠오릅니다. 바로 '집착'과 '불안'에 대한 것이었지요. 물론 저는 봉준호 감독만큼이나 세계적으로 대단한 사람은 아니지만, '육아'라는 분야에서만큼은 세계적인 거장의 마음으로 임하고 있기 때문입니다. 그래서 제가 구상하는 책이 있다면 그것에 대해 언제 어디서건 끊임없이 생각하는, 즉 일종의 집착을 몸에 지닌 채 살아가고 있습니다. 제가 저의 책이자 작품을 만들어낼 때까지 날카롭고 집요하게 집중력을 유지해 애초 기획한 바대로 그 모습과 동일하게(완전히 동일하진 않더라도 그래도 어느 정도는 계획대로 구현이 되는 수준에 다다라야 합니다.) 펼쳐지는 페이지 한 장 한 장을 상상하곤 합니다. 이 과정에서 최선의 노력은 당연하고요.

저는 제가 구현해내고자 하는 내용과 이미지를 뚜렷하게 가지고 있습니다. 특히나 이제 하나의 브랜드로 우뚝 선 똑게육아는 그 체계성과 직관성을 중요시합니다. 제가 개발한 틀(짜임새)과 위계질서를 따라 그에 맞는 적절한 그림을 가미하면서 하나씩 하나씩 끈기를 가지고 완성해왔습니다. 집 근처에 어느새 5년 넘게 짓는 중인 건물이 요즘 조금씩 형체를 드러내던데, 그 모습과 과정이 제 책이 완성되는 그것과 비슷해 지나갈 때마다 물끄러미 바라보던 때도 있었습니다.

그간 저의 머릿속에 가득 차 있던 '어떻게 하면?'이라는 생각들…

'어떻게 하면, 독자분들에게 더 직관적으로, 쉽게 이해가 가능하도록 설명드릴 수 있을까?'

'어떻게 하면 '훈육'이라는 내용을 한 큐에 딱! 이렇게 인식만 했는데도 모든 상황에 적용하도록 알려드릴 수 있을까?'

'그 누구도 아닌 바로 내가 그 틀을 만들어보자!'

이와 같은 고민과 생각을 거듭하다 보니 저만의 체계성으로 일목요연하게 보여줄 수 있겠다는 자신감이 생겼습니다. 물론 생각한 대로 '휙 하면 휙~!' 하고 체계적으로 정리해내고 싶었지만, 벽에 부딪힐 때도 적지 않았습니다. 솔직히 주변의 많은 분들이 영유아 수면교육의 후속편, 즉 더 나이가 든 개월 수 아이의 수면교육을 풀어내는 것이 훨씬 수월하지 않겠냐고 거듭 제안했지만, 저는 꼭 이 책을 써야만 했고, 쓰고 싶었습니다. 작업이 굉장히 고될 것이라는 예상 속에서도 그저 5년 넘게 이 원고를 붙들고 있었고, 남들은 모르지만 저는 분명히 아는 매일매일의 그 '조금씩'이라는 진전을 마주하며 한 걸음씩 꾸준히 앞으로 나아갔습니다.

세계적인 드라마 〈오징어 게임〉의 황동혁 감독 또한 작품을 구상하면서 꽤 몸고생을 했다고 하더군요. 인터뷰 내용을 보니 치아가 6개나 빠졌을 만큼 창작의 고통을 심하게 겪었다고 합니다. 사실은 작가로서 이러한 창작의 고통 없이는 그만큼 인정받는 대단한 작품을 만들어내기 힘들겠다는 생각이 들었습니다. 저도 《똑게육아 하트법칙》을 여러분에게 선보이기 위해 그 과정을 끊임없이 정진해나갈 때, 긴장과 불안을 한시도 놓아본 적이 없습니다. 스트레스도 많이 받았고요. 창작자는 자신이 찍고 싶었던 바로 그 장면을 소유하는 시점을 만날 때까지는 불안에 시달리며 그 장면에 집착한다고 했는데, 저도 다르지 않았습니다.

책을 쓰는 내내 머릿속은 이러한 생각으로 가득했지만, 저는 작가이기 전에 '엄마'인 터라 생각은 그렇더라도 매 순간 그것을 해낼 수 있는 물리적인 공간과 집중할 시간이 턱없이 부족했습니다. 엄마가 된 이후로 저는 이처럼 독특한 삶의 구조 때문에 언제부턴가 내려놓기의 달인이 되었습니다. 원래 저는 하나하나 제 관심 분야에 대해 성취해나가는 일에 재미를 느끼던 사람이었습니다. 그런 제가 아이들과 함께하는 삶 속에서, 또 현실적으로 돌봄의 역할을 이것저것 수행해야 하는 일상 속에서, 동시에 저만의 것을 창조하기란 몇 곱절은 힘든 일이었습니다.

여러분도 분명 육아를 하며 힘든 고비들을 많이 마주하리라 생각해요. '육아'를 하다 보면 '나'라는 존재가 사라지는 느낌을 받게 되지만, 역설적이게도 동시에 '내'가 얼마나 소중한 사람인지를 깨닫게 되더라고요. 저는 저를 소중하게 대우해주려고 노력합니다. 저의 마인드 컨트롤 비법 중 하나는 저 자신에게 또 다른 이름을 붙여주는 것이랍니다. 여러분도 먼저 여러분 자신에게 책 속에 나오는 다양한 하트법칙 툴(Tool)을 적용해보며 내밀하게 스스로를 사랑하고 또 격려하면서 나와의 접속을 계속 시도해보세요.

사실 지금의 부모 세대는 진정한 존중과 공감, 인정을 받고 자란 경우가 그리 많지 않을 거예요. 비록 우리는 받지 못했지만, 그동안 '육아' 분야는 눈부시게 많이 발전했답니다. 이제 그냥 놔둬도 크는 시대가 아니라, 현대에 맞는 육아 방법이 있고 이는 과학적으로 모두 증명이 되었습니다. 현대의 육아는 자녀의 성장을 오롯이 개인이 책임지는 경향이 강하기에, 저라도 도움이 된다면 재능, 성실함, (일을 지속하기 위해 키우고 있는) 체력을 이용해 어느 정도 기여하려고 합니다. 육아를 깊이 있게 배우려면 책이 가장 좋은 방법이라고 생각하며, 이 책은 긍정 훈육에 대한 기본적인 내용부터 최신 내용까지를 아우르는 핵심 정리 노트라고 할 수 있습니다. 이 책을 육아하는 분들은 물론 아이를 낳고 키울 생각이 없는 분들도 읽으면 좋겠습니다. 아이를 이해하고 생각하는 일은 결국 자기 자신과 타인을 들여다보고 격려해주는 일이니 말입니다.

육아란 자기 자신을 이해하고 치유하는 과정이라는 생각이 육아를 하면 할수록 많이 듭니다. 어른들도 모두 자기 내면에 어린 시절의 아이를 간직한 채 살아간다는 측면에서 여전히 아이와 같을 때가 있습니다. 모든 사람의 안에는 하나의 인형 안에 또 다른 인형이 들어 있는 러시아의 마트료시카 인형처럼 내면 아이가 존재하는 것이지요.

육아는 무의식 속에 갇힌 어린 시절의 나, 즉 내면 아이의 상처를 치유하고 새로운 나로 태어나게 해주는 기회가 됩니다. 육아를 통해 한 인간의 온전한 발달 과정을 비로소 이해하게 되는 진귀한 경험을 할 수 있기 때문이지요.

여러분이 이 책《똑게육아 하트법칙》으로 배우게 될 내용은 우리가 자라면서 경험했던 훈육과는 조금 다를 것입니다. 그렇기 때문에 여러분이 갖고 있던 기존의 관점이나 마인드를 바꿔가며 육아 현장에서 꾸준히 연습하는 실천이 동반되어야 합니다. 그동안 제가 수많은 노력을 기울여 완성한 하트법칙의 비밀이 일상의 기반이 되는 세상을 고대합니다.

훈육의 작동원리를 제대로 이해하기만 한다면, 우리는 하트법칙 툴을 일상의 각 상황에서 의도적으로 잘 활용할 수 있게 될 것입니다. 아이와 대면하는 관계 속에서, '나'와의 진지한 관계 속에서 우리는 하트법칙을 활용해 스스로 상황을 총괄할 수 있습니다. '승객'이라는 수동적인 자리가 아니라 '운전자'라는 조정할 수 있는 자리에 서서, 우리는 아이와의 여러 상황 또한 능동적으로 더 잘 해결해나갈 수 있습니다.

더불어 아이와의 접속지수도 내가 의도하면 현재 상태보다 원하는 만큼 더 늘릴 수 있습니다. '나와 아이의 관계', 더 나아가 '나와 나 자신의 관계'의 질을 차원이 다르게 높여줄 이 황홀한 여정에 같이 도전해봅시다. 육아의 역량이 급격히 업그레이드되는 경험을 누려보기를 바랍니다. 여러분과 아이 모두 최고의 잠재력을 가지고 있답니다. 여러분 모두가 그 능력을 발휘한다면 삶이 아름다워지고 모두가 행복하고 건강한 미래를 창조하게 될 것입니다.

이시형 박사의 책《부모라면 자기조절력부터》에는 다음과 같은 대목이 나옵니다.

'초등학교에 들어갈 무렵이면 문제아나 고위험군 아이들이 드러나기 시작한다. 유치원 교실에는 이미 폭력적이고 충동적인 아이들이 있다. 학교에 가보면 주의가 산만해서 제자리에 앉아 있지 못하는 아이, 제멋대로인 아이, 욕심쟁이, 거짓말쟁이, 폭력적인 아이 등 온갖 문제아가 있다. 자라면서 문제가 커져 심각해지면 학교 교사들이 골치를 앓는다. 카운슬링, 정신과적 진료를 받아보지만 뚜렷한 성과가 나지 않는 경우도 있다. 갓난아기 때부터 싹이 터 자라온 것을 이제 와서 수정하려 하니 효과가 나기가 쉽지 않다.'

현재 첫째가 초등학교 졸업반인 입장에서 앞의 이야기는 정말 맞는 말입니다. 이 책에 있는 내용은 청소년기 아이들에게도 적용할 수 있지만, 초등학교 입학 전부터 하트법칙을 일상생활에 스며들게 한다면 아이의 인생에 행복을 가져다주는 강력한 무기가 될 것이라 자부합니다.

사실 아이들이 초등학교에 가고 난 뒤 여러 가지 에피소드들이 있었는데요. 감사하게도 아이들이 올바르게 행동하여 부러움을 많이 사기도 했습니다. 비밀을 물어보는 엄마들도 적지 않았습니다. 그럴수록 더 육아에 진심으로 임해야겠다는 생각을 많이 했지요. 제가 받았던 질문 중 몇 가지는 다음과 같았습니다.

"○○ 어머니는 아이에게 소리 지르지 않으시죠?"

"○○ 어머니는 화도 안 내실 것 같아요."

감히 이 자리를 빌려 앞선 질문에 대한 답변을 이야기하자면, 당연히 아닙니다. 저는 엄마가 되고 나서 하루 종일 아이들을 돌보다 보면 정상적으로 사고하기가 어려워진다는 사실을 알게 되었습니다. 분명 '나는 잘할 것이다'라고 믿었지만, 아이들의 끊임없이 이어지는 요구, 내가 아닌 다른 사람의 뒤치다꺼리를 반복해야 하는 노동의 향연, 그리고 여기에 육아의 과정에서 건드려지는 내면 아이의 아픔, 그로 인한 친정 부모님 또는 시부모님과의 얽히고 설킨 감정에서 오는 정신적인 소모까지… 그러고 나서 학교의 세계로 들어가 지금까지와는 또 다른 학부모의 세계 속, 아이 친구 부모와의 사이에서 벌어지는 여러 가지 일들… 참된 육아의 현장에서는 때로는 기본적인 생존조차 버거운 목표가 되기도 합니다.

육아는 일상이기에 쉽거나 완벽한 육아는 없습니다. 그럼에도 '똑게(똑똑하고 게으르게, Smart&Lazy)'라고 네이밍한 것은 그래도 우리가 육아에 대해서 잘 알고 있다면 더 생산성 있게 올바른 방향으로 여유 부리며 마음 편히 갈 수 있기 때문입니다. 저도 일상에서 아이들과의 예상치 못한 갈등 상황에 갑작스레 퍽! 하고 마주하게 됩니다. 즉, 갈등이나 문제 상황이 없는 것은 아니지만, 그런 갈등과 문제를 현명하게 해결해나갈 기술을 가지고 있습니다. 비록 당장은 해결된 것처럼 보이지 않더라도 '이렇게 반응하면 되겠구나' 하고 헤쳐 나갈 수는 있습니다. 그렇게 저는 매일매일 똑게육아 하트법칙 툴을 사용하고 있습니다.

사실 이 책은 엄청난 두께여야 했습니다. 계속 원고를 다듬어왔지만,

책 한 권을 적당한 분량으로 세상에 선보이기 위해 실전 사례를 더 자세히 담은 원고는 후속작으로 준비하기로 했습니다. 따라서 이 책에는 여러분들이 필수적으로 알아야 할 하트법칙의 전략과 여러 가지 툴, 즉 기본 중의 기본을 직관적이고 체계적으로 잘 이해될 수 있도록 담았습니다.

수면교육에서도 여러분의 갈증을 똑게육아가 속 시원하게 해결해주었듯이, 이번에도 "훈육! 그래서 어떻게 하라는 것인가?"라는 여러분의 꽉 막혔던 갈증을 속 시원하게 해결할 수 있기를 바랍니다.

오늘날 도심 속 독박육아의 고통이란 신체적 차원의 힘듦뿐만 아니라 모든 복잡한 갈등과 문제와 관련된 결정, 그 어려움을 오롯이 혼자 감내해야 한다는 데에서 오기도 합니다. 그럴수록 아이를 돌보는 사람들이 더 일상적으로 어려움을 표출해내야 합니다. 육아라는 낯선 학문과 일터, 경험에 대해 어떻게 대처하면 좋을지 고민하고 연구하는 사람들이 많아질 때, 그나마 그 무게는 조금 더 가벼워지지 않을까요.

마지막으로 다시금 당부드릴 부분이 있습니다. 원래 상상했던 것보다 훨씬 더 지치고 불만이 많을 수밖에 없는 힘든 육아 job 일터에서는 몸이 피로하면 계획하고 의도한 대로 일을 처리해나갈 수 없습니다. 자신을 먼저 챙기시길 다시 한번 부탁드립니다. 우리는 모두 이러한 정도까지로 힘들 것이라 예상하지 못했습니다. 그렇기에 그러한 힘듦에 대처하는 방법 또한 충분히 준비하지 못했습니다. 하지만 이제 똑게육아 하트법칙으로 수월하게 준비해보세요.

아이가 생기고 부모가 된 뒤, 모든 것을 결정하고 관리하고 걱정하느라 지쳐서 육아 자체는 고역이 되었을 수 있습니다. 실근무자라면 모두 공감할 겁니다. 저 또한 악전고투를 13년간 해오며 부모로서의 일과 스스로의 일을 병행하고 있습니다. 이제는 현업 근무자들이 부모 job, 육아 job의 실체에 대해 구체적으로 이야기를 표출해야지, 밤에 조용히 혼자 울면서 죄책감과 외로움을 느끼는 일은 그만했으면 합니다. 제가 이 책을 쓴 이유이기도 합니다.

여러분은 모두 열심히 했습니다. 이 책을 읽고 있는 분이라면 더더욱 그렇다고 자부합니다. 부모 job, 육아 job의 특성 중 하나는 희한하게도 모두가 열심히 하면서 동시에 죄책감과 수치심을 느끼며 울게 되는 부분입니다. 하지만 곧 이어질 다음 날 하루를 위해 또 다시 긍정의 기운으로 자기 자신을 다독이며 힘을 내는 아름다운 여러분! 여러분을 위해 저도 그간 몸을 불살라가며 결국 책을 완성할 수 있었습니다.

육아의 현장에서 고군분투하는 모든 분들에게,

또 세상의 모든 위대한 부모님들에게 이 책을 바칩니다.

여러분의 육아에 힘이 되어줄,

똑게육아 하트법칙 작가

로리(김준희) 올림

똑게육아 하트법칙과 함께라면

'똑게육아 하트법칙'은 '훈육'에 대한 저의 지적 탐구심과 똑게육아를 아끼고 사랑하는 분들의 끊임없는 요청으로 인해 다시금 제가 '소명'으로 인식하고 깊게 파고들어 완성해낸 결과물입니다.

금융계에서 10년 넘게 일했던, 소위 잘나가는 금융전문가였던 저는 2011년 첫째를 낳고 육아의 세계에 깊이 빠져들었습니다. 여러 SNS를 통한 연재, 강의와 세미나, 컨설팅 등을 통해 많은 신입 부모님들을 정성껏 돕는 과정에서 더 깊고 전문화된 내용으로 스터디(Study), 즉 연구를 시작했고, 결국 '국내 최초'이자, '국내 1호 수면교육 전문가'로 자리매김하게 되었습니다.

'똑게육아'의 대성공으로 그동안 저에게 쏟아진 여러 인터뷰와 방송 제

안 등을 뒤로하고, 제가 가장 하고 싶었던 일은 무엇일까요? 바로 이전까지 나온 육아서나 육아 전문가가 해결해주지 못한 부분을 제가 가진 장점을 살려 독보적인 똑게육아만의 콘텐츠로 해결하는 것이었습니다. 이를 성공적으로 해내기 위해서는 당연히 그에 뒤따르는 끊임없는 연구와 공부, 저 자신을 매일같이 쥐어짜는 콘텐츠 창작 작업이 수반되었습니다.

'수면교육', '돌 전 육아'로 《똑게육아》를 접한 수많은 육아 후배님이자 독자님들은 '훈육'에 대한 지침 또한 '똑게육아식'으로 만들어달라며 애타게 한 해 한 해 기다려주셨습니다. 이제 대한민국에서 《똑게육아》를 읽지 않고 아이를 키웠다는 분을 만나기 힘들어진 상황에서 저 또한 독자님들의 그간 염원을 가슴에 보석처럼 박은 채, 한 해 한 해 책임감을 느끼며 그에 상응하는 결과물을 선물로 드리고자 매일같이 노력하며 살아왔습니다.

어느새 10대가 된 아이들처럼 저 또한 두 아이를 키우는 매일매일의 '실전 육아의 현장'에서 훈육에 대해 깊게 공부한 지 벌써 10년이 훌쩍 지났습니다. 그 과정에서 이수하고 취득한 공식 국제 긍정훈육 관련 자격증만 해도 4개가 넘습니다. 지난 5년 동안에는 '똑게육아 훈육 클래스'를 통해 수강생분들에게 최신 훈육 이론을 체계적으로 전수하고, 이를 실전에 적용까지 가능하도록 만들어드리기 위해 혼신을 다해왔습니다.

똑게육아는 부모님의 건강과 함께 아이를 올바른 방향으로, 또 건강하고 행복하게 만들어주는 것을 가장 중요한 0순위의 목표로 삼고 있습니다. 그리고 이처럼 깊이 있는 콘텐츠의 진가, 이를 보여주는 방식이 다른 육아서들과는 다르기에 인기가 있습니다. 그렇습니다. 똑게육아는 쉽게 접할 수 없는, 확실하게 입증된 최신의 고급 육아 정보와 지식을 유저 프렌들리

(User Friendly)의 툴(Tool)로 구현합니다. 여기서 '**유저**'란 육아를 하는 주체자인 여러분을 뜻합니다. 물론 이 모든 것들은 그동안 내용을 꼼꼼히 읽고 잘 적용하여 구체적인 효능을 실제 본인들의 삶에서 체험한 100만 이상의 누적된 독자님들(=똑게육아 유저님들)이 입증해주셨기에 자연스럽게 따라온 것입니다. 2011년도부터 연재, 2015년도에 첫 책을 집필해냈기 때문에 요즘은 저의 SNS로 똑게육아로 키운 아이가 초등학교에 입학한다는 감동적인 메시지들을 받곤 합니다.

이제 제가 만들어낸 하트법칙으로 훈육에서도 **직관적**이고 **체계적**으로, 바로 지금 마주한 상황에서 '내'가 어떻게 반응하면 좋을지 현명하게 '선택'할 수 있습니다. 그래서 놀라운 '선택'이 꼬리에 꼬리를 물고 이어진다면 여러분과 아이의 인생은 지금과는 다른 트랙을 밟게 됩니다. 이 책을 쓴 저와 같은 트랙을 걷게 되겠지요. 감히 단언컨대, 독자님들의 인생 트랙은 이 책을 알기 전의 분들과는 확연히 달라질 것입니다. 물론 이 책을 펼친 자체만으로도 이때까지와는 다른 파도를 만나 서핑을 하기 직전이라고 볼 수 있습니다. 제가 여러분을 마주 보고 두 손을 맞잡은 채, 함께 새로운 파도의 물살을 탈 준비를 하는 듯해 저 또한 굉장히 두근대고 설렙니다.

여러분은 육아를 하면서 다음의 그림처럼
신나게 새로운 파도를 선택해 행복한 서핑을 할 수 있습니다.
똑게육아 하트법칙 툴을 활용한다면요!

이제 여러분의 손에는 **똑게육아 훈육 툴 박스**가 있습니다. 하루에 하나씩이라도 이 박스에서 여러분의 연장이 될 현명한 툴을 직접 삶에 적용해보세요.

언제, 어디서, 어떻게 이 툴을 쓸지 그 명쾌한 정리는 저에게 맡기세요!

이제 여러분은 적재적소에 **똑게 툴**을 사용하면서 행복육아를 맛보기만 하면 됩니다.

이제부터 아무에게나 알려주지 않는, 지난 10년간 제가 하나씩 하나씩 그때그때 연구하고 기록해왔던 여러 가지 툴을 똑게육아의 또 다른 전매특허인 '하트법칙'이라는 체계적인 틀 안에서 차근차근 전수하려고 합니다. 이제 저와 손을 맞잡고 함께 새로운 파도를 훌쩍 타봅시다!

'육아 전문가'에 대한 정의를 다시 내리다.

- 훈육에는 《똑게육아》같은 책 없나요?

●● '육아 job'을 전문적인 직업으로 인식했을 때 달라지는 것들

제가 쓴 책을 읽은 분들이라면, 제가 무언가를 시작하면 '끝장'을 본다는 사실을 익히 알고 계실 겁니다. 훈육에 대해 전문적으로 공부하기로 마음먹고 난 후, 저는 훈육 이론을 다룬 단행본을 비롯해 세계 각국의 전문가들이 발표한 연구 결과 등 전문 자료를 독파하면서 그 내용을 꼼꼼하게 이해하고 실전에 적용하려고 노력에 노력을 거듭했습니다. 저는 책에 담을 내용에 대해 2차, 3차를 넘어 수차례의 검열 과정을 거칩니다. '끝없는 레이스'를 달리는 심정을 매일같이 느껴가며 이러한 과정을 반복해 결국 새로운 책을 선보입니다. 한 권의 책당 최소 2~3년은 족히 거치는 이 과정… 다른 내용도 아니고 세상에서 가장 중요하다고 믿는 일인 우리 아이들을 키우는 '육아'와 관련된 내용이기 때문에 절대 허투루 할 수가 없습니다.

우리가 매일매일 마주하는 '육아 job'을 하나의 전문화된 직업으로 바라봤으면 합니다. 사실 '육아'라는 것은 기본적으로 학문이 아니며, 개설된 전공 또한 전무합니다. 육아를 전문적인 직업으로 보고 후임자를 위해 세세하게 인수인계서를 남겨놓은 것 역시 단 한 번도 보지 못했습니다. 이럴수록 '없다면 만들자!', '필요하다면 창조해내자!'라는 적극적이고 능동적인 자세가 필요합니다. 그래야 역사는 변하고, 여기에서 발전이 생기는 것입니다. 이것은 저의 가치관이기도 합니다.

어떤 직종도, 어떤 전공도 **집에서 자기 아이를 24시간 육아하는 것**과는 다릅니다. 현실의 삶에서 자기 아이를 키우는 건 전혀 다른 문제입니다. '의학적인 부분'에 대해서 배우는 것과 '실전에서 육아하는 것'은 또 다릅니다. 병원이나 심리상담센터는 외부에서 보기에 큰 문제가 생겨서, 혹은 걱정되는 부분이 있어서 그에 대한 '치료'를 목적으로 갑니다. 이런 문제와 걱정은 **매일매일 현실 속에서 밥 먹듯이 발생해 정신없이 마주하게 되는, 해결해야 할 수많은 육아 과제들**과는 전혀 다른 이야기입니다.

왜 부모/엄마 job은 전문적인 job으로 인식하지 않을까?

→ 이것부터 바뀌어야 합니다.

저는 육아 job이라는 일터의 전문가입니다. 육아를 직접 해보면서 스스로 궁금하거나 우리 육아 유저분들, 엄마/아빠 업 실제 근무자 분들이 이러한 것들이 필요하다고 요청한 부분을 심도 있는 리서치를 통해서 알아낸 다음, 직접 적용해 살펴본 후에 그 내용을 차별화된 콘텐츠로 창조해 전파하고 있습니다. **믿을 수 있으며 곧바로 실전 적용이 가능한 육아 정보**를, 그것도 가장 최신이자 양질로 알려주는 '육아 job 학문 전문가', 바로 **제가 개척한 분야**입니다. 제과제빵사나 바리스타 자격증처럼 육아 또한 해당 분야의 실무 자격증 코스 교육이라도 있으면 좋겠다고 생각했습니다. 그래서 수면교육 분야도 직접 심도 있게, 대체할 수 없는 수준으로 내용을 연구하고 발전시켜 지침서와 인수인계서를 만들어낸 것입니다.

(회계사를 예로 들어보자면, 개인이 회계와 관련된 전문적인 일을 하고자 한다면 CPA라는 자격증이 필요합니다. 물론 자격증이 없다고 하더라도 그 업종에서 일하려면 회계언어를 배우고 재무제표를 분석하는 것을 배워야 하지요. 마찬가지로 육아에서도 '육아 언어'를 당연히 배워야 한다는 것입니다.)

●● 똑게육아와 노벨상 수상자의 공통점

저는 금융 전문가로 일했던 커리어와 경제 · 경영을 전공한 백그라운드를 굉장히 자랑스럽게 여깁니다. 덕분에 편협한 시각에 갇히지 않고, 경험한 모든 것을 통합하여 창조적으로 더 나아간 콘텐츠를 만들어낼 수 있기 때문입니다. 같은 선상에서 논하기는 조금 낯간지럽기도 하지만, 노벨상 수상자들 역시 대부분 딱 그 분야만 전공해서 수상했다기보다는 다른 분야에서도 전문가였다는 공통점을 가지고 있습니다. 왜 그럴까요? 창조성과 창의성은 통합적인 시각에서 팡~! 하고 나오니까 그렇습니다. 매번 같은 시각으로 바라보는 게 아니라, 이것과 저것, 저것과 이것을 모두 창의적으로 합쳐서 짜잔~~! 하고 전혀 다른 새로운 그 무엇을 만들어내는 것이지요.

노벨상 수상자들을 살펴보면 서로 연관성이 크지 않아 보였던 두 분야 사이에 밀접한 연관이 숨겨져 있다는 사실을 밝혀내는 것에 대체로 능합니다. 이런 식으로 새로운 관점을 학계에 제시할 만큼의 탁월한 능력을 갖추기 위해 정진합니다. 이러한 정진과 연마는 제가 좋아하고 즐기는 일이기도 하지요. 서로 다른 두 분야를 자유롭게 넘나드는 것, 마치 뇌가 춤추듯이 말입니다. 이는 두 분야 모두에 정통해야만 가능합니다. (우리 아이들이 살아갈 미래에는 이 같은 능력이 더 필요해질 것이라는 전망이 있습니다. 직업 체계가 달라지는 것은 물론이고요.)

저는 회사에서 전략을 짰던 경험을 십분 활용해 육아 job이라는 일터에서 해야 할 일을 체계적인 커리큘럼으로 만들어 여러분에게 인사이트를 제공하는 지금의 제 일이 굉장히 자랑스럽고 행복합니다. 누군가가 소위 육아와 관련된 학문을 디립다 공부해서 온 힘을 다해 정리한다고 해도 솔직히 똑게육아와 같은 콘텐츠는 나오기 힘들다고 감히 생각합니다. 제가 잘나서라기보다는, 회사에서 논리적인 전략 보고서를 쓰기 위해 노력했던 경험, 경제학과 경영학 분야를 리서치하고 해당 논문을 작성했던 경험 등 그간 육아와 관련 없어 보였던 분야에서 체득한 모든 것을 '현실 육아'에 가장 처음으로, 가장 적절하게 접목하기란 절대로 쉽지 않은 일이기 때문입니다. 여러분은 육아 실무자이자 '가정'이라는 기업의 CEO로서 이런 저와 함께하고 계신 셈이고요.

●● 똑게육아는 육아 일터에서의 직속 사수

이제부터 육아 일터를 전문적인 직업으로 보게 되었다면 이번에는 **전임자/사수 롤(Role)**을 생각해주세요. 그런데 이상하지 않나요? 모든 일터에는 전임자/사수가 있는데, 왜 여긴 없는지 말입니다. 대학의 학회나 동아리, 군대, 회사 등은 모두 바로 위의 직속 선배가 있어 물리적으로 같은 터전을 공유하며 생활하거나 일할 때 어떤 방식으로든 새로 온 후배의 적응을 돕습니다. 이미 자기가 해본 경험이 있으니까요. (대학교 입학을 하더라도 찾아보면 새내기 지침서가 있지요.)

'엄마 job'을 누구나 아이를 낳기만 하면 하루아침에 본능적으로 혹은 감으로 뚝딱! 할 수 있다고 하는 것은 참으로 오만한 말이며, 이 업계에서 단 하루라도 제대로 일해본 경험이 없는 사람이 하는 소리일 뿐입니다. 하지만 똑게육아와 함께라면 육아 job, 엄마 job이라는 일터에서의 직접 경험이 있는, 심지어 그 경험이 풍부하며 전문적인 지식까지 갖춘 전임자가 책임감 있는 사수로서의 role을 수행하며 필요한 모든 내용을 깨알같이 알려줄 수 있습니다.

병원, 상담센터, 어린이집, 학교 등은 모두 우리가 육아하는 데 도움을 받을 수 있는 유익한 곳이자 장치입니다. 육아 job, 엄마 job이라는 업무 수

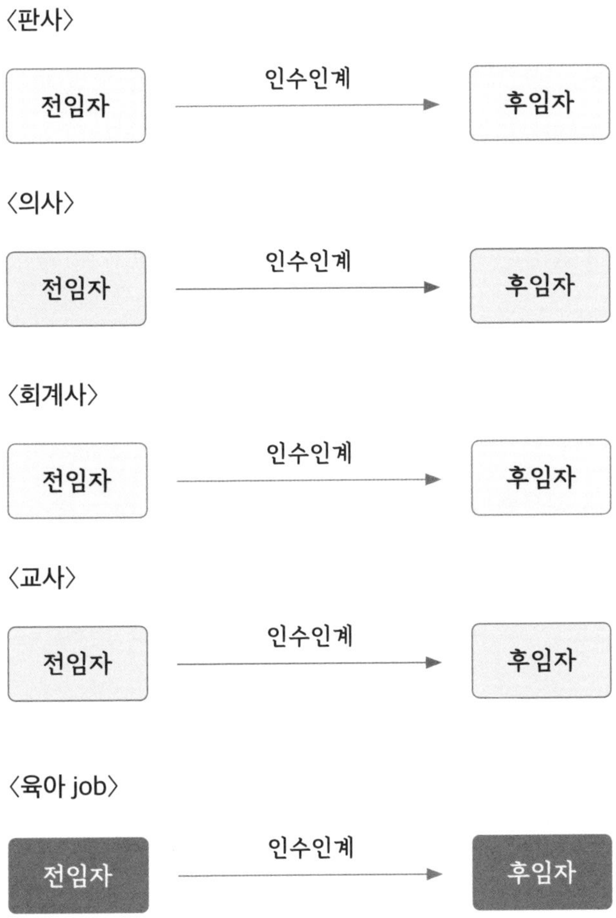

육아 job, 엄마 job도 전문 직업으로 보자!
그래야 그 가치를 인정받고, 체계를 세울 수 있어
현실적으로 대안을 세우는 것이 가능하다.

행 시 필요한 타 부서 간의 협력이자 네트워크라고 할 수 있지요. 하지만 이것들도 모두 업(job)입니다. 그곳에서 일하는 사람들에게는 역시 든든한 선배들이 있습니다. 전임자 role을 해줄 사람이 있다는 뜻입니다. 오랫동안 이어져 내려온 업무 지식과 노하우도 있을 테고요. 직무편람이나 지침서도 존재합니다. '고객을 대할 때 이렇게 해라' 등과 같이 말이지요.

여러분은 반드시 **육아**, 더 크게는 **돌봄 노동**의 측면에서 이러한 관점을 유지해야 합니다. 우리 사회에서 다른 직업이 원활하게 돌아갈 수 있는 이유는 바로 '**돌봄 노동**'을 하는 누군가가 있기 때문이며, 이 같은 '돌봄 job'에는 그 어떤 job보다도 전문적인 지식, 노하우, 경험치가 필요합니다. 타 직업 대비 가장 고차원적인 일인 셈입니다. 밖에서 누군가 사회활동, 이른바 '일'을 할 수 있다는 것은 안에서 누군가가 '돌봄 전문가'로서 해당 job을 뛰고 있기 때문입니다. 이러한 사실을 관련 일을 하는 당사자가 계속해서 구체적으로 목소리를 내며 말해야 합니다. 그래야 일을 할 때 분담을 할 수 있고, 다른 job을 가진 사람들에게도 수월하게 설명을 할 수 있거든요. 이 육아 job, 엄마 job의 특성에 대해서요.

내가 직접 돈을 내고 상담을 받는 진료실 안에서의 상황이 아닌, 진료실 바깥의 현장에서 매일 이루어지는 일상적인 돌봄의 영역에서의 업무 인수인계는 그 job 터전에 맞게 실근무자가 줄 수 있는 것입니다. 이런 관점에서 본다면 특정 문제가 발생했을 때 내가 직접 고용해서 도움을 받을 협력대상과 전임자/사수의 role은 또 다른 이야기인 셈이지요. 톡 까놓고 이야기해서 아이를 잘 키우는 것과 특정 병을 잘 치료하거나 상담을 잘하는 job은 크게 관련이 없으니까요.

그래서 이렇게 관점의 변화를 준 다음에 육아 job, 엄마 job에 대해 세부적으로 '**인수인계서**'와 '**업무기술서**'를 작성해본다면 그제야 실제로 이 job이 무슨 일을 언제 어떻게 하는지 볼 수 있게 됩니다. 사실 이러한 내용을

'언어화'하는 것이 참 고된 작업입니다. 그러나 저는 똑게육아를 통해 일부분은 해냈고, 나머지 일부분을 해내기 위해 지금도 노력하고 있습니다. 사회적으로 이해를 받고, 또 돌봄의 분배를 조금이라도 더 정의롭게 하기 위해서는 꼭 필요한 일이라고 생각합니다.

●● 하트법칙은 육아 job 인수인계 비책

이제 저는 '하트법칙'이라는 똑게육아의 새로운 방법으로 육아 job이라는 일터에서 여러분의 직속 사수가 되어드리려고 합니다. (전임자/사수 관점에서 보자면, 병에 걸린 아이를 치료하거나 심리상담 role을 하는 분들은 자기 role의 후임으로 들어오는 누군가에게 사수가 되어줄 수 있는 셈이지요.)

소위 언론이나 매스컴에 등장하는 육아 전문가라는 사람들이 직접 경험해보지 않고 하는 이야기들, 그에 대해 현실 육아에 지친 우리 엄마들은 이렇게 반문하기도 합니다.

"아, 됐고. 알겠어, 알겠다고. 근데 그러는 당신이 직접 아이는 키워봤냐고. 진료실에서 잠깐씩 아이 보는(see/진찰) 일 말고 말이야. 이런 사람 딱 붙잡아두고 아이랑 단둘이 딱 더도 말고 덜도 말고 4일만 독박육아 full로 시켜봐야 하는데… 그런 뜬구름 잡는 소리 쏙 들어가게."

정신없이 24시간 아이를 돌보는 실전 육아 job 세계에서는 이론을 어떻게 적용해서 써먹을지 그 비책이 필요합니다. 앞서 여러 차례 언급하고 강조했듯이 **육아 job**도 엄연히 **고차원적인 전문 직업군**으로 인정받아야 합니다. 이런 말이 있습니다. "아이를 키워보지 않은 사람이 말하는 고상한 철학은 그게 고상할수록 다 헛소리다!" 마더후드(Motherhood) 관련된 책에 자주 나오곤 하는 이 표어도 꼭 염두해두세요. 뒤집어 생각해보면 철학자들이 남긴 업적도 누군가 뒤에서 돌봄 job을 수행했기에 가능했던 것입니다.

그러니까 더더욱 아이를 키워내는 양육과 돌봄의 일을 하는 사람들이 목소리를 내야 합니다. 아무리 일이 많고 힘들어도요. 그리고 존경받아야 마땅합니다. 이래라저래라 누군가 말하더라도 해당 일을 해본 사람이 해야지요. 이 일이 무슨 일인지 아는 사람이 말해야지요. 군대에 가본 적이 없고 앞으로도 갈 일이 없는 사람이 군대와 관련된 전공을 공부했다고 하면서 부대에 들어가 군인이 이래야 한다, 저래야 한다고 말한다면 딱히 와닿지가 않을 것입니다. 이것은 사실 육아 job뿐만 아니라 모든 job이 그렇습니다. 이를테면 '영상편집' 분야만 하더라도 현업에서 관련 일을 오래 하고 공부도 매일같이 하면서 정말이지 밥 먹고 영상편집만 하는 실무자만이 단순한 단축키부터 고차원적인 노하우까지 실제로 도움이 되는 인수인계서를 일목요연하게 남길 수 있는 것이지요.

사실 앞에서도 언급했듯이 '육아'라는 것은 학과 개설도 되어 있지 않지만, (학과 개설이 되어 있지 않다는 이야기는 뭘까요? 그만큼 사회적으로 인정받지 못했다는 뜻이지요. 우리가 현재 알고 있는 학과들은 처음부터 개설되었을까요? 누군가 그 학문을 깊게 파고들어간 개척자가 있었겠지요? 희망직종, 즉 미래의 꿈으로 '육아 job', '엄마 job'을 하고 싶다! 라고 말하는 사람은 없겠지만, 여성이라면 더더욱 생각해봐야 할 부분입니다. 타인을 돌보는 일에 대한 가치, 그에 대한 학문을 학교에서 가르친다면 어떨까요? 지금까지 이에 대해 등한시한 것은 타인을 돌보는 일이 스포트라이트를 받는 일이 아니라 무대 뒤의 일이었기 때문이지요. 역사적으로 많은 여성이 희생했음에도 불구하고 가치가 평가 절하된 분야가 아니었나 싶습니다.) '육아'는 어떤 학문보다 깊이 있고, 또 어떤 전문직보다 더 자세한 인수인계서와 지침이 필요한 분야입니다. 직접 해보지 않은 사람이 이론만으로는 만들 수 없는 것이기 때문에 저는 똑게육아를 처음 세상에 선보였을 때부터 이 영역의 개척자로 살기로 결심했습니다. 어떻게 하면 최신의 고급 지식을 실전, 즉 현실 육아에 적용할 수 있을까, 이에 대해 지독히 연구하고 후배 실무자에게 성공적으로 적용해본 '프로 실무 경력자'로서 앞으로도 이쪽으로 저의 재능을 아낌없이 써보려고 합니다. 제 아이들이 미래에 부모가 되었을 때 한층 더 나은 삶을 살기를, 저 이후의 세대들이 똑게육아를 통해 조금이나마 육아가 행복해지기를 바랍니다.

●● 육아 전문가에 대한 결론

육아와 관련된 전공은 실제로 없지만, 그럼에도 불구하고 관련된 전공을 공부했다고 하면서 자기 아이는 낳고 키워보지도 않고 책을 쓴 분들도 많이 있습니다. 또한 '아들'을 직접 키워본 적도 없는데 학문적으로 리서치하고 공부해서 아들 관련 자료들을 책으로 내기도 합니다. 그렇습니다.

결국 그거잖아요. **직접 경험 + 간접 경험**. 이것이 전문가를 만드는 것 아니겠습니까?

그런 의미에서 저를 보고 최상단의 육아 전문가라고 일컬어주신 많은 분들이 있습니다. 직접 경험과 간접 경험(전문 자료를 독파하고 직접 깨우치고 더 나아간 수준으로 창조해내는 과정, 수많은 사례를 접한 커리어)을 모두 갖췄으니 말입니다. 이것은 제 자랑을 하고자 쓰는 이야기가 아닙니다. 그만큼 이 책에 담긴 내용은 100% 검증을 거쳤으며, 근거가 없는 내용은 단 하나도 없다는 의미입니다. 제가 진심을 담아 오랫동안 심혈을 기울인 만큼 꼭 여러분의 삶에 잘 적용했으면 하는 마음에서 드리는 이야기입니다.

로리가 육아 후배님들에게 허심탄회하게 전하는 편지

적나라하게 말해주는 육아 현장의 날것,
저는 여러분에게 이걸 알려드립니다.

여러분이 원래부터 알고 지내며 아꼈던 저의 사랑스런 학교 후배다~ 이렇게 생각하고 진심어린 편지를 한번 적어올리며 이번 챕터를 마무리하겠습니다. 결국 여러분, 초등학교 학부모 대열에 들어서게 되면 더욱더 여실히 느끼시겠지만요. 이 육아의 세계에서는 어떤 특정 전공이 육아 전문가냐 아니냐를 결정하는 것이 아닙니다. 똑게육아 공부하시는 분들 모두 자신감을 충만히 가지시기를 바랍니다. 현장에서 실제 근무를 하고 계시는 여러분들이 누구보다 그 업(job)을 잘 아는 법입니다. 예컨대 추후 여러분들이 학부모의 세계에 진입하게 되었을 때 여러분의 아이의 친구 엄마가 다음과 같은 직업군에 종사한다 가정해보죠.

소아과 의사 · 교사 · 어린이집 선생님 · 상담진료를 보는 직업군
심리치료사 · 학원 선생님 · 대학교수 · 정신과 의사

그 외 여러 가지 대입해 넣어보세요~

과연 현실에서 그 친구 엄마 직업이 그렇다는 이유로(?) 그 사람들에게 여러분의 육아, 아이 키우는 문제와 관련해 물어보는 일이 생길까요?
답은… 네버입니다. (정말 국한된 전문 항목에 대해서는 물어볼 수도 있겠지요? 그것도 그 아이와 엄마가 괜찮은 사람이라는 우리들 나름의 생각이 들었다는 전제하에 말입니다.) 하지만 지금 논하는 육아 job이란 우리가 실 세계에서 임하고 있는 일상 그 자체입니다. 현실 세계에서 육아에 대해 물어보고 싶고 물어보게 되는 사람은 바로 그 친구인 해당 아이가 밖에서 훌륭하게 행동을 하고 그 엄마도 현명한 엄마임이 여러 측면에서 그간 검증된 분이지요. 그 사람의 직업/전공 때문이라기보다는 우리가 같은 바운더리의 엄마 job 소속인터라 같은 일을 하고 있는 동료 중 일을 잘하는 것처럼 보이는 동료인력에게 물어보게 되는 것이에요.
"이럴 때 어떻게 했어?" "나 요즘 이런 게 고민이야."
이게 그 사람의 전공/직업과 육아는 별개에요. 따로 놓고 봐야 해요.

초등학교 입학하면 애석하게도, 보통 눈에 띄게 기피되는 아이들이 생기기 마련이고 - 폭력적인 아이, 욕 잘 하는 아이, 화 잘 내는 아이, 자기 맘대로만 하려는 아이, 배려심 없고 이기적인 아이, 고학년 올라가면 성(性)적으로 뚫린 아이, 집에서 관리 안 된 아이, 미디어 노출 너무 심한 아이 등 여러 케이스 들이 있어요. 이런 것은 바로 굉장히 빠르게 퍼집니다. 기피대상 리스트가 생김과 동시에, 그 아이와 내 아이가 어울리면 내가 안심이 될 정도로 그 친구에게서 받는 영향이 긍정적인 것들이어서, 언제든 내 아이와 놀리고 싶은 아이. 이런 아이들 또한 점차 자연스럽게 알려집니다.
엄마들이 부정적인 영향을 받을만한 아이와 자신의 아이는 잘 안 놀리려 합니다. (이때 내가 엄마 job 일터의 여러 업무 중 쏘셜 부분에 노력을 기울이지 않았다거나, 아이와 평상시 대화가 잘 이루어지지 않고 있다면, 관련 정보가 부족하여 잘 모를 수도

있습니다. 이런 경우라면 내 아이 친구들/같은 반 아이들에 대한 분석이나 오늘 학교 혹은 학원에서 어떤 일이 있었는지 등의 이슈들, 아이의 하루에 대해 잘 모를 수 있는 것이죠. 자신의 아이가 나쁜 영향을 받을 아이와 어울리고, 그로 인해 어떤 일이 생긴다 하더라도 막상 해당 엄마는 잘 모를 수도 있겠지요?

이를테면, 우리가 베이비씨터 고용시 굳이 질 나쁜 사람을 채용해 아이 옆에 둘 필요 없듯이, 이 부분은 엄마 job 일터에서 보호자 책임을 가진 실 근무자/총 책임자인 여러분이 내 아이를 위해 신경 쓰며 유심히 보고 어느 정도는 관리를 해줘야 하는 일거리들 중 하나랍니다.)

결국 현실 육아의 세계에서는 '자기 애가 밖에 나가서 어떻게 행동하느냐' 이것으로 그 엄마의 위상이 결정되고, 그 엄마의 됨됨이는 조금 교류해보면 이만큼 나이 먹은 마당에 '척하면 척~' 여러 상황 속에 다 파악이 됩니다. 육아 조언도 당연히 애를 잘 키운 엄마에게 물어보게 되어있지요. 바로 이 job 바운더리를 '별개의 것'으로 보는 시각이 필요해요. 사실 이건 현장에서 근무하다보면 당연한 것이 되지요. 결국에는 아래와 같이 4가지 케이스로 나뉘어진다고 보면 됩니다.

육아 현장인 엄마 job 실세계에서는 딱~! 너의 직업과 전공이 뭐든간에
이 4가지로 분류되어 판단된다.

그 기준은 결국 새로 추가된 육아 job에
어느정도 엄마(아빠)의 관심/신경/에너지를 쏟을 수 있느냐 로 나뉘어집니다.

1) 자기 본래 일이 너무 빡센 일을 하는 경우 + 육아 job
2) 자기 본래 일이 중간 정도의 빡셈 + 육아 job
3) 육아 job을 우선하고 + 본래 일을 조율하며 할 수 있음
4) 육아 job - 이것을 살림과 육아를 전업으로 하는 전업맘 이라고 호칭하기도 함

그 엄마 직업이나 전공이 뭐건 그게 중요한게 아니라 그냥 딱 위의 4가지 카테고리로 나뉘어져 머릿속에서 정리되어 분류됩니다. 아, 저 집은 1) 저 집은 2) 이런 식으로 말이지요. 더 적나라하게 표현해볼게요. 왜냐하면 이 책을 읽고 계실 여

러분은 결국 이 세계에서도 직접 근무하게 되실 실무자이실테니까요.

위의 4개의 카테고리 대신 육아에 관심 기울이는가 / 아닌가 (전업맘이라도 육아에 관심이 없을 수 있으니까요.) 이 2개의 기준으로 생각하셔도 좋습니다. 저는 이 글을 읽고 계신 분들이 모두 육아에 진정어린 관심을 가지고 있다는 전제하에 각자가 처한 상황에 따라 4가지로 나눈 것입니다.

가장 간단하게 나눠보는 기준은 **"애 케어 잘 되는 집인지 아닌지"** → 그냥 이 한 줄로 끝나요. **'애 케어에 진심으로 임하고 있는지'의 여부** → 이것을 알 수 있는 대목은 같은 업계(엄마 job)에서 일하고 있기 때문에 숨길 수 없이 대목대목에서 투명하게 드러나요. 나가서 하는 아이의 행동들에 의해서도 자연스레 알게 되고요. **'아이에게 신경써주고 케어 잘 되는 집인지 vs 그냥 자기일이 바빠서 아이가 뭐하든 관심 별로 없고, 그냥 그런 분위기인지'** 이에 대한 판단이 딱딱 됩니다. 그걸 제대로 못 받은 애들이 문제화되어 결국 표출됩니다. (첫째가 2학년 때의 일화입니다. 한 아이가 유독 은교에게 집착이 심했습니다. 다른 여자친구들 또한 모두 은교와 놀고 싶어 했는데 이 아이의 집착과 질투가 심한 바람에 또 다른 은교의 여자친구와 이 아이와 싸우는 일이 잦았습니다. 이때 은교의 담임 선생님은 이렇게 말했습니다. "어머니~ 은교는 사랑을 충분히 받았잖아요. ㅇㅇ이는 사랑을 많이 받지 못해서요. 그 부분이 충족되어 있지 않아서, 그걸 자기가 받을 수 있는 아이인 은교에게 집착하고 의지하는 거예요.")
여러분, 영유아 시기에는 '내 집 안에서 X고생 하며 나만 피똥 싸면서 버티면 되었다'치면 이제 사회 데뷔하면 얘가 밖에 나가서 하는 언행은, 내가 있는 바운더리 안에서 하는 것이 아니라서 그에 대해 내가 전혀 컨트롤 할 수가 없어요.
우리의 노력으로 인해 바꿀 수 있는 부분에서는 제가 이 책에서 알려드릴 **하트법칙을 알고 있냐 없냐, 똑게육아를 알고 있냐 없냐 이 차이**가 정말 중요합니다. 같은 문제를 직면해도 하트법칙을 알고 있다면, 그 문제에 대한 인식과 그로인한 결과는 드라마틱하게 달라지기 때문입니다. 물론 양육자의 인품이 좋아야 하고 가정이 화목해야 하고요.
아이 낳고 엄마가 된다는 것, 이것은 그저 투잡(two job)을 뛴다는 표현만으로 정확히 서술하기는 힘들지만, 다른 새로운 일터인 **엄마 job 전문직에 노상 출근하**

게 되었다 생각해야 하는 것이에요. 인생 되게 공평한 거예요. 이 추가된 일에 대해 제대로 해보고자 시간 투자도 하지 않은 채 그저 원래 했던 프로페셔널한 일터에만 전념하게 된다면 애가 속된 말로 버려져 나중에 사회 나가서 팡팡~! 터져요. 그건 그만큼 신경을 못 써주고 사랑을 제대로 주지 못한 부모 탓이기도 해요. 밖에서 자신의 원래 일이 있던 분이라면 +1개의 일이 더 추가되는 것인데 (그 +1에 해당 되는 일이 사실상 +100과 같은 일을 가져오지만요.) 결코 쉬운 일은 아니에요. 하지만 그 새로운 일터의 특성과 함께 이 일터에 어떤 역량과 기술이 필요한지 알게 되면 최악의 리스크는 막을 수 있고 이상적인 방향으로 나아갈 수 있답니다. 결국 엄마 job 세계에서는 모두가 공평해요. 자신의 원래 전공이 무엇이건, 자신의 현재 사회적으로 드러나는 직업이 무엇이건 간에 다 똑같이 안 해본 새로운 엄마 job/육아 job이 추가되는 거라서요.

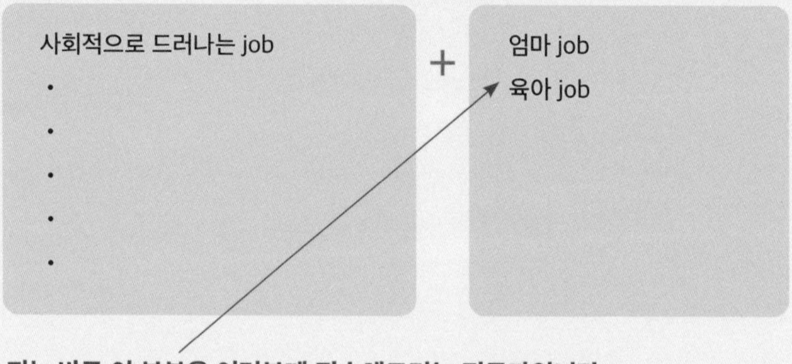

저는 바로 이 부분을 여러분께 전수해드리는 전문가입니다.

여러분이 만약 38쪽의 4가지 분류 중, 첫 번째 카테고리에 속한 엄마(부모)라고 가정해볼게요. 이 엄마 job말고 다른 일을 하고 있는데 그 일이 아주 빡센 경우요. 그래서 아이와 함께 있는 시간 자체가 적고 아이에게 신경써줄 에너지 레벨 자체가 매우 낮은 상태라 하더라도

하더라도!! (하늘이 무너져도 솟아날 구멍이 있다고 했습니다. 이번에도 제가 동아줄이 되어 드리지요.)

제가 올바른 방법, 현실 육아에 적용 가능한 방법들을 알려드리니, 그대로 꾸준히 하루에 1개의 tool만이라도 적용해보시는 것을 목표로 해보시고 차근차근 따

라와보세요. 이것만으로도 추후 아이가 안 좋은 방향으로 가는 리스크들은 없애드릴 수 있어요. 하트법칙을 익히고 구사하는데 든 노력과 수고는 나중에 아이가 사회에 데뷔하면 증명되고 그 긍정적인 파급효과는 여러분의 피부로 활활~ 느낄 수 있게 됩니다.

사회 데뷔했는데 아이가 안 좋은 평가를 받게 되면 정말 힘들어집니다. 그때 가서 고치려면 더 힘들고요. (그런데 그런건 꼭 사회 데뷔하면 바로 드러나요. 그간에 집에서, 가정이란 작은 사회에서 어떻게 교육 받았는지 그 문화가 어땠는지, 혹은 어느 정도로 육아에 신경 써왔고, 아이에게 관심을 주었는지 등이 작은 사회인 초등학교에 데뷔하면 적나라하게 밖에서 드러납니다.) 물론 그렇게 되었다 하더라도 하트법칙을 꾸준히 실행해주시면 분명히 바뀝니다. 아이들은 아직 커 나가는 단계이고 부모가 변화하면 분명 아이도 변화하고 더 성장할 수 있거든요.

나중에 초등학교 가서 문제가 터지는 아이들의 양상은 다양하지만, 주로 부모가 애정 어린 관심, 사랑을 주지 못하고, 신경을 못 써준 경우가 많습니다. (치료를 요하는 특수한 경우를 제외하고요.) 원래의 일이 너무 바빠서 그럴 수도 있지만, '방법'을 정확히 몰라서 그런 오류가 발생하기도 합니다. 또 아이가 실망을 주고, 자기가 바라는 대로 되지 않다보니 이렇게 되면, 오히려 자신의 사회적인 프로페셔널한 일에 더 몰두하면서 육아를 더 놔버리는 경우도 봤습니다.

그런데 이제 여러분은 지금 《똑게육아 하트법칙》을 읽고 계시니까, 그런 오류는 비껴가실 수 있게 될 것입니다. 저는 이 새로운 여러분의 추가된 일터! **애 낳고서 절대 빠져나올 수 없는 엄마 job** 이 구역! 일터에서 확실히 도와드리겠습니다. 다시 한번 뭐라고요? 애를 잘 키운다는 것은, (혹은 아이에게 진정한 사랑을 주고, 공감, 정서적인 교감까지 긍정적 영향을 주며 올바른 방향으로 가르쳐 줄 수 있는 것은) 어떤 직업이나 그 사람의 전공 때문에 잘 키우는 것이 아니라 그만큼 그 사람이 **아이를 키우는 job에 대해 진심을 가지고 올바른 방향으로 노력했기 때문**입니다. 저는 바로 정확히 이 job 여기에 대한 비책들을 여러분들께 전수드리고 있는 겁니다. 이걸 전문 업(job)으로 인식을 바꾸는 것이 제 사명입니다. 이걸 직접 하고 있는 여러분이 이 일에서의 전문성을 한번 높여보세요.

똑게육아 하트법칙 훈육법 또한 **수면교육 자격증**에 이어 그 **체계성**과 **커리큘럼 내용이 입증**되어 공식 자격증 코스로 인정 받았습니다. 여러분이 여러분 아이의 전문가이며 하트법칙을 실전에 적용해본 전문가가 되는 것 또한 꿈이 아닙니다. *여러분 스스로가 주체성을 가지고 자부심 가지고 당당하게!* 이 책을 읽고 직접 육아의 삶에 녹여 자신의 육아체로 잘 구사하며 적용하는 것이 중요합니다. 그리고, 이 책을 읽으시는 분들의 자녀 연령대가 초등학교 입학 전이라면요. 잠깐 눈을 감으시고 이런 상상 한번 해보세요.

"아니, 어떻게 키우셨길래 ㅇㅇ이가 그렇게 훌륭해요?"
"어머니, ㅇㅇ이를 저희 학교에 보내주셔서 정말 감사드려요"
"ㅇㅇ이가 학급에 있어 정말 도움이 되고 고맙습니다."
"ㅇㅇ이 엄마, △△이가 ㅇㅇ이를 너무 좋아해요. 같이 놀자고 계속 물어봐서요. 혹시 시간 괜찮은 날 좀 알려주시면 감사드릴게요"

이런 신(scene)들이 눈앞의 현실이 될 수 있습니다. (제가 두 아이를 키우며 수년간 듣고 있는 말이긴 합니다. 제가 진심을 다해 공부하고 적용한 비책을 하트법칙으로 만들어 여러분들에게 전수드리고 있는 것이고요.) 여러분들이 하트법칙을 일상화하신다면 위와 같은 대사들을 많이 듣게 되실 거예요. 물론 무엇이 '잘 키웠다, 아니다'라고 말하는 건 힘든 일이지요. 하지만 적어도 인생 최대의 불행인 자식과의 불화는 막을 수 있고 내 아이의 자존감도 지켜줄 수 있어 학교생활에 큰 도움이 될 것입니다. 공부를 잘하고 못하고가 문제가 아니라 교우관계나 인성 부분은 학교생활에서 정말 중요합니다. 이게 받쳐줘야 공부도 잘 하게 되는 거예요. 왜냐하면 그 부분이 바로 아이의 학교생활이 즐겁고 행복해지느냐를 결정하거든요. 전반적인 자아수준까지 결정됩니다. 자신감의 원천이 되지요. 아이의 올바른 인성과 판단력은 여러분이 꾸준히 하트법칙을 일상에서 구사하시면 자연적으로 따라붙게 됩니다.
아이들의 성적표는 제가 SNS에 공유를 했던 터라 이번엔 초3 끝나는 무렵 가져온 첫째의 롤링페이퍼, 친구들이 아이에게 써준 이야기들을 실어봅니다. 또래 아이들에게 인정받는 아이. 생각해보면 결국 그 또래집단 안에서 인정을 확실히 받고 있는 부분이 어른이 인정해주는 것보다 더 대단한 것 같다고 느끼기도 합니다. 순수한 아이들의 눈과 그들이 직접 느낀 부분은 거짓말을 할 수가 없고 그 자

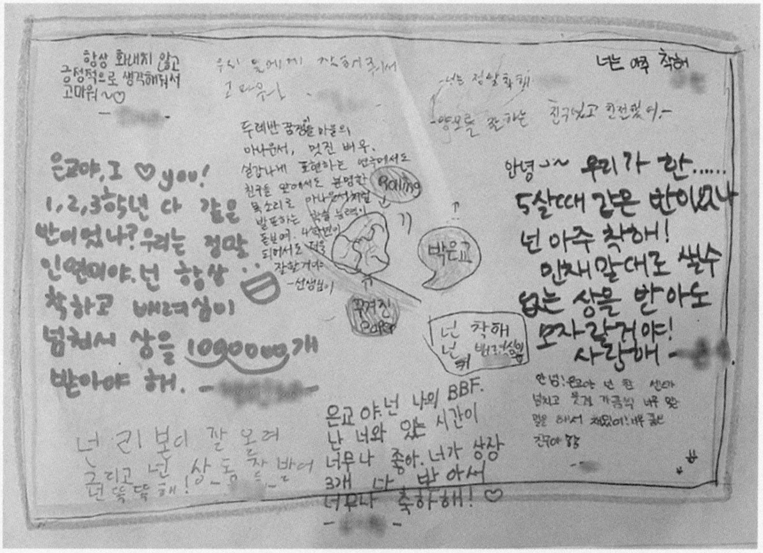

체로 여실히 보여지기 때문입니다.

똑게육아 하트법칙을 읽으시는 여러분들은 이제 저와 함께 새로운 육아 분야를 키워내시고 현장에 적용하시는 현장 전문가입니다. 여러분들은 분명 해낼 수 있어요. 왜냐고요? 바로 여러분들은 이 책을 선택하신 똑똑하신 분들이며, 그런 여러분들의 사수가 바로 저이니까요. (육아 일타 강사인 제가 여러분의 현업 코치이니 말다했지요.) 같이 적용하면 할수록 우리 아이들이 업그레이드될 것을 생각하니 가슴이 두근댑니다.

누구보다도 엄마인 나의 주관, 자부심 단단히 다지며 마인드 업그레이드 하기

이제 이 책을 손에 쥔 여러분들은 자신의 마인드를 한층 더 업그레이드 해주세요. '엄마'라는 직업의 고귀함과 전문성, 수준 높은 업무들은 모두에게 존중받아 마땅합니다. (솔직히 사회적으로 바깥으로 나가서 하는 일들 대비 훨씬×1,000배는 힘듭니다. 비할 수가 없는 겁니다.)

엄마로서의 전문성에 대해 여러분 스스로 인정하고 존중해주세요. 자기 위로식으로 '원래 이런가보다~' 하면서 체념하는 것이 아니라.. 혼자서는 울면서 겉으로 아닌척 하는 것이 아니라, 투명하게 겉으로도 표현하고 말을 해줘야 변화가 오고 발전이 옵니다. 또한 다른 업계 job이 이 엄마로서의 job/업을 규정짓거나 상위에 존재하게끔 그 권위를 넘겨줘서도 안됩니다. 어디까지나 내가 필요할 때 도움을 받는 협력기관으로 봐야지 나의 일을 남이 규정하게끔 하는 건 내 업무필드에 대한 자존감 부족/프라이드부족/그 우리 자신의 일에 대한 가치를 스스로 폄하하는 일입니다. 내가 근무하고 있는 내 업에 대한 일은 나와 내 동료인력, 같은 업계에서 일하고 있는 근무자들이 제일 잘 알기 때문에 우리 스스로 표출하고 정의하고 해야지, 외부 시선에서 이래라 저래라 하는 규정과 속박에 종속되어 놀아나면 안 됩니다. 주체적으로 우리의 일터를 스스로 가꿔나가야 합니다.

안 해본 사람은 그 입 다물라!!!! 이걸 표어처럼 '엄마'라면 말을 지속적으로 하셔야 합니다. 저는 과거 누구보다 더 빡센 일터에서 '워커홀릭'으로 엄마 이전 시절엔 자발적으로 새벽 2~3시까지도 회사에 남아 미친듯이 일하고 했던 사람이라 더욱 정확히 비교가 가능합니다. (2015년도에 처음으로 《똑게육아》를 출간했을 때는 잠을 잔 시간이 거의 없을 정도로 회사 출퇴근 풀타임 job과 작가, 육아, 살림을 병행했습니다.) 다른 직업계는 그렇지 않은데, 왜 이 '엄마, 육아 직업계'는, 여기서 제대로 종사해 본 적도 없는 사람들이 희한하게 이래라, 저래라 하면서 미묘하게 군림하는 식으로, 더 우위에 있는 느낌으로 '훈수질'을 하는 것인지… '대체 뭘 해봤다고??' 이 우리가 하는 업(job)의 실제 일들이나 하루 일상에서 어떤 게 중요하고, 실무가 어떻게 이어지는지 알기나 하는 사람들인지 생각해봐야 합니다. 아이가 아프거나, 특정 도움이 필요해서 내가 해당기관에 가서 상담을 받고 의학적인 치료를 받는 거면 모르겠는데 그것과 '일상의 육아'라는 것은 확연히 다른 job일뿐더러, 이 엄마 job이 어느 상위 job에 종속된 업일까요? 저는 밖에서도 열렬히 제 전문분야 가지고 10년을 넘게 프로페셔널하게 일해왔던 사람인터라 이 부분이 이해가 가지 않더라고요. 내가 이 분야에서 프로페셔널하게 일하고 있는 당사자인데, 왜 다른 범주의 job분야에서 일하는 사람들이 권위자랍시고 이래라 저래라, 되도 안되는 소리 할때는… '대체 무슨 권위로?' 라는 생각이 들더군요. (내 애 키울 때, 내가 내 일터에서 그쪽 분야 도움이 필요하다면 그때 고용해서 물어보는 그런 '협력기관' 내지는 '제휴업무기관'인 것이지, 상위에 존재하는 것이 결코 아니에요.) 이 일터에서 매일 근무를 하다 보면 굳이 일 터져서 돈 주고 상담하거나 어디 다쳐서 가는 그런 일은 극소수예요. 그것보다 훨씬 더 일상적인 결정해야 할 혹은 고민해야 할 문제들이 예상치 못하게 매일의 삶 속에서 불쑥불쑥 튀어나오거든요. 조금만 깊게 생각해보면 잘못된 아이를 병실에서, 치료실에서 만나 돈을 받고 잠깐 상담해주는 것은 접촉하는 아이의 그 표본 자체가 너무나 협소해서 일상적인 육아 job과는 현저히 다르답니다. 다시 한번 개념을 잡고 가세요. 이제는 저출산 시대에 육아에 더 도움이 될 수 있도록 모두가 함께 이 업종 현장에서 일하는 사람들이 나서서 도와줘야 할 것 같아요. 육아가 좀 더 프렌들리한, 육아 선진국들은 '실용적인 육아 자격증 코스'들이 이미 많이 발달해 있는데, 우리나라는 생각해보면 '육아 전공'이라는 것이 대체 어디에 있다고 실제로 근무해보면 하나도 관련이 없는데.. 뜬구름 잡는 소리하고, 모르는 소리하고 하는 경우에는 실 근무자들이 바로 목소리를 내야합니다. 지금 실무 업계에서는 죽어나는 게 뭐 때문에 죽어나고 있는지 그것부터 파악을 해야겠죠. 엄마라면 속마음을 숨기지 마시고 발설하셔야 해요. 더 당당해지고 더 적극적으로 나서야 권위를 찾습니다. 이 업에서 실제 일하는 사람들이 계속 죄인인냥 숨으면, 육아에 발전이 없게 됩니다. 우리나라도 좀 바뀌어야죠. 수면교육도 굳이 말하자면, 의학적인 쪽에서도 항상 '시켜라'식으로만 추상적으로 매번 말해왔던 건데, 결국 이 업에서 일하던 제가 완벽히 대중화 했잖아요. (그 과정 결코 쉽지 않았습니다. 온 몸의 뼈들이 으스러지는 듯한 고통들을 이겨가며 해온, 이뤄온 결과이자 성취, 발전이었어요. 수면교육이란 게 엄청난 게 아니라 '건강한 습관'을 만들어주는 부분인데 현실에서 어떻게 적용할지 디테일하게 알려줄 수 있는 사람은 당연히 해당 일터 근무 경험을 절절하게 해본 사람인 것입니다.) 해당 일을 직접 해본 사람이 어떻게 하라고 말해줄 수 있고 이뤄낼 수 있다니까요.

제 독자님들은 수준이 높은 분들이라 더더욱이 그 구분을 꼭 하셨으면 좋겠습니다. 엄마가 되면, 이때까지 암묵적으로 이어져 온 사회적인 분위기 때문에 죄책감, 수치심을 은연중에 계속 느껴가면서 일을 해야 한다는 부분이 힘든 점들 중에서도 왕거니로 힘든 포인트에요. 결론적으로는 아무도 안 하니까 그냥 한명이 모조리 맡게되며 희생하는 구조. 계급 피라미드에서 맨 하위에 깔려있는 느낌.

'넌 이제 거기 계급에 속했으니까 그렇게 살어~'
'그게 너의 운명이다~~ 거긴 원래 그래.'

이걸 바꿔야 합니다. 무슨 일을 백가지씩 하고 있는지 구체적으로 다른 job 분야에 속한 사람들도 알 수 있게끔 꾸준히 언어화, 체계화해서 얘기해줘야 하고요. 그래야 분담이 이루어질 수 있고, 무슨 일을 하는지를 조금이라도 알 수 있기는 하겠죠. **저는 피라미드에서 최상위 계급에 엄마 계급이 속하는 날을 기대합니다.** 이제는 더 이상 배가 불룩 나와 있는 우리 임산부 예비맘 앞에서 마치 모의 작당한 듯한 희미한 미소를 (알쏭달쏭 알 수 없는 듯한 의미심장한 미소) 띄우며… "그때가 좋은 거야…^^" 하는 식의 숨김은 아닌 것 같습니다. 자세히 후배들한테 알려주고, 더 행복하게 나아갈 수 있고, 더 영리하고 효율적으로 일처리 할 수 있고, 그로 인해 더 건강하고 올바르게 키울 수 있는 방법들을 이 구덩이에 먼저 빠져서 허우적대며 살아남고 헤쳐나간 선배들이 알려줘야죠. 그렇기 때문에 **저는 여러분들이 스스로 자신감을 가지고, 육아문화를 바꿔보고자 하는 생각을 했으면 좋겠어요.**
엄마 job 담당자/근무자/총괄 책임자인 여러분 스스로가 '내가 최고다!!' 하는 생각으로 프라이드 느끼면서 당당하게 했으면 좋겠습니다. 안 해보고 하는 얘기는 귓등으로 들으세요. 자기한테 떨어진 일 아니니까 그렇게 말할 수 있는 겁니다. 이것은, **우리 이 업에 일하는 사람들이 주체적으로 공부하고 만들어나가며 분위기를 바꿔야 합니다.** 그래야 나중에 우리 애들이 엄마가 되었을 때 달라지죠. 이제 안 해본 사람들이 상대적으로 이 job 근무자들 보다 시간이 많아, 탁상공론하며 어쭙잖게 '이렇게 해라, 저렇게 해라' 훈수질하게 두지 말고.. 아무리 육아에 바쁘고 지쳐 시간이 없더라도 이 일의 힘듦, 전문성, 실제로 어떤 실무를 하게 되는지, 그 백가지 일들 얘기해서 알게 해야 할 것입니다. 제가 똑게육아 집필로 어느정도는 성과를 보았다고 생각하지만 계속 노력하고 있는 부분이기도 합니다. 이것이 제가 후배님들 및 동료 근무자 분들에게 드리는 편지입니다. 이 일터의 근무자인 여러분이 육아전문가입니다. 우리가 몸담고 일하는 일터의 품격과 가치는 해당 일터 종사자인 우리가 만들어나가는 것입니다.

수천 번의 스케치
하트심볼

저의 공부방식에는 꼭 필기가 포함됩니다. 저는 **문자**에는 **생명력**과 혼이 담겨 있다고 생각합니다. 무언가를 배우고 체화한 바를 공책에 거듭 필기하고 정리해나가며 한 차원 나아간 더 상위의 컨텐츠를 창조해냅니다. 여기에 클래스를 여러 차례 진행하며 만난 수강생들의 실질적인 어려움을 같이 해결해가면서 솔루션은 더 자세하게 진화되었습니다.

이렇게 다양한 훈육 이론을 이해하고, 정리하고, 실제 육아에 적용하고, 그 원리를 다시 깨닫는 일을 일상적으로 반복하노라면, '유레카!'의 순간이 찾아오곤 합니다. 잘 풀리지 않던 육아의 고민이 어느 날 '그래, 이거였어!' 하고 그 모든 것에서 한 차원 나아간 그림이 떠오르며 전율이 느껴지는 것이지요.

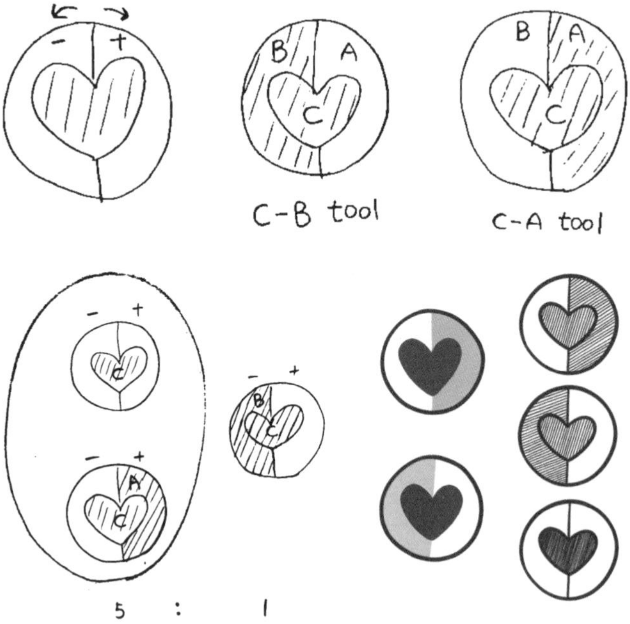

'똑게육아 하트법칙'도 그렇게 만들게 되었습니다. '아~ 이 이론이 실전에서 이렇게 적용되는구나' 하는 희열을 느낄 때마다 노트에 메모를 더해가며 '하트법칙'을 발전시켰습니다.

즉, 이 책은 최신 고급 훈육 전문 자료들을 쏙쏙 모두 반영한 훈육 비책 노트라고 할 수 있습니다.

하트법칙은 전 세계적으로 발표된 훈육의 연구 결과들을 낱낱이 분석하고 공부하여, 그 내용을 직관적으로 한눈에 알아보기 쉽도록  하트 모양으로 모델화한 것이 특징입니다.

자, 이제  이 그림 하나로 육아 중 발생하는 모든 문제 상황에서의 해결과 코칭이 가능합니다.

저는 이 하트법칙을 제 아이들의 훈육에도 적극적으로 적용하고, 그 과정에서 아이들과 많은 대화를 나누었습니다. 흥미로운 점은 하트법칙을 통해 훈육한 저의 두 아이(둘다 모두 10대가 되었습니다.)가 친구들과 관계를 맺거나 스스로 마인드 컨트롤 등을 할 때, 제가 일상에서 보여주었던 하트법칙을 나름대로 적용하여 실천하고 있다는 사실입니다. 그런 모습을 볼 때면 두 아이가 대견스럽기도 하고, 한편으로는 더욱 올곧고 원칙 있는 삶을 살아야겠다고 다짐하게 됩니다. '아이들은 들은 대로 배우지 않고, 본 대로 배운다'라는 훈육의 강력한 원칙을 되새기게 되기 때문입니다.

'하트법칙'이란?

이제 하트법칙에 대해 간단히 개괄해보도록 하겠습니다. 훈육이란 내 아이를 진정으로 이해하고 공감하는 **'접속'단계**에서부터 출발을 합니다. 그것이 전제된 상황에서 아직 미숙한 표면적으로 드러난 아이의 행동에 있어 올바른 방향으로 우리가 반응을 주어야 하는 것이지요. 제가 만난 수많은 부모님들은 "로리님, 이 상황에서는 어떻게 해야 해요?"하며 구체적인 대응방안에 대한 질문을 많이 했습니다. 항상 먼저 지금의 상황을 분석하고 아이가 왜 그랬는지를 분석하는 단계는 선행이 되어야 해요. 우리가 수면교육에서도 현재 상황을 관찰하는 부분이 가장 우선시되는 것처럼요.

저는 이 훈육의 모든 flow들을 체계적이면서도 직관적으로 정리할 수 있는 방법이 없을지 고민했습니다. 그 결과, 알파벳 A-B-C로 시작하는 다

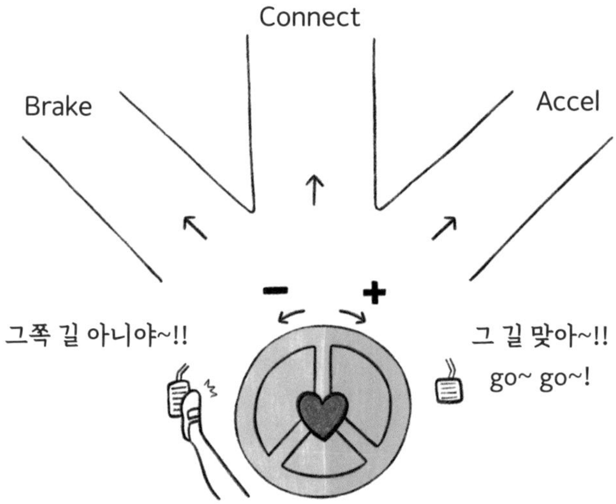

음의 세 개의 중요한 키워드를 이끌어냈습니다.

- **Connect (접속)**

  : 행동의 방향을 알려주기 전, 우선 아이의 마음에 **접속하기**

- **Accel (액셀)**

  : 아이가 잘한 점은 '그래, 그 길이 맞아!'라고 **격려하며 강화하기**

  (=계속 그길로 갈 수 있도록 가속 페달 밟기)

- **Brake (브레이크)**

  : 아이가 잘못한 점은 '그쪽 길이 아니야!'라고 알려주며 **제동을 걸고 방향 수정해주기**(=브레이크 페달 밟기)

밥 먹으면서도 이 생각, 자면서도 이 생각, 걸으면서도 이 생각, 계속 해 생각을 하다보니! 어느날 이 하트모양의 운전대가 눈앞에 떠올랐고, 이것을 **하트심볼**로 만들어 직관적인 이해가 가능토록 설명할 수 있게 되었어요.

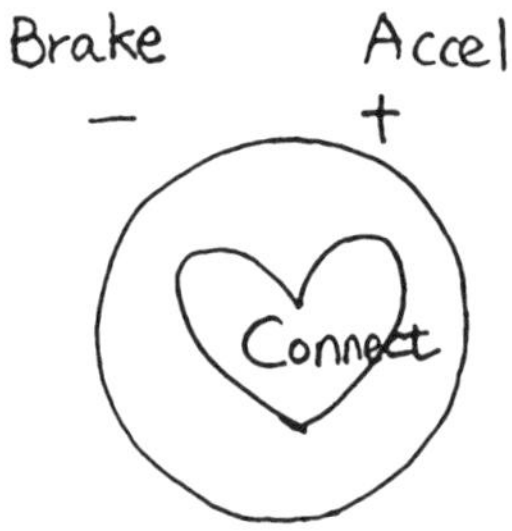

하트법칙 아이디어 초안

아이와 진정으로 접속한 뒤, 방향설정을 도와준다는 의미

이제 훈육의 어려움에 부닥칠 때마다 하트심볼 그림을 떠올리면서 차분하고 체계적으로 반응해보세요.

접속하기(C), 잘한 점 격려하기(A), 아닌 방향을 수정해주기(B) 에 해당하는 앞글자 알파벳 A, B, C는 모두에게 익숙한 글자이기도 하니, 입에 붙여 기억하기도 쉬울 거예요.

하트법칙은 기본적으로 훈육과 관련된 내용이지만, 사실 인생 전반에 적용할 수 있는 보물같은 내용이기도 해요. 클래스를 진행하다보면 이걸 나 자신에게 적용해야겠다는 분들, 남편을 이해할 때, 혹은 아내를 이해할 때 사용해봐야겠다는 분들과 같이 다양한 반응이 뒤따르더라고요.

C든 C-A든 C-B든 하루에 하나만이라도 육아를 비롯한 여러분의 삶에 적용하며 실천해보세요. C, **커넥트(Connect) 접속/연결**을 나 자신과 하

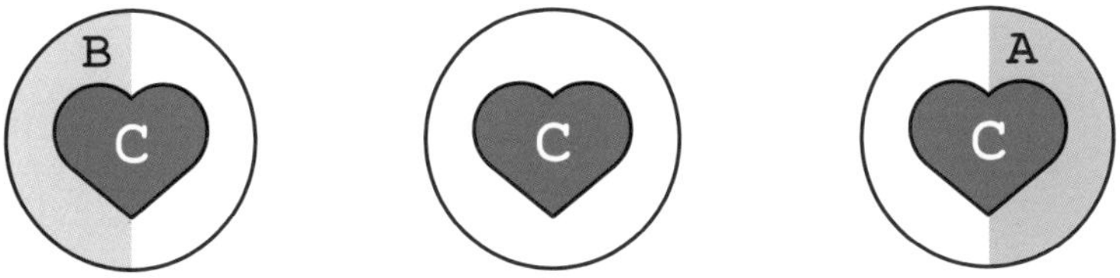

그쪽 길 아니야~!　　접속 =한편되기　　그래, 좋아! 그 길 맞아~

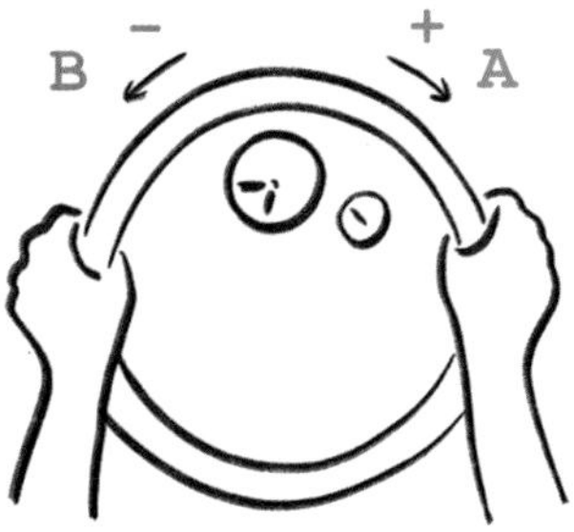

접속 후 가이드

게 되면 '나'라는 자아를 들여다보는 데 참 좋거든요. 그러면 자연스레 하트법칙이 스며들어 생활의 질 자체가 높아질 거예요.

우리 인생에서 벌어지는 일들을 하트법칙의 시각으로 바라보게 된다면, 그리고 하트법칙의 '접속(Connect)'개념을 '신과의 접선', '참된 나 자신과의 접속'으로 생각한다면, 지금 당장은 화가 치미는 일을 겪었을지라도 벌어진 사건과 거리를 두고 **참된 나의 시각**에서 혹은 **신의 시각**에서 넓게 바라볼 수 있게 됩니다. 그렇게 되면 자연스레 인생의 깊이도 달라집니다.

이 책의 구성 및 활용법

그럼 지금부터는 이 책의 구성과 활용법에 대해 말씀드리겠습니다. 이 책을 집필하면서 가장 신경을 많이 쓴 부분은 **체계성**과 **직관성**을 가진 책으로 만드는 것이었습니다. '하트법칙' 훈육의 큰 틀과 개념을 독자님들이 한눈에 이해하실 수 있도록 여러 아이디어들을 현실화하는 것이 관건이었어요. 아래의 가이드를 꼭 염두하시고 읽어보세요.

① 내가 읽고 있는 곳이 '어디'인지를 인지한 채 읽자.

여러분이 현재 읽고 있는 대목이 전체 큰 목차에서 어느 줄기의 어느 항목에 속해 있는지를 떠올리면서 읽기!

똑게육아의 콘텐츠는 **'대제목-소제목-그 하위 내용'**으로 이어지는 **위계성과 질서**가 매우 중요합니다. 따라서 **지금 자신이 읽고 있는 대목이 어디 파트의 어느 부분인지**를 책 전체의 커다란 맥락을 살피면서 읽으셔야 합니다.

하트법칙의 체계적인 구성의 장점을 강조하고 독자님들이 그 내용을 쉽게 이해할 수 있도록 이 책에서 제시하는 다양한 훈육의 툴(tool) 옆에는 그와 관련된 하트심볼 그림을 그려 넣었습니다. 이 부분이 워낙 중요하기 때문에, 책날개를 활용해 하트법칙의 심볼과 로드맵을 펼쳐두시고 읽을 수 있도록 디자인했습니다.

또한 지난 10년간 훈육에 대한 집요함을 가지고 지속해온 노트필기로 만들어냈기에 책 속에는 그동안 저와 제 아이들이 직접 손으로 그린 그림과 문구들을 넣었습니다. 제가 하나하나 구상을 하고 디자인한 것들이라 굉장히 애착이 가는 그림들입니다. 이와 같은 시각 자료들을 충분히 참조하면 하트법칙의 큰 틀과 그 구성 항목들이 더욱 쉽게 이해될 것입니다.

② 무조건 한 번은 꼭 완독하기

하트법칙을 실전 육아 현장에서 제대로 적용하기 위해서는 개념을 이해하고 기초적인 내용부터 내 것으로 만들어야 합니다. 그러기 위해서는 이 책을 처음부터 끝까지 무조건 한 번은 완독하길 바랍니다. 하트법칙을 충분히 이해한 후에는 책에서 제시하는 세부적인 방법들을 하루에 적어도 한 가지씩 실제로 육아에 적용해보세요.

머리로 이해한 내용을 진짜 내 삶으로 만들려면 반복해 읽는 것이 도움이 됩니다. 같은 내용이라고 해도 지난번에 읽었을 때는 이렇게 느껴진 내용이, 오늘은 다르게 다가오면서 더 큰 깨달음을 주기도 하거든요. 이 책 역시 계속 반복적으로 읽어가다 보면 여러분의 무의식까지 바뀌어 내면의 상처도 치유될 것입니다.

아무런 의식이나 계획 없이 되는 대로 하는 육아는 즉흥적으로 답안을 선택하게 되는 심리테스트와 비슷합니다. 그러나 하트법칙을 제대로 공부하여 의식적으로 올바른 훈육을 습관화하겠다고 마음먹으면 그때부터 여러분의 육아는 획기적으로 달라집니다. 고통스럽고 지겨운 일상이 아닌 아이와 내가 함께 성장해나가는 행복한 과정이 됩니다.

이 책에 담긴 내용을 하나씩 실생활에 적용하다 보면 스펀지에 잉크가 스며들듯이 긍정적이고 일관된 삶의 태도가 여러분에게 자연스럽게 배어들 것입니다. 그렇게 부모가 하트법칙을 마음 깊이 이해하고 그에 따라 행동하면, 그 모습을 본 아이도 어릴 때부터 자연스레 하트법칙을 삶의 소중한 원칙으로 체득하게 됩니다. 이후 시간이 흘러 아이와 대화가 되는 시기에 이르면 여기에서 한발 더 나아가서 부모와 자식 사이에 생산적인 토론과 발전도 가능해집니다. 하트법칙은 아이에게 꼭 물려주어야 할 생각 습관이자 인생 철학입니다.

이쯤에서 제가 하트법칙을 만들게 된 비하인드 스토리를 살짝 공유해볼까 합니다. 훈육의 모든 것을 아우르는 하나의 커다란 틀에 대해서는 정말 오랫동안 고민해왔습니다. 그러나 그것을 직관적이고 시각적으로 한눈에 어떻게 구현해내야 하는지를 두고 답을 찾지 못해 머릿속 생각들로만 고민하며 끊임없이 고뇌하던 시간이 있었어요.

그런데 어느 겨울날, 아들 연우와 프레첼을 먹으러 갔다가, 제 머릿속에 환한 불이 들어오는 경험을 했습니다. 하트 모양으로 꼬인 프레첼의 모습에서 하트법칙을 시각화할 영감을 얻게 되었어요.

그렇게 스케치를 거듭하다 보니 어느 순간, 양육자가 사랑을 담아 훈육의 운전대를 잡고 운전하는 듯한 모습이 연상되었습니다. 이 아이디어가 발전하여 마침내 이 책 속에 담긴 하트심볼의 최종 이미지가 만들어졌습니다.

지금 단계에서는 하트법칙의 심볼을 머릿속에 기억해두세요. 다음장에서 훈육이란 무엇인지 깊이 있게 생각해보시고, 아이의 뇌에 관해서도 공부한 뒤 하나씩 체계적으로 적용해봅시다.

하트법칙 모델 스케치 발전 과정

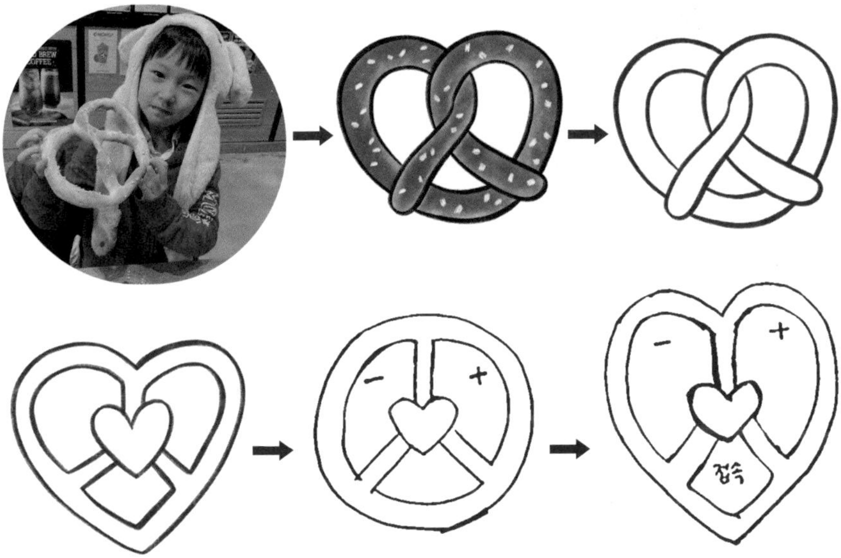

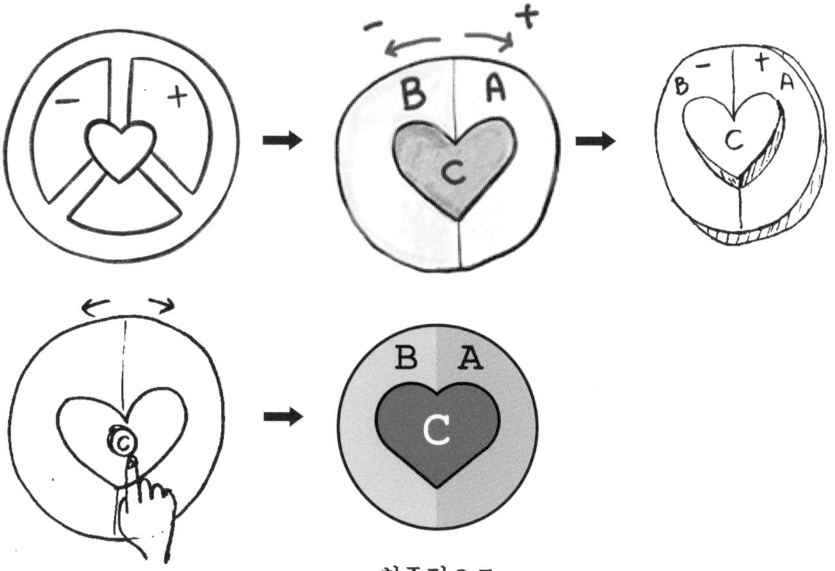

최종적으로
완성한 하트법칙 모델

훈육에 대해 공부한지 10년이 넘었습니다…. 처음 아들 연우가 들고 있던 프레첼에서 영감을 받아 모든 훈육 관련 내용을 관통할 수 있는 '하트법칙 모델'을 떠올렸고, 이를 더 발전시켜 C, A, B 까지 도출해내고 네이밍하여 하트법칙을 직관적/체계적으로 만들 수 있었어요. 이를 실전에 적용하고 클래스를 진행한 지 벌써 5년째! 그 사이 어느새 10대가 된 연우는 프레첼을 다시 보자, 정말 '하트 운전대' 같다며 바로 자세를 취했어요.

♥♡♥ 아래의 빈 페이지에 똑게육아 하트법칙 모델을 직접 그려보세요. ♥♡♥

그리시면서 여러분의 마음속과 머릿속에 해당 그림을 소중히 넣어보세요.
뒤에 이어지는 Part들을 보다 더 잘 이해하실 수 있게 됩니다.
그럼, 아이와 부모 모두 행복해지는 똑게육아 훈육 비법 '하트법칙'
본격적으로 들어가 보겠습니다!!

part 1.

똑게육아 훈육

기본기 다지기

훈육의 진정한 목적

훈육은 벌이 아니다

육아는 원시인 같은 상태의 아이를 건강한 사회인으로 만드는 여정입니다. 그 여정을 성공적으로 이끌기 위해서는 '훈육'이 필요합니다. 그런데 훈육을 '아이가 잘못한 부분에 대해 벌을 주는 것'으로 생각하는 분들이 꽤 있는 듯합니다. **'훈육(discipline)'**의 어원은 **'가르치다, 교육하다, 알려주다'**라는 뜻의 라틴어 '디스키플리나(disciplina)'입니다. 즉, 어원적 해석에 따르면 벌을 주는 것이 훈육의 목적은 아닌 것이죠. 훈육의 진정한 목적은 아이가 더 좋은 선택을 할 수 있도록 교육하는 것입니다.

0세 훈육이라고 할 수 있는 똑게육아의 또 다른 전문 분야인 **'수면교육'**

도 똑같습니다. 세상에 갓 태어난 0세 아이는 어떻게 잠을 자야 하는지 모르는 백지상태입니다. 반면에 어른의 잠은 어떤가요? 누군가가 그 곁에서 눈을 감겨주며 재워주지 않아도 너무나 자연스럽게 잠에 들지 않나요? 어떻게 자야 하는지 모르는 아이에게 스스로 눈을 감고서 잠들 수 있도록 알려주는 것, 바로 이것이 훈육의 일부분인 '수면교육'입니다.

이처럼 아이는 성장하면서 자는 방법에서부터 올바른 식사 예절, 사람들과 관계를 맺는 방법, 감정을 조절하는 방법에 이르기까지 **중요한 인생 스킬**을 배워나가야 합니다. 그리고 우리 어른들은 아이들 곁에서 그들이 건강한 성인이자 사회인으로 자랄 수 있도록 조력할 의무가 있습니다.

똑게 훈육이 필요한 이유

아이는 아직 무엇이 좋고 나쁜지 스스로 판단할 수 없습니다. 그래서 미성년 시기인 만 19세까지는 부모가 법적 대리인으로서 금융 서류를 비롯해 모든 법적 서류에 대리 서명을 하는 등 중요한 판단을 요하는 일들에 대해 현명한 결정을 대신 내립니다. '금치산자(禁治產者)'라고 들어보셨나요? 자기 행위의 결과를 합리적으로 판단할 수 없는 사람을 일컫는 말입니다. 지금 아이는 금치산자(이 용어를 사용하는 것이 불편할 수도 있지만, 이해를 돕는 데 찰떡같은 비유라 제가 강연에서 자주 드는 비유입니다)와 같은 상태이기 때문에 성인이 되었을 때 스스로 현명한 판단을 내릴 수 있도록 양육자가 올바른 선택을 하는 모습을 곁에서 보여주며 그 방법을 알려줘야 하는 것입니다.

똑게 훈육은 '하트법칙'을 기본으로 합니다. 무엇보다 아이의 마음에 공감을 해주고(C), 아이의 잘한 행동은 강화시켜주고(C-A), 잘못된 행동은 제동을 걸어주는 것이지요(C-B). 아이가 길에 잘못 들어섰다면 하트법칙에 따라 브레이크를 대신 밟아주거나, **"이쪽 방향으로 가야지"** 하고 아이가 잡은 핸들을 함께 꺾어주며 가야 할 방향을 부드럽게 알려주면 됩니다. 부모의 이런 가이드는 **아이 내면의 '인생 운전 능력'**을 높여줍니다. 아이가 올바른 길을 향해 핸들을 스스로 꺾을 수 있는 능력, 브레이크를 밟아서 자신의 잘못된 행동을 스스로 제어할 수 있는 능력을 선물해줍니다. 하트법칙에 따른 똑게 훈육을 통해 아이는 올바른 판단과 선택을 내릴 수 있는 **내부 엔진의 힘**이 훌륭한 아이로 성장할 수 있습니다.

"여러분의 아이가 어떤 아이로 자랐으면 좋겠어요?"

똑게육아 클래스를 시작할 때 저는 늘 이렇게 화두를 던지고 현장에 오신 모든 분의 이야기를 들어봅니다. 이때 **"말을 고분고분 잘 듣는 아이, 순종적인 아이**가 되었으면 좋겠어요!"라고 말씀하시는 분은 단 한 분도 없었습니다. 지금 여러분도 잠시 책을 내려놓고 한번 생각해보세요. 내 아이가 어떤 아이로 자랐으면 좋겠는지 말이에요. 머릿속에 어떤 것들이 떠오르나요?

저는 독자님들이 이 책을 통해 아이에게 자존감, 책임감, 공감 능력, 회복 탄력성, 자기 주도성 등을 길러주려면 **어떻게 아이와 관계를 맺어가야 하는지**를 깨달을 수 있으면 좋겠습니다. 저는 **'아이가 항상 부모의 말을 잘 듣도록**

조종하는 비결'을 설명하려는 것이 아닙니다. 부모와 아이가 훈육이라는 과정을 통해 어떻게 아름다운 관계를 맺어나갈 수 있는지를 알려드릴 것입니다. 육아에서 가장 중요한 것은 '**관계**'이고, '**육아=관계 맺기**'라고 해도 과언이 아닙니다.

●● 똑게 훈육의 지향점 = 아이 내면의 힘을 키워주는 것

잠시 한 가지 상황을 가정하고 떠올려봅시다. '아이가 지금 내 눈앞에서 괴물처럼 울부짖고 있다.' 이때 여러분들은 어떻게 하고 싶은지, 어떻게 하는 것이 현명한 행동일지 생각해봅시다.

여러분은 아이의 행동을 어떻게든 멈추고만 싶은가요, ⓥⓢ 아니면 지금 이 상황을 통해 아이의 내면에 어떠한 소중한 가치나 능력을 선물하고 싶은가요?

아마 대다수의 부모님들은 후자이고 싶지만, 전자로 행동하는 경우가 많을 것입니다. 무엇이 좋은지 머리로는 알지만, 당장 눈앞에서 아이가 울부짖는 상황이 고통스럽기 때문에 순간을 모면하는 데 집중하게 되는 것이죠.

아이와의 관계를 다지는 훈육 전략을 세울 때, 이 점을 꼭 생각해보고 나서 계획을 세워야 합니다. 그래야 우리가 실전에서 즉흥적으로 행동하지 않게 됩니다. 훈육이 성공하느냐 그렇지 않느냐는 양육자가 아이의 행동에 **즉흥적, 반사적으로 반응하느냐** ⓥⓢ **의도적으로 반응하느냐**에 달려 있습니다.

어려운 상황에 처한 아이를
무조건 돕기만 하는
헬리콥터맘 스타일의 훈육

하트법칙에 바탕한
똑게훈육으로 아이와
긍정적인 관계 맺기

매번 혼내기만 하는
징벌적 훈육

여러분은 위의 그림 세 가지 중에서 어떤 훈육을 선택하시겠어요? 만일 여러분이 아이가 곤경에 처할 때마다 늘 달려와서 도움을 주는 헬리콥터형 부모이거나 아이가 잘못을 할 때마다 매번 혼만 내거나 징벌적인 훈육을 하는 부모라면 이제부터라도 훈육 전략을 다시 세워보시길 권합니다. 두 방법 모두 아이와 올바른 관계를 맺을 수 없는 훈육 방식이기 때문입니다. 전자의 경우 아이는 의존적이고 수동적인 아이로 성장하게 됩니다. 후자의 경우 문제를 회피하거나 부모와의 소통을 거부하는 아이로 성장하게 됩니다.

앞에서도 말했지만 많은 부모님들이 훈육이라고 하면 흔히 '징벌'을 많이 떠올립니다. 하지만 똑게육아 훈육은 징벌적 훈육을 지향하지 않습니다. 반대로 과잉보호하는 쪽도 우리의 지향점이 아닙니다. 앞에서 알아봤듯이 훈육의 의미는 '가르치다'에 방점이 찍혀 있습니다.

똑게식 훈육은 아이의 내면을 이해해 아이와 제대로 관계를 맺고, 결과적으로 아이 **내면의 힘을 업그레이드시키는 것**을 목적으로 합니다. 그 과정에서 부모의 내면 파워도 자연스럽게 업그레이드 됩니다. 부모와 아이가 모두 성장하는 것. 이것이 우리 똑게 훈육의 궁극적인 지향점입니다. **훈육의 최종 목표**는 아이가 스스로 주체성(ownership)을 가지고, 올바른 판단을 해나가며, 당당하고 멋지게 살아나갈 수 있는 에너지와 힘을 주는 것이니까요.

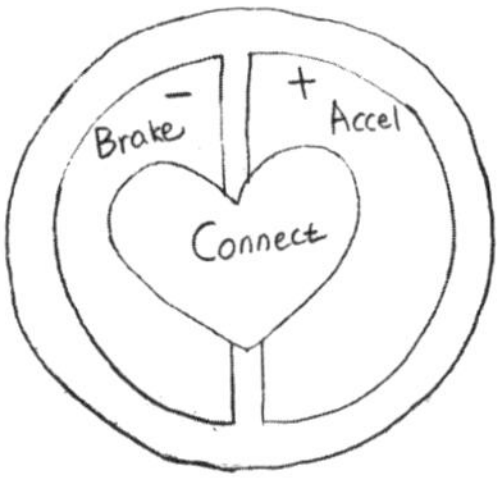

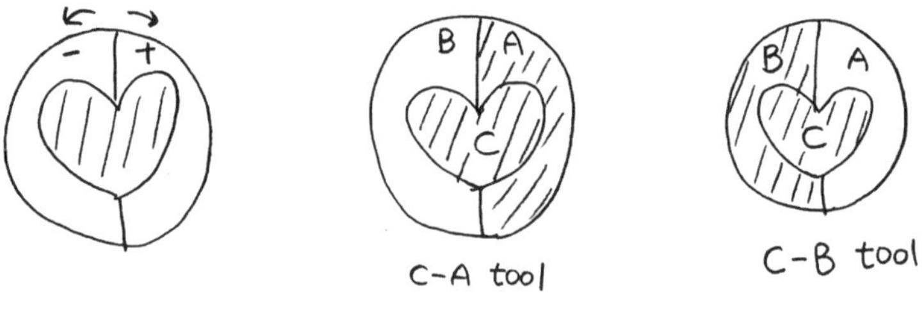

♥ 로리의 노트필기 스케치

절대 하지 말아야 할 훈육

●● 좋은 훈육과 나쁜 훈육을 가르는 두 가지 질문

이번에는 좋은 훈육과 나쁜 훈육을 가르는 기준점이 되어줄 두 가지 질문으로 시작하겠습니다. 아이가 부모의 말을 듣게 만들려고 여러분이 쓰는 방법을 아이가 사회에 나가서 다른 사람에게 똑같이 쓴다고 한번 생각해보세요.

① 지금 내가 쓰는 방법들을 나중에 아이가 또래 친구들이나 형제자매에게 써도 괜찮을까?

② 아이가 다른 사람과 갈등을 겪을 때, 나는 양육자로서 아이가 다음

중 어떤 방식으로 문제의 해결에 접근하기를 바라나?

□ 다른 사람에게 고통을 가하거나 소리부터 지른다.

□ '이 갈등을 해결하려면 무엇을 해야 할까?'라고 생각하며 접근한다.

어떤가요? 이렇게 두 가지 질문을 스스로에게 던지고 그 답을 생각해 보니 어떤 식으로 훈육을 해야 할지 방향이 잡히지 않나요? 이 질문들에 여러분이 했던 대답의 관점을 계속 유지하세요.

이번에는 아이가 잘못했을 때 부모가 무심결에 아이에게 내뱉는 말들을 몇 가지 유형으로 나누고 그에 걸맞은 예를 들어보겠습니다.

- **겁주기/협박하기**

"우는 소리 내지 마! 듣기 싫어",

"너 자꾸 그러면 엄마/아빠 그냥 가버린다!"

- **빈정거리기/되묻는 질문**

"그게 뭐가 무섭다는 거야?",

"응? 그게 무서워?"

- **부끄럽게 하기/창피 주기**

"넌 도대체 왜 그리 게으르니?",

"어디서 게으름 유전자가 너한테 심어졌는지… 나 원 참!",

"너 그러다가 게으름뱅이 소가 되어버리겠다"

• **논리적으로 대꾸하기**

"너도 눈이 있으면 봐서 알겠지만, 지금 딸기가 더 이상 없는데?"

• **과장하기**

"너 때문에 오늘은 정말 최악의 하루가 됐어!",

"넌 정말 아무짝에도 쓸모가 없어",

"맨날 그러는 거 정말 질렸다, 질렸어", "너란 아이는 정말 이상해"

• **소리 지르기**

"으아아아아~~악~!" 사자후 날리기, 샤우팅!

위에 제가 열거한 방법들을 써서 아이가 자신의 친구들이나 형제자매에게 말하는 장면을 떠올려보세요. 자녀가 사회에서 상대가 자기 말을 안 듣는다고 소리를 꽥 지르는 사람으로 자라길 원하나요? 그러기를 바라는 부모는 세상에 없을 겁니다. 이렇게 생각해보면 **하지 말아야 할 훈육**이 어떠한 것인지 대번에 감이 올 것입니다. 하지 말아야 할 훈육은 육아 문제를 해결하는 데 전혀 도움이 되지 않는 방법으로, 훗날 아이가 살아가면서 하지 않았으면 하는 행동들을 모아놓은 묶음임을 알 수 있습니다.

훈육에 소금 신경 쓴다고 하는 부모들도 다음과 같은 실수들을 범하곤 합니다.

• 판단을 섞어서 말하기

"넌 숫기가 없어서 큰일이야. 그렇게 자신감이 없어서야…"

• 갑자기 무심코 비교하기

"네 친구 유민이는 숙제를 착착 잘해간다는데, 너는 대체 왜 그 모양이니? 같은 아홉 살인데 어쩜 그렇게 다른 건지…"

• 그저 괜찮다고 안심시키기

"괜찮아. 그게 뭐 별거라고. 다음번에 잘 그리면 되지. 괜찮아, 괜찮아."

• 명령하기

"야! 당장 게임기 꺼! 네 방으로 들어가서 숙제부터 해!"

• 지시하기

"빈둥대지 말고 책이나 읽어라"

이제 우리가 하지 말아야 할 훈육의 내용을 다시 한번 일목요연하게 정리해보겠습니다.

하지 말아야 할 훈육 방법

- 위협하기, 윽박지르기
- 명령하기, 지시하기
  - 수동적인 아이로 만들고 싶다면 활용하세요.
- 1층 뇌에 대고 논리적으로 훈계하기
  - 우리는 아이가 알아줬음 좋겠지만, 아이의 귀에는 그저 어쩌구 저쩌구~~ 로 들려요. 1층 뇌 상태에서는 1층 뇌에 접속을 해줘야 해요. 2층 뇌가 아니라요.
- 상처 주는 말하기, 모욕하기, 창피주기, 과장된 표현
- 부당하게 비교하기
- 빈정거리기
- 진정한 공감이 아닌 그저 괜찮다고 안심시키기

하지 말아야 할 훈육 방법들은 우리 역시 자라면서 우리의 부모님으로부터 배워온 것일 확률이 높습니다. 그렇지만 과거는 과거일 뿐! 더 나은, 더 좋은 훈육의 방법을 새롭게 배우고 싶어서 여러분은 이 책을 읽고 있는 것 아닌가요? 그동안 잘못해왔더라도, 혹은 오늘 잘못하고 있더라도 괜찮습니다. 육아란 매일의 일상과 같아서 다음번에 다시 잘할 기회가 차고 넘치기 때문입니다. 중요한 것은 계속해서 공부하려는 자세와 내가 아이에게 잘못된 반응을 주었던 부분을 조금씩이라도 바꿔보려고 하는 노력입니

다. 그렇게 부단히 노력하고 있다면 분명히 잘할 수 있게 됩니다.

하트법칙은 하지 말아야 할 훈육은 피하고, 훈육의 방향을 잃지 않는 데 가이드라인이 되어줍니다. 이 책의 내용을 제대로 이해한 뒤 하루에 한 가지라도 실생활에 적용해보려 노력한다면, 여러분도 분명 일상생활에서 어느새 제대로 된 훈육을 구사하고 있을 것입니다. 그리고 앞으로 배울 하트법칙의 툴들을 활용할 때 다음과 같은 마인드를 가지는 것이 필요합니다.

필터링이 가해지지 않은 객관적인 시선

\+

존중 어린 어조와 태도 유지하기

체벌은 절대 피해야 한다

하지 말아야 할 훈육 방법들 중에서 특히 강조하고 싶은 부분은 체벌은 무조건 피해야 한다는 것입니다. 체벌하지 말아야 한다는 것을 아는데도 매우 화가 나는 날에는 어느새 아이에게 손이 올라가는 때가 있습니다. 그래서 저는 똑게육아 클래스에서 다 같이 이런 주문을 외우자고 합니다.

"어떤 일이 있어도 아이에게 손을 대지 않겠다."

"어떤 일이 있어도 아이에게 손을 대지 않겠다."

저도 마음속으로 늘 이 주문을 항상 되뇌곤 하지요. 그러지 않고서는 육아 현장에서 자신도 모르게 아이에게 체벌을 가하는 상황이 생겨버릴 수 있기 때문입니다.

'소리 지르기' 역시 절대 하지 말아야 합니다. 최근 발표된 연구에 따르면 소리 지르기가 체벌만큼 좋지 않다고 합니다. '소리 지르기=체벌'이라고 생각하고, 두 개 모두 절대적으로 피하세요.

"어떤 일이 있어도 아이에게 소리 지르지 않겠다"

"아이에게 소리를 지르는 신(scene)을 보여주는 것 자체가 내 아이를 소리지르게 만든다"

이 만트라도 항상 되뇌입니다. (물론 이 대목에서의 '소리지르기'란 위험한 상황에서 "○○야! 피해!!" "○○야! 조심해!"와 같은 다급한 소리침을 말하고 있지는 않습니다. 부모가 자신의 감정 컨트롤에 실패해 소리를 꽥 지르고 마는 상황을 의미합니다. 아이는 소리를 지른다고 해서 말을 듣는 존재가 아닙니다. 여러분이 소리지르면 그저 아이도 그 소리 지르는 행동을 그대로 따라 배울 뿐이죠.)

사실 훈육을 이야기할 때 체벌에 대해서는 따로 얘기할 필요가 없다고 생각했습니다. 예전과는 달리 아이를 때리는 행위의 올바르지 못함에 대해 사회적으로 충분히 공감대가 형성되어 있다고 생각했기 때문입니다. 그런데 똑게육아 클래스에서 만난 부모님들이 들려준 현실적 고민은 제 예상과 달랐습니다. 여전히 체벌을 훈육의 도구로 삼는 부모들이 꽤 있었고, 왜 **체벌이 하지 말아야 하는 훈육법**에 들어가는지 궁금해하는 경우가 많았거든요.

앞에서 언급한 '절대 하지 말아야 할 훈육'에 포함된, 다른 훈육법들처럼 체벌은 아이의 행동을 바로잡기보다는 잘못된 버릇만 심어줄 뿐입니다. '이 상황만 피하면 돼', 심지어 '내 힘이 세지면 그때 (상대를) 더 세게 때려주면 돼'를 알려주는 방식이지요. 아이의 어떤 못마땅한 행동을 고쳐야겠다고 아이를 때려서 가르치면, 아이는 **그 행동을 바로잡을 수 있는 내면의 힘**을 키울 수 있을까요?

절대 그렇지 않습니다. 아이는 행동을 근본적으로 바른 방향으로 바꾸려고 하기보다, 체벌을 가하는 사람이 없을 때 오히려 그 행동을 몰래 할 수 있습니다. 체벌을 가한 입장에서는 자신의 눈에는 체벌 이후 아이의 행동이 교정된 듯 보이므로 체벌이 효과가 있다고 믿습니다. 그러나 실은 아이가 자기 행동이 잘못됐음을 알고서 자기 내면의 힘으로 행동에 브레이크를 건 것이 아니라 당장의 벌을 피하기 위해 체벌을 가한 사람 앞에서만 그 행동을 안 한 것에 불과합니다. 체벌의 결과, 아이는 자신을 때린 사람의 눈치를 보게 되고, 그저 그 상황만 모면하면 되고, 들키지만 않으면 된다고 생각하게 됩니다. 즉, 문제 행동이 근본적으로 없어지기는커녕 아이가 폭력을 배우게 되는 것이지요.

체벌을 해서는 안 되는 또 다른 이유는 모순적인 훈육이기 때문입니다. 체벌은 결국 아이에게 '나는 너를 위하는 마음으로 때리고 있지만, 너는 다른 사람을 때리면 안 된다'라는 메시지를 보내는 셈입니다. "사람에게 폭력을 써서는 안 된다"라고 말하면서 정작 그렇게 말하고 있는 자신은 아이를 때린다면 아이가 부모의 가르침을 받아들일 리 만무하겠지요. 폭력적인 아이에게 필요한 것은 체벌이나 호통, 거친 꾸지람이 아닙니다. 아이의 행동을 올바르게 변화시킬 수 있는 원동력은 결국 양육자의 사랑과 관심입니다. 부모로서 아이에게 가장 전하고 싶은 것도 바로 그것이잖아요. 이제는 예전의 잘못된 훈육 방식에서 여러 과학적인 연구로 밝혀진 **새로운 훈육 패러다임**으로 전환해야 할 때입니다. 지금까지 이루어진 훈육에 대한 연구들을 집대성한 하트법칙을 익히고 꾸준히 육아의 현장에 적용하고자 노력하면 서서히 **관계 중심의 훈육**으로 나아가게 되리라고 자부합니다.

공포심 심어주기, 책망하기, 창피주기, 죄책감 느끼게 하기, 강요하기

(아이의 겉으로 나타난 행동에만 중심을 두고 양육자가 자의적으로 판단함)

↓

사랑하기, 배려하기, 인내하기, 접속하기, 이해하기, 연결되기

초등 부모들 사이의 '저 애랑은 놀리고 싶지 않다'

나는 우리 아이를 "때리거나, 욕하거나, 놀리거나, 위협하지 않겠다!" 에 도움이 되는 팁 전수

– '하지 말아야 할 훈육방법' 안 쓰는 법

앞서 말씀드린 것처럼 아이가 초등학교 생활을 하다보면 소위 '저 애랑은 우리 애를 굳이 놀리고 싶지 않다' 리스트가 생기기도 합니다. 내 아이

와 어울리게 하고 싶지 않은 친구들의 명단이 암암리에 만들어지는 것이죠. 솔직히 다른 사람들 앞에서 별문제가 없어 보이는 부모라도 집에서 어떻게 하는지는 아이를 보면 대충 알 수 있습니다. 물론 엄마, 아빠가 훌륭하게 훈육했다고 하더라도 아이의 기질이나 환경 등 여러가지 요소들이 영향을 미칩니다. 하지만 현실세계에서 대부분의 부모들은 그냥 '부모가 그러니까 아이가 저러겠지'라고 짐작합니다.

아이가 학교에서 친구들에게 소리를 많이 지른다면..
'집에서 부모가 소리를 많이 지르나보다~'

아이가 욕을 많이 쓴다면,
'집에서 부모도 평상시에 저런 용어를 쓰나보다~'

이런 식으로 생각을 하기 마련입니다. 사실 이것이 육아의 생 날것, 현장 그 자체입니다. 부모가 아이에게 보이는 행동(스스로도 바람직하지 않다고 생각됐던, '하지 말아야 할 훈육법'에 해당하는 부모의 행동)을 아이는 부모가 컨트롤하지 못하는 사회 공간에서 다른 친구들에게 고스란히 그대로 합니다. 지금 여러분이 아이에게 소리 지르는 그 어조, 그 어투 그대로 부모의 아바타처럼 집 밖에서 표출하는 것이죠!

어때요? 이렇게 생각하면 '**하지 말아야할 훈육법 평소에 사용하지 않기**'를 지킬 수 있지 않을까요?

'1층 뇌'와 '2층 뇌' 이해하기

훈육의 진정한 목적과 '**하지 말아야 할 훈육**'에 대해 이해했다면, 그다음 스텝은 효율적인 훈육을 위해 **아이의 뇌에 대해 공부**하는 것입니다. 저는 똑게육아 클래스에서 아이의 뇌를 설명할 때, '1층 뇌'와 '2층 뇌'라는 비유를 들어서 설명하곤 합니다. 1층 뇌는 원시적인 뇌의 상태를 말합니다. 우리의 뇌는 외부로부터 위협을 느낄 때 오로지 세 가지 반응을 합니다. 도망가거나, 싸우거나, 얼어버리거나 하는 것이죠.

본능적으로 행동하게 만드는 1층 뇌에 반해 2층 뇌는 우리가 현명하게 (이성적으로) 판단해 선택할 수 있도록 해주는 뇌를 가리킵니다.

1층 뇌에 불이 들어오는 경우, 즉 1층 뇌의 영향을 받아 행동하게 되는 경우는 외부에서 원시적인 뇌 안에 묻혀 있던 지뢰를 자극하여 폭발했을

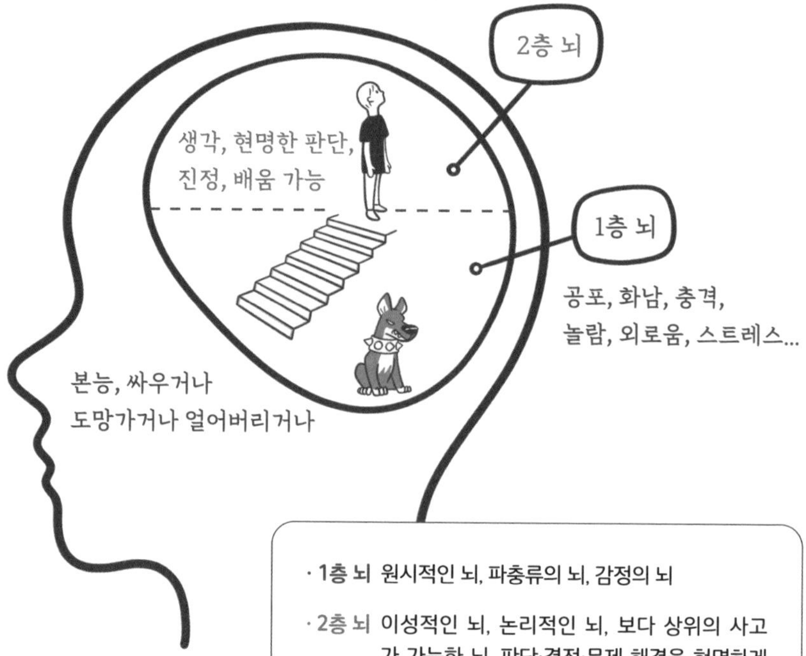

- **1층 뇌** 원시적인 뇌, 파충류의 뇌, 감정의 뇌
- **2층 뇌** 이성적인 뇌, 논리적인 뇌, 보다 상위의 사고가 가능한 뇌, 판단·결정·문제 해결을 현명하게 할 수 있는 뇌

때입니다. 우리 안의 해소되지 않은 감정의 찌꺼기나 내면 아이의 아픔이 그 지뢰 역할을 하는데, 이것들은 평상시엔 조용하지만 언제라도 건드려지면 폭발해버릴 수 있는 잠재적 폭탄입니다.

제가 '**1층 뇌/2층 뇌**'라고 표현하는 것을 다른 뇌 훈육 연구들에서는 '**위층 뇌(upstair brain)**'와 '**아래층 뇌(downstair brain)**'라는 용어로 부르기도 합니다. 하지만 제가 실제로 아이들이 돌이 지나고 난 뒤 우리 뇌에 대해 설명해줄 때 살펴보니 '위층/아래층'이란 표현보다는 '1층/2층'이라는 표현이 아이들에게는 더 짧고 쉽고 직관적으로 다가감을 알게 되었습니다. 만 2세쯤 되면 아이들은 1부터 10까지 셀 수 있게 되므로, 위/아래라는 공간적 구분보다 숫자 표현으로 뇌의 구조를 설명해주는 것이 아이들에게는 더 이해가 쉽습니다. 제가 훈육을 할 때 1층 뇌와 2층 뇌 이야기를 워낙 많이 사용했기 때문인지, 저희 가족은 평소에 대화할 때도 자연스럽게 1층 뇌와 2층 뇌라는 용어를 쓰곤 합니다.

"엄마는 오늘 1층 뇌에 많이 있었던 것 같아."

"연우야, 아까 2층 뇌에 불이 잘 안 켜졌던 거지?"

"엄마, ○○○선생님은 2층 뇌를 굉장히 잘 쓰셔."

손동작으로 알려주는 뇌 구조

제가 이렇게 아이들에게 1층 뇌와 2층 뇌에 대해 설명해 준 데에는 훈육을 위한 목적이 있었습니다. 1층 뇌와 2층 뇌에 대해 쉽게 설명해 줌으로써 아이가 본능적이고 충동적인 행동을 하기 전, 자신의 상태를 스스로 인지할 수 있게 도와주는 것입니다.

저는 아이들이 돌 무렵이 지난 뒤에는 손을 이용해 1층 뇌와 2층 뇌에 대해 미리 설명해주었습니다. 눈으로 보이는 손을 활용하면 시각적인 정보가 더해져 더욱 빠르게 이해할 수 있기 때문입니다.

한 손을 이용해 표현할 경우, 다음 그림과 같이 손바닥이 1층 뇌를, 검지부터 약지까지 네 손가락이 2층 뇌를 의미합니다. 이때 구부러진 엄지는 1층 뇌 속에 잠복된 지뢰를 나타냅니다.

1층 뇌, 2층 뇌 한손모델

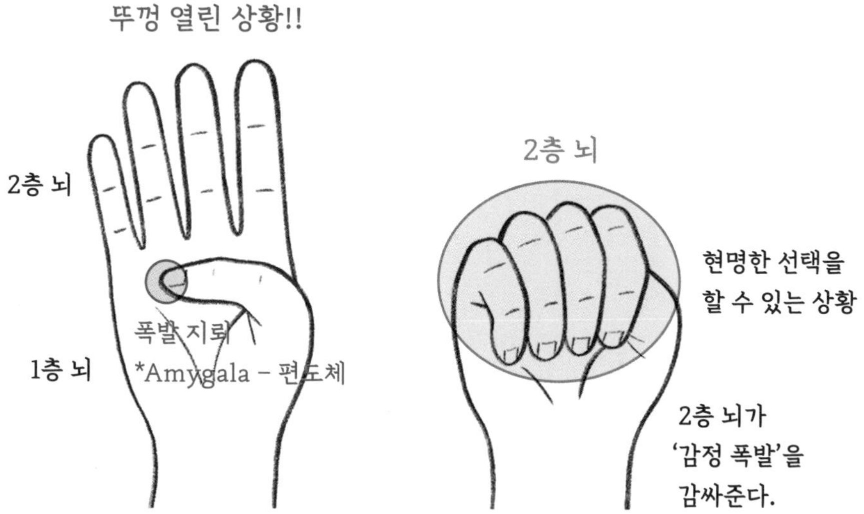

양손을 이용해 표현할 경우, 주먹을 쥔 손이 1층 뇌를, 나머지 다른 손이 2층 뇌를 가리킵니다. (다음 페이지의 그림을 참고해주세요.)

1층 뇌, 2층 뇌 양손모델

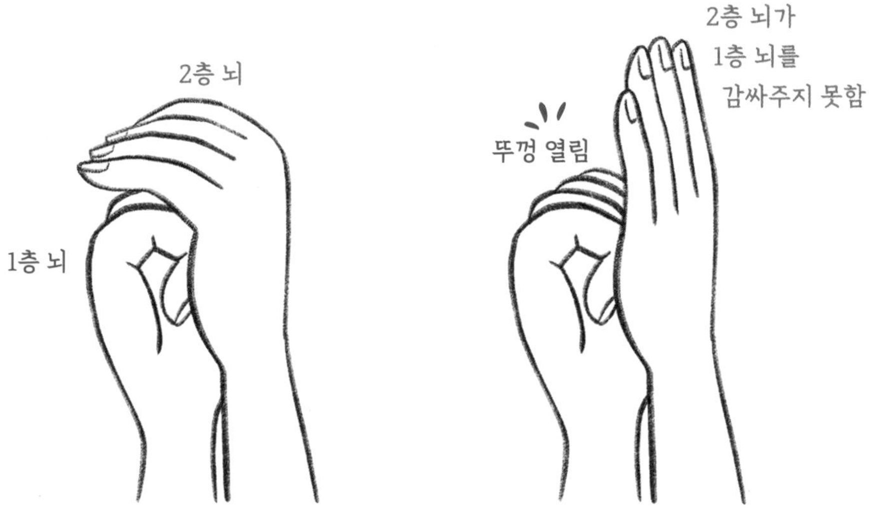

(한 손을 이용해 표현할 경우를 기준으로 설명한다면) 평소에는 2층 뇌인 네 손가락이 뚜껑이 되어 1층 뇌에 묻혀 있는 지뢰인 엄지가 보이지 않도록 감싸주고 있습니다. 그런데 잠자코 있던 1층 뇌 속의 지뢰를 외부 자극이 너무 심하게 건드리면 파바박! 하고 폭발해버리면서 2층 뇌인 네 손가락, 즉 이성이 튕겨져 나갑니다. 말 그대로 '뚜껑이 열려버리는 것'이지요. 바로 다음 그림처럼 말이에요.

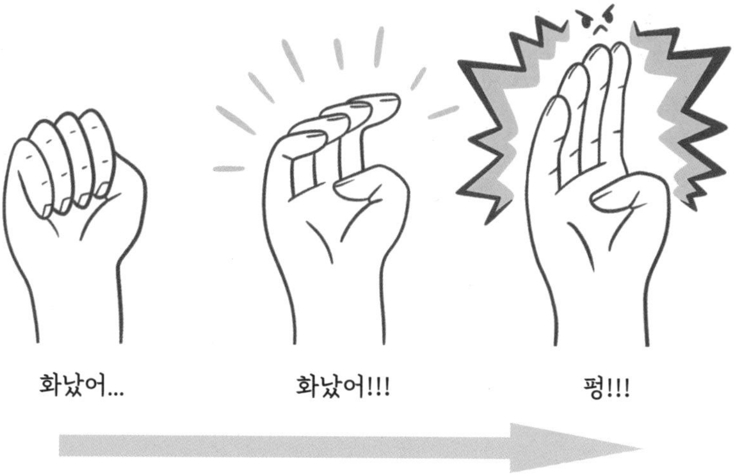

앞의 그림에서 네 손가락이 들린 상태는 1층 뇌에만 불이 켜지고 2층 뇌에는 불이 꺼진 상태입니다. 즉, 아이의 원시적인 1층 뇌에만 불이 켜져 아이가 잔뜩 화난 상태를 가리키지요. 이런 상태의 아이에게 부모가 훈육을 한다면서 이렇게 해야 한다, 저렇게 해야 한다 잔소리만 늘어놓는다면, 절대 아이의 귀에 그 말들이 들어갈 리가 없습니다.

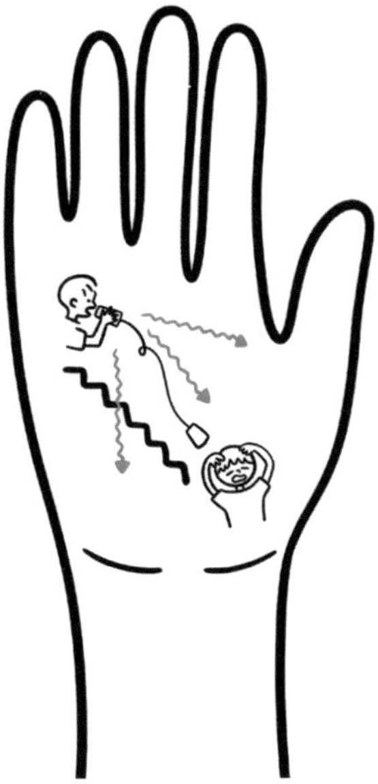

아이의 1층 뇌(감정의 뇌)에 접속할 생각은 하지 않고, 2층 뇌(이성의 뇌/논리의 뇌)의 불이 여전히 켜져 있다고 생각한 채, 거기에만 대고 계속 말해야, 아무런 소용이 없는 것입니다. 그래서 하트법칙의 C ♥ 접속 = Connect를 먼저 선행해야 하는 것입니다.

아이에게 수신호를 보내보자

저는 아이의 1층 뇌에 불이 켜질 것 같으면, 즉 아이가 감정적이고 충동적으로 행동하는 것 같으면, 마치 야구 코치가 된 것처럼 다음과 같이 수

신호를 보냅니다. 네 손가락을 말아 쥐거나(한 손만 사용할 때) 주먹 쥔 손을 다른 손으로 감싸면서(양손을 사용할 때), "은교야, 연우야! 지금 1층 뇌 상태인 거야? 그럼 어서 2층 뇌에 불을 켜보도록 하자!"라고 말하는 것이지요.

한 손을 사용하는 수신호

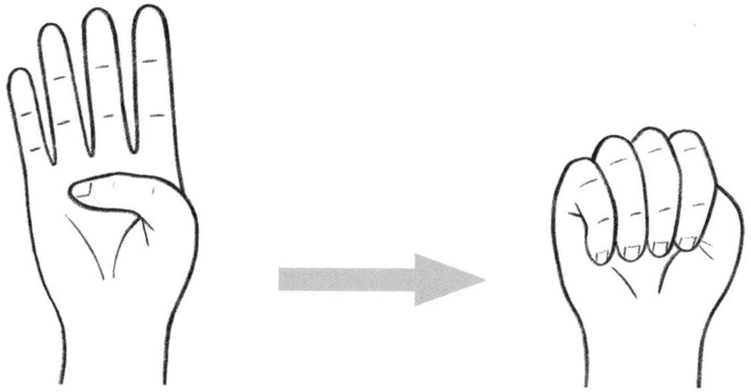

은교야, 2층뇌 뚜껑 열려있어
너 지금 1층 뇌 상태야

어서 2층 뇌 불을 켜보자

여러분이 위의 그림처럼 야구선수 코치가 된 것처럼 네 손가락을 모두 편 상태에서 엄지손가락을 감싸 안으며 주먹을 쥐는 수신호를 아이에게 보여줘 보세요.

"○○야, 2층 뇌에 불을 켜봐~"

"지금 ○○이는 1층 뇌 상태야. 2층 뇌의 뚜껑이 열렸어!"

양손을 사용하는 수신호

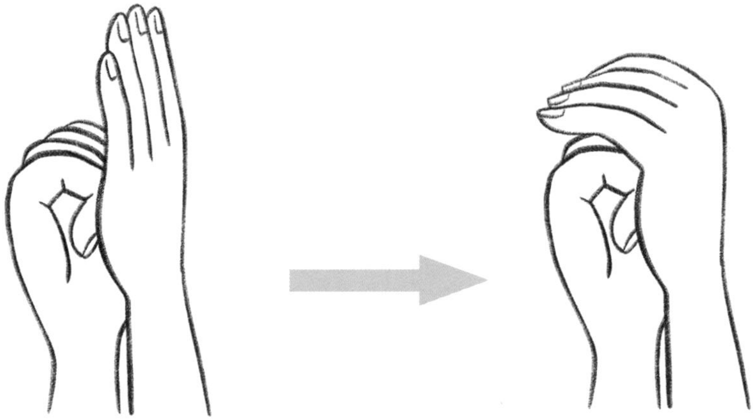

은교야, 2층뇌 뚜껑 열려있어
너 지금 1층 뇌 상태야

어서 2층 뇌 불을 켜보자

"어서 2층 뇌가 다시 되돌아와야 하지 않을까?" 이런 말들을 되뇌면서 시도해보는 거예요.

물론 매번 이렇게 할 수는 없습니다. 이런 수신호를 사용하기에 적절한 상황이 따로 있습니다. 예를 들어, 1층 뇌가 아이의 온 뇌를 완전히 장악하여 엄청나게 폭발한 경우, 말 그대로 괴물이 되어버린 아이에게는 "어서 2층 뇌의 불을 켜!"하며 보내는 수신호가 오히려 아이의 화를 부채질할 수 있습니다. 즉, 아이와 어느 정도 감정적으로 연결된 뒤에 수신호를 보내야 성공 확률이 높아집니다. 이 수신호는 아이가 1층 뇌의 상태도 아니고, 그렇다고 2층 뇌의 상태도 아닌 그 중간에 걸쳐 있을 때 효과가 있습니다. (평상시 아이가 기분이 좋을 때도 꾸준히 알려주시면 좋습니다.) 이성이 막 허물어지고 감정적인 상태로 가려는 찰나에 매우 효과적인 방법이지요.

아이가 폭발했다 서서히 진정하고 있을 때나, 진정이 된 후에도 활용해 볼 수 있습니다. "아까 많이 속상했을 텐데 ○○이가 스스로 결국 잘 진정했네"라고 말해주면서 이때 손 모양으로 1층 뇌와 2층 뇌의 수신호를 사후적으로 알려줄 수 있습니다. 이 손동작으로 아이는 자신의 뇌에 대해서도 이해할 수 있고, 자신의 감정을 객관화된 시각으로 바라볼 수 있게 됩니다.

1층 뇌, 2층 뇌에 대해 이해한 아이들은 저에게 이렇게 말할 때도 있었습니다. 어떤 일로 인해 치밀어 오르는 화를 간신히 참고 있던 저에게 **"어~ 지금 보니까 엄마는 이것도 아니고 이것도 아니야. 엄마는 이거네!"** 하면서 네 손가락이 열리지도 닫히지도 않은 수평 모양을 해보였답니다.

지금까지 배운 1층 뇌와 2층 뇌의 수신호를 활용하여 자기들 식으로 제 상태를 표현해서 알려준 것이지요. 그런 아이들 덕분에 저는 치솟던 내면

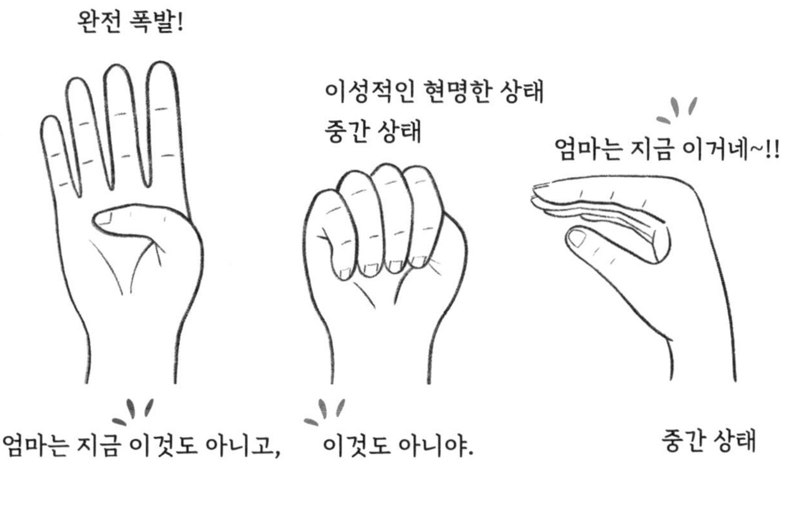

의 화를 다독이고 슬며시 미소를 지을 수 있었습니다.

다음은 제 아이들이 1층 뇌와 2층 뇌의 개념을 이해하며 그려본 그림들입니다. 아이들과 이런 그림을 그리며 같이 1층 뇌, 2층 뇌에 대해서 이야기를 나눠보시면 도움이 됩니다.

연우가 그린 그림

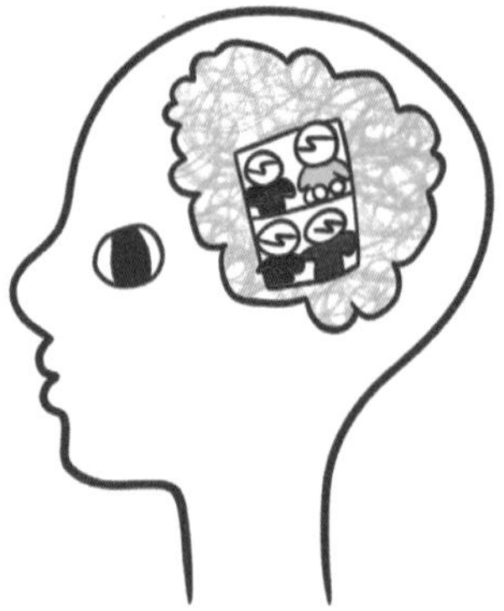

평온한 상태
아무 문제가 없는 상태!

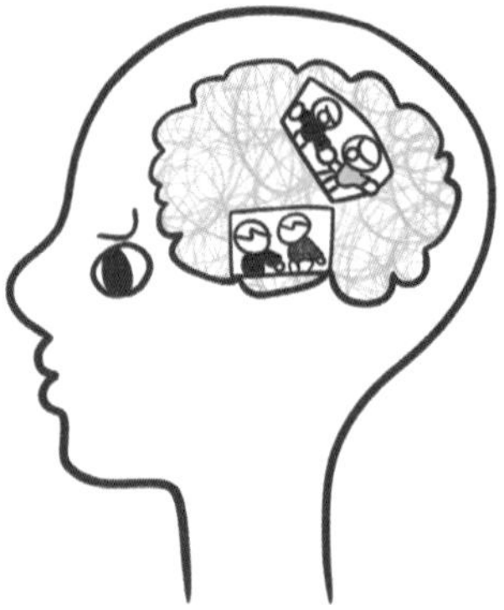

붕괴! 둘이 분리되다!
2층 뇌 뚜껑 열림!

은교가 그린 그림

· 1층 뇌와 2층 뇌의 연결 상태 양호
· 정상적인 상태

· 2층 뇌와의 연결이 끊김
· 소통 불가 상태, 원시인 상태

* 현명한 2층 뇌에서 무언가를 알려 주려 해도, 연결이 회복되지 않아 1층 뇌는 들리지 않아요.

2층 뇌에 불이 들어오게 하려면

자, 그렇다면 아이의 2층 뇌에 불을 켜려면 어떻게 해야 할까요? 무엇보다 부모가 아이의 1층 뇌에 접속하는 것이 첫 번째 해야 할 일입니다. 아이의 감정을 읽어주고, 공감해주고, 현재 어떤 상태인지 이해해주는 것이지요.

그다음, 아이 스스로 2층 뇌에 불이 들어오게 해주는 스위치를 직접 켜 보는 경험을 할 수 있도록 도와주시면 됩니다.

유아는 발달 과정상 2층 뇌가 만들어지는 과정 중에 있습니다. 즉, 2층 뇌의 설계도면이 그려지는 단계라고 보면 됩니다. 그렇기 때문에 대번에 2층 뇌의 불을 쉽게 켜기가 힘듭니다. 그러므로 유아기에는 1층 뇌가 자극되는 일이 가급적 벌어지지 않도록 사전에 차단하여 안전한 상황을 만들

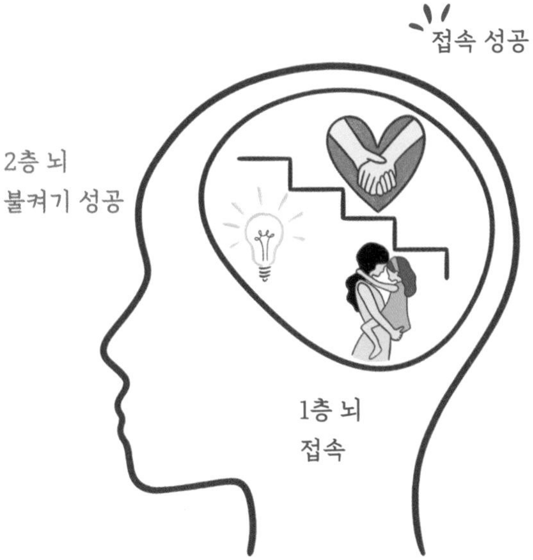

어줘야 합니다. 더불어서 2층 뇌에 불을 켜는 방법을 연습할 기회를 많이 선사해줘야 합니다. 그래야만 1층 뇌가 폭발했을 때, 2층 뇌의 불을 켜는 회로의 근육이 점점 단단해집니다.

유아기에 이런 교육이 잘 이루어졌는지 여부는 아이가 초등학교에 가게 되면 확연히 알 수 있게 됩니다. 여러분의 자녀가 '**자신의 감정을 차분히 조절할 수 있는 아이**'와 ⓥⓢ '**작은 일에도 흥분하고 폭발하는 아이**' 중 어느 쪽이기를 바라나요? 당연히 전자일 것입니다. 쉽지 않은 과정이지만 여러분과 여러분의 아이는 분명 해낼 수 있습니다. 물론 앞에서

2층 뇌의 근육을 키우자!

이야기한 내용을 일상에서 실천하는 과정에서 늘 아이가 좋은 모습만 보여주는 것은 아닙니다. 아이의 행동과 감정이 컨트롤이 안 되는 시기는 언제나 생기기 마련이고, 그것은 자연스러운 과정이니 절대 걱정하지 마세요. 그런 기회가 있어야 충분히 연습할 수 있는 것이니까요.

또한, 좋은 방향으로 변화하기 전에는 퇴행하는 시기도 있곤 합니다. 체육 시간의 뜀틀 넘기를 떠올려봅시다. 뜀틀을 잘 넘기 위해서는 뜀틀 바로 앞에서 넘는 것이 아니라, 얼마간 뒤로 물러난 뒤 전력질주를 해서 뛰어넘어야 하잖아요? 이처럼 도약을 하기 위해서는 필연적으로 뒷걸음질을 치는 단계가 필요합니다.

뒤로 물러났다가 다다다다~ 달려가며 점프~!를 하잖아요.

발돋움해서 도약하는 뜀뛰기(running leap), 이 장면을 잊지 마세요.

이를 두고 교육심리학에서는 '소거폭발(extinction burst)'이라고 부릅니다. 안 좋은 행동이 감소되기 전, 그 행동이 오히려 증가하여 퇴행하는 듯 보이는 현상이지요.

기존의 행동을 버리고 새로운 행동의 회로를 만드는 것은 힘든 일입니다. 없던 회로를 새로 만드는 것 역시 그렇고요. 식단 조절, 운동하기 등 우리 어른들에게도 예전의 습관들을 버리고 나은 방향으로 행동을 바꾸는 것은 얼마나 힘들던가요? 그러므로 아이들이 원래 잡혀있던 습관을 버리고 다른 습관의 회로를 새롭게 만들 때, 소거폭발이 일어나는 것은 자연스러운 일입니다. 만일 아이가 잘못된 행동의 소거폭발을 보인다면 당황하지 마시고, 옆 페이지의 그림을 꼭 기억하시면 좋겠습니다. 어떤 상황에서건 양육자가 '**침착**'과 '**평온**'을 유지하시는 것은 성공적인 훈육의 관건임을 잊지 마시길 바랍니다.

부모 자신의 마음 들여다보기

나는 왜 자꾸 폭발할까?

1층 뇌의 폭탄이 터졌을 때 첫째 딸 은교는 이렇게 얘기합니다.

"1층에서 대폭발이 발생했다면, 1층에서 짐을 모두 끄집어낸 다음에 짐의 정체를 확인하고, 버릴 건 버리고, 챙길 건 하나하나 차곡차곡 챙겨서 2층 뇌로 이사를 가서 2층의 불을 켜면 돼, 엄마."

딸이 한 이야기는 뇌 과학 이론과 연결이 되는 부분이 있었습니다. 같이 다음 페이지의 그림을 그리며 더 나아간 논의를 나누기도 했습니다. 이를 좀 더 전문적으로 요약해보자면 아래와 같습니다.

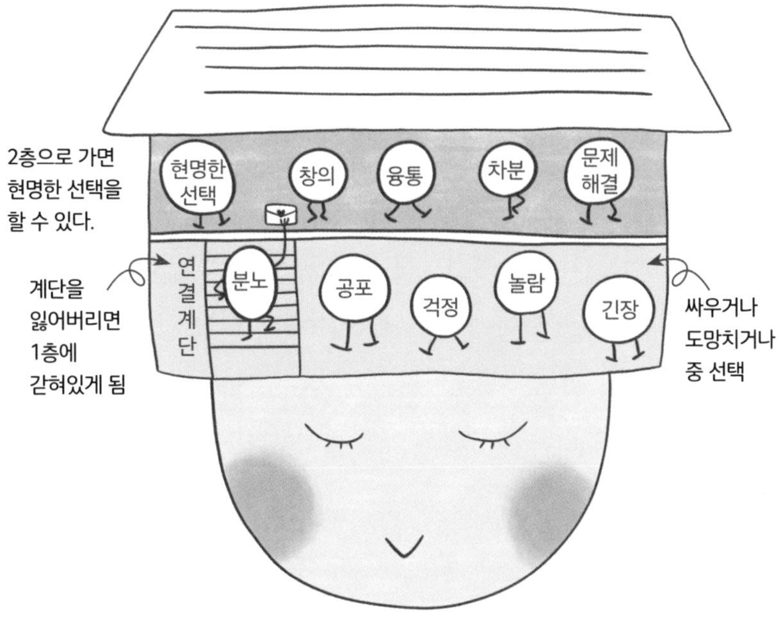

★ 계단을 찾고 2층으로 올라가는 연습을 많이 할수록 1층, 2층을 연결하는 계단은 탄탄해진다.

- 1층 뇌에서 폭탄이 묻힌 장소(where)와 정체(what)를 파악하여 폭탄 자체를 없애버리는 것.
- 눈에 띄는 곳에 폭탄을 놓아서 밟지 않도록 주의하는 것.

폭탄 자체를 없앤다는 것은, 폭탄을 내가 이성적인 판단이 가능한 2층 뇌의 영역에 둔다는 것입니다. 이렇게 할 수 있다는 것은 내가 감정적으로 힘들었던 부분을 밖으로 끄집어내어 이 부분을 치유했고 나 자신이 객관적으로 들여다볼 수 있는 상태가 됐다는 뜻이지요.

사람마다 1층 뇌에 묻혀 있는 폭탄의 개수와 크기, 깊이가 모두 다릅니다. 저마다 과거의 상처와 경험이 다르기 때문입니다. 아픔이 크고 깊을수록 그 폭탄이 폭발했을 때 피해가 더 크겠지요. 어린 시절, 부모와의 접속이 잘 이루어지지 않고 충분한 공감을 받지 못했다면 1층 뇌의 폭탄들이 자주 폭발하게 되고, 폭발했던 곳들의 흉터는 자꾸만 더 깊어집니다. 그렇게 1층 뇌에는 지뢰가 자꾸 생겨나게 되어, 결과적으로 성인이 되어서도 걸핏하면 감정적으로 폭발하게 되는 힘든 상황이 되는 것입니다. 주위에 자주 화를 내는 사람이 있다면, '어렸을 때 아무도 그의 감정을 공감해주지 않았나보다, 그의 내면 아이는 상처가 많겠구나'라고 생각하며 연민의 눈으로 바라봐 주세요.

특히 부모가 되고 나면 아이가 귀신같이 나의 아킬레스건을 찔러서 나도 모르게 폭발되기도 합니다. 부모인 나를 화나게 하는 그 아킬레스건은 바로 양육자의 '내면 아이(wounded inner child)'입니다. 성장기에 부모로부터 받은 어떤 상처는 그동안 겉으로 드러나지 않고 잠재되어 있다가 육아를 통해 드러나기도 합니다. 신기한 것은 그 상처가 또 육아를 하는 동안 자연스럽게 극복된다는 사실입니다.

저 또한 아이를 낳고 나서 제 안의 '내면 아이'를 제대로 이해할 수 있었고, 친정 부모님과 제가 그동안 맺어온 관계와 제가 성장한 과정을 다시금 되돌아보게 되었습니다.

제가 직접 아이를 키우면서 그 시절의 엄마 입장이 되어 '그런 상황에서는 엄마가 이렇게밖에 할 수 없었겠다', '엄마의 진심은 그게 아니었는데 내가 그렇게 받아들였구나', '부모님은 이런 상황에서도 최선을 다하셨구나', '나는 과연 엄마만큼 할 수 있을까?' 하고 당시의 일을 보다 넓은 시각에서 재해석하고 가족 구성원 각각의 시각에서 다시 생각하게 되자 상처의 치유도 뒤따랐습니다. 나 자신이 엄마가 되어 나의 엄마가 부딪혔을 그 상황을 겪어보고 나니 한 명의 인간, 한 명의 여성으로서의 엄마의 입장을 입체적으로 이해할 수 있게 된 것이지요.

이런 이해는 육아의 일상 속에서 '이렇게 느껴야지!' 하고 의도적으로 계획한다고 해서 바로 가능해지는 것이 아닙니다. 이런 이해는 어느 날 문득, 갑작스레 다가오곤 합니다. 어느 날 은교가 무심코 저에게 던진 말에서 제가 툭! 느낀 감정이 바로 그때 엄마가 느낀 심정이라는 것이 의도치 않게 단박에 이해됩니다. 정말 마법과도 같은 경험이에요. 그런 강력한 경험에 압도되어 혼자 하염없이 펑펑 울기도 했습니다.

이처럼 누구에게나 마음 아픈 '내면 아이'가 있기 마련입니다. 각자 자신만의 상황 속에서 느끼는 자기 상처가 있습니다. 육아는 여러 요소가 얽혀 있는 고도의 심층적 작업이라 우리의 아픈 감정 폭탄이 어디에 숨겨져 있는지 알려준답니다.

내 안의 감정 폭탄을 제거하는 방법

인간은 괴로워서 떠올리기도 싫을 만큼 아픈 기억을 해결하지 않은 채 감정 찌꺼기로 만들어서 뇌 속에 아주 깊게 묻어둔다고 합니다. 해결되지 않았던 **억울함**과 **분노**, 이해받지 못해서 뼈에 사무쳤던 **슬픔** 같은 감정의 찌꺼기들, 즉 내면 아이의 아픔은 제대로 해소하지 않으면 정말 심리적으로 힘든 날에 시한폭탄처럼 폭발하고 맙니다. 남들이 보기에 평소의 겉모습은 괜찮아 보이는 사람도 같이 사는 가족만 아는 그 사람만의 분노가 내면 깊이 도사리고 있을 수 있는 것이지요.

정신과에서는 이처럼 너무 아파서 마주하기 싫었던 기억을 일단 모두 밖으로 꺼내어 생생하게 되돌아보도록 합니다. 상담자는 내담자로 하여금 내담자 자신이 겪은 일들을 마치 제삼자의 일처럼 관찰자의 입장에서 말하게 돕고, 그 이야기를 집중해서 들어줍니다. 그러다 보면 내담자는 어느새 눈물을 흘리며 그동안 외면해왔던 기억 속 사건과 감정들을 모두 수면 위로 끌어올려내고, 어느 순간 과거의 묵은 감정들과 대면하게 됩니다. 그리고 비로소 치유의 여정이 시작됩니다.

'내면 아이'는 '참된 자아(true self)'가 아닙니다. 누구나 다시 고통 받고 싶지 않아 자기도 모르게 모른 척하는 어린 시절의 나만 아는 상처가 된 기억이나 경험이 있습니다. 정신분석학자 칼 융(Carl Jung)은 이 내면 아이의 상처가 치유되면 두려움 없는 참된 자아를 갖게 되고, 다른 사람의 사랑을 갈구하지 않고, 자기 스스로 행복해질 수 있는 신성적인 존재가 될 수 있다고 말했습니다. 반면에 어린 시절 내면 아이의 상처를 치유하지 않고 가슴에 품은 채 살아가게 되면, 그 상처는 계속해서 우리의 인생에 나쁜 영향을 끼치게 됩니다.

이 상처 입은 내면 아이를 우리는 육아를 하면서 더 자주 마주하게 됩니다. 자녀와 나의 관계에서 나와 내 부모님과의 관계가 떠오르기 때문입니다. 그럴 때, 이 내면 아이를 수면 위로 끌고 올라오는 작업이 필요합니다. 자꾸 상처를 숨기고 품고 있을수록 오히려 그 반작용으로 특정 상황에서 지나치게 화를 낼 수 있고, 그로 인해 대인 관계에서도 의도치 않게 타인에게 상처를 줄 수 있습니다.

그러므로 상처 입었던 나의 내면 아이의 모습을 발견했다면, 그 당시로 다시 되돌아가서 내 안에 깊숙하게 막혀 있던 슬픔을 쏟아내야 해요. 스스로와 대화하든, 신과 대화하든, 믿을 수 있는 상대와 안전한 곳에서 대화하든 억압되어 있던 아픔을 꺼내어 치유를 시도해야 변화가 옵니다.

Powerful

1단계	기쁨 · 앎 · 권능 · 자유 · 사랑 · 감사
2단계	열정
3단계	열의 · 열망 · 행복
4단계	긍정적 기대 · 신념
5단계	낙관
6단계	희망
7단계	만족
8단계	권태
9단계	비관
10단계	좌절 · 짜증 · 초조
11단계	압도감
12단계	실망
13단계	의심
14단계	걱정
15단계	비난
16단계	낙담
17단계	화
18단계	복수심
19단계	증오 · 격노
20단계	질투
21단계	불안감 · 죄책감 · 무가치함
22단계	두려움 · 비탄 · 암울 · 절망 · 무력감

Powerless

자녀를 돌보는 동시에 나의 내면의 작은 아이, 어린 시절의 상처로 울고 있는 그 내면 아이도 보듬어주며 돌봐주세요. 그래서 상처 입었던 그 내면 아이(wounded child) 대신 '놀라운 아이(wonder child)'를 여러분의 내면에 자리 잡게 해주세요. 그러면 영적으로 보다 더 성장해 있는 여러분 자신을 만나게 될 거예요.

여기서 더 나아가 자신의 상처라고 생각했던 그 부분을 '신성한 신의 시각' 혹은 '참된 자아를 갖게 된 나의 시선'으로 새롭게 바라봐보세요. 내면 아이의 상처 치유 과정은 여러분 스스로가 과거에 상처 입었던 경험과 상관없이 자신을 새로운 시각으로 바라볼 수 있게 될 때에 비로소 완성됩니다. 그렇게 자기 존재에 감사와 기쁨, 평온을 느끼게 되면 나의 진동과 에너지 레벨이 올라가서 인생의 행복을 더 진하게 느낄 수 있게 됩니다.

다음은 내면 아이의 상처를 치유해주는 몇 가지 방법들입니다. 일상에서 실천해보며 내 안의 내면 아이를 보듬어주세요.

① 나쁜 기억을 '해피엔드'로 재편집하기

우리는 기억을 재편집할 수 있습니다. 너무 속상했던 사건, 나에게 상처가 되었던 사건의 결말을 해피엔드로 바꿔 머릿속에 집어넣는 것이에요. 이 방법은 제 딸 은교가 주로 쓰는 방법이기도 합니다. 당시에는 내게 상처만 준 사건이라고 할지라도 그 사건이 나에게 미친 좋은 점을 찾아내거나 오랜 시간의 재평가로 새롭게 생겨난 교훈을 가져와 해피엔드로 만들어내는 것입니다.

닌텐도 게임기, 다들 아시죠? 이 게임기는 게임 소프트웨어인 네모난 칩을 갈아 끼우면 칩마다 다른 게임이 내장되어 있어서 다양한 게임을 즐길 수 있습니다. 그처럼 우리 뇌에 새로운 게임 칩을 갈아 끼운다고 생각하는 거예요. 내가 내 인생의 시나리오 작가입니다. 아픈 상처로 남아 있는 과거로 돌아가서 그 기억을 완전히 해부한 후에 당시에 내가 간절하게 기대했던 상대의 반응으로 바꿔버리세요. 우리의 뇌는 계속해서 상상하고 심상화하면 그걸 믿어버립니다. 망각하는 사람이 승자입니다. 과거의 트라우마적인 감정이 우리의 성격이 되고 그 과거가 우리의 생각과 행동에 영향을 줄 수 있습니다. 과거의 경험에 집착하지 마세요. 내가 불행하다는 부정적인 느낌. 그걸 몸에 담지 마세요. 뇌는 실제 일어난 일과 머릿속에서만 존재하는 생각을 구분하지 못합니다. 과거의 묵은 감정을 버리고 새로운 미래에 초점을 맞춰보세요. 계속해서 과거에 머물러서 그 과거의 감정에 얽매여있는 순간 여러분은 지금 '현재'를 살지 못하고 과거의 그 안 좋았던 기분, 느낌으로 다시금 나의 현재, 미래를 창조하고 있는 셈입니다. 바뀌어야죠. '내'가 바꿀 수 있습니다.

비록 실제로 이루어진 일이 아닐지라도, 내 기억 저편에 깊숙이 박혀있는 슬픈 칩을 빼내고, 내가 바랐던 이상적인 스토리가 담긴 행복한 칩으로 다시 바꿔 끼우세요. 내 삶의 이야기에서 '나'를 누구보다 소중한 사람으로 만들어주세요. 행복한 인생을 위해, 소중한 아이들을 위해, 사랑하는 남편을 위해 우리는 기꺼이 해낼 수 있습니다!

스스로를 비극의 주인공으로 만들지 마세요. 내 인생의 영화에 등장하는 엑스트라들은 나의 내적 성장을 위해 잠시 내게 와준 존재라고 좋게 생각하고 떠나보내세요. 그들로부터 받은 상처에 너무 큰 비중을 둔다거나 너무 오래 생각할 필요는 없습니다. 부정적인 진동은 부정적인 것들을 끌고 오기 마련입니다. 그보다는 자신을 마음껏 더 아껴주세요.

② 거꾸로 뒤집어 생각하기

사건 당시에는 나쁜 일로만 느껴졌을지라도, 사실 어떤 일에서든 우리는 배우고 성장할 수 있습니다. 그래서 저는 불쾌한 일을 겪어도 의식적으로 반대로 생각해보려고 노력합니다. 동일한 사건도 어떤 관점에서 바라보느냐에 따라 나쁜 일이 되기도 하고, 좋은 일이 되기도 하는 것이죠.

어떤 일로 인해 어린 시절에 깊은 상처를 받았어도 그 일 덕분에 깨닫고 배우게 되는 점이 있습니다. 상처를 받았던 일이 오히려 성장의 계기가 되는 것이죠. 마음 아픈 일을 겪었다면 그 일의 의미를 반대로 생각하는 습관을 가져보세요. 이런 시도 자체가 상처의 극복을 도와줍니다. 게다가 긍정적 프레임의 효과로 앞으로 벌어질 일들까지 좋은 기운과 에너지를 받게 됩니다. 자기 삶의 극본을 슬픈 결말로 짜놓고 계속해서 '부정적 프레임'으로 자신을 바라보는 것은 이제 그만두도록 합시다.

" 그 사건으로 인해 배웠거나 깨달은 점, 내가 성장한 부분에 주목해보세요.

그 일에서 배운 일, 깨달은 일에 초점을 맞추면서, 그 사건을
바라보는 시각 자체를 거꾸로 뒤집어 생각하는 겁니다.
이런 식으로 감사한 일을 생각해내려는 시도를 한다는 것.
그 자체가 여러분은 이미 그 일을 극복한 셈이 된답니다. "

이 부분은 앞으로 배울 하트법칙에서도 중요한 태도가 됩니다. 이런 관점으로 양육에서의 문제를 바라보면 그 문제가 지닌 유익한 요소에 눈을 돌리게 되기 때문입니다. 부정적 프레임을 버리고 긍정적으로 문제를 바

라보는 전략을 통해 우리는 어떤 사건이나 상대에게 부정적인 인식을 갖고 있었다는 사실조차 잊어버릴 수 있습니다. 진정한 문제 해결은 망각이랍니다. 나에게 아픔을 준 사건이나 문제들이 존재했던 것 자체를 까맣게 잊는 상태가 되는 것, 심지어 그 일이 벌어져서 나에게 더 좋았다고 생각하는 단계에 오르는 것이지요.

이처럼 긍정적인 관점으로 내 인생의 앞날을 더 축복해주세요. 자신을 옭아매던 부정적 감정에서 해방되면 보다 자유로워지고 동시에 행운이 찾아온답니다. 머릿속으로만 생각하는 것이 어렵다면, 노트를 펴고 다음과 같이 긍정적 프레임의 문장을 써보는 것도 좋습니다.

[똑게 비법] 거꾸로 뒤집어 생각하기

내가 부정적으로 생각했던 일은

_______________ 이었기에

오히려 행운의 일이었다.

↓

그 덕분에 나는

__________ 을 배울 수 있었다.

____________한 덕목을 갖출 수 있었다.

③ '이 일이 화를 낼 가치가 있는 일인가?' 자문해보기

굳이 내 주변의 영적인 에너지나 진동수, 파장들을 부정적으로 바꾸면서 화를 낼 정도로 그것이 가치 있는 일인지 생각해보세요. 나의 신성적인 깨끗한 에너지 파장을 더럽힐 필요가 있나요? 여러분은 죽~ 좋은 에너지 흐름만 탈 수 있어요. 초점을 어디에 맞추느냐에요.

어떤 어려운 일이 발생했다 한들, 이것을 신이 여러분에게 선물한 더 큰 계획의 일부라고 생각해보세요. 결국 문제는 내가 그것을 어떻게 받아들이느냐 입니다. 뭐하러 그 부정적인 감정의 구덩이 안에 갇혀서 계속 안 좋은 것들만 내 귀중한 인생에 끌어들이려 하세요? 얼른 여러분이 먼저 바꾸세요. 찬란한 빛들로 채우세요. 내 에너지 흐름은 내가 바꿀 수 있습니다. 우리는 신성한 품격을 가진 존재입니다.

또한 여러분, 그거 아세요? 끌어당기기 법칙에서 가장 중요한 것은 나의 기분이랍니다. 여러분도 '나'란 사람, 나의 영혼의 진동과 의식의 파장을 떨어뜨리거나 탁하게 만들지 않겠다고 다짐해보세요. 우리의 진동, 에너지 파장을 높은 수준으로 즐겁게 유지하려고 노력해보자고요. 이게 잘 되면 아이에게도 긍정적이고 행복이 가득한 진동과 에너지를 전달해줄 수 있습니다.

여러분… 지금 그 일… 나의 근원적인 진동수를 떨어뜨리면서까지 고민할 일인가요? 아파해야 할 일인가요? 아무도 내 허락 없이 나에게 상처를 줄 수는 없는 법이에요.

건강한 정신적 습관을 키워보세요. - 철학자 에픽테토스의 가르침

여러분, 다음의 문장을 되뇌어 보세요. "사람들을 동요시키는 것은 실제로 발생한 사건 자체가 아니라 사람들이 생각하는 그 사건의 의미입니다." 에픽테토스는 아주 중요한 부분을 지적했는데요. 바로 어떠한 경험을 해석하는 방법, 경험에 부여하는 의미만큼은 우리가 선택할 수 있다는 사실입니다.

철학 뿐만 아니라 심리학, 명상, 종교에서도 이때의 '선택'은 우리의 몫이라는 점을 중요하게 다루곤 합니다. 어떤 일이 일어날 때, 그에 대해 어떠한 의미를 부여할지는 각자의 선택이자 자유입니다. 우리의 반짝이는 인생을 위해 이전의 낡았던 구습에서 벗어나 새로운 습관을 실천하여 자유를 맛보시는 것을 권해드립니다. 명상, 마음챙김, EFT 등도 효과가 있습니다.

④ 상처를 준 상대를 이해하고 용서하기

당시에는 감정적으로 너무 힘든 일이었는데 시간이 지나고 나니 상대의 행동이 이해가 되기도 합니다. 점점 나이가 들면서 당시 상대방이 어떤 마음으로 그렇게 했는지 모든 것이 이해가 되는 순간이 옵니다. 당시 그 사람의 입장에서는 그 행동이 최선이었다는 생각이 절로 들기도 하는 것이죠. 이처럼 시간이 지나 자신도 그 나이가 되어보니 자연스레 해결이 되는 부분도 생기게 되는데요. 이러한 이치를 깨달았다면, 누군가로부터 상처를 받은 문제를 두고 나 자신을 위해 상대를 좀 더 앞당겨서 용서하는 것도 상처를 치유하는 하나의 방법이 됩니다. ('거꾸로 뒤집어 생각하기' 방법을 활용해보시면서요.) 그가 비록 나에게 상처를 주었으나, 그것이 나에게 준 좋은 점을 떠올리면서 그 상대에게 감사하고자 마음먹는 시도 자체가 이미 용서의 첫걸음입니다. 심리요법에서 '감사'는 '용서'의 방법들 가운데 하나이기도 해요. 다른 누구를 위해서가 아니라 나 자신을 위해서 나에게 상처를 준 상대를 용서해보세요. 부정적 감정에서 해방되면 자기 긍정감이 더욱 발휘되어 육아도 더 만족스럽고 재미나게 해나갈 수 있습니다.

우리를 자유로 이끄는 용서

용서하지 못하는 순간 나는 여전히 피해자입니다. 나에게 해를 가했던 그 사람이 내 삶에 아직도 들어와 나의 소중한 삶을 알게 모르게 좌지우지하게 되는 것이죠. 이게 우리가 용서하지 못했을 때 일어나는 일입니다.

우리가 용서를 해야하는 까닭은 자유로워지기 위해서입니다. 더 이상 피해자로 머물지 않기 위해서라도 용서할 수 있으면 좋습니다. 용서하면 잊어버릴 수 있습니다. 나에게 상처를 주었던 그 사람과 그 사건이 더이상 내 삶에 털끝 하나 영향을 끼치지 못하도록 만드는 것. 이것도 용서가 우리에게 주는 힘이라고 볼 수 있습니다.

용서는 나 자신을 위해서 하는 겁니다. 우리의 삶이 더 자유롭고 행복해질 수 있도록 말이에요.

하트법칙으로 진정한 접속을 시도하자

건강하고 올바른 훈육은 양육자가 자신 안의 상처 입은 내면 아이를 어떻게 다독이고 치유하는지에 달려 있습니다. 양육자 자신의 상처가 치유되지 않은 채 육아를 하면, 그 상처는 내 아이에게도 대물림됩니다. 내 아이의 1층 뇌 속에 심기는 내면 아이 폭탄의 크기와 깊이는 전적으로 양육자에게 달린 것이지요. 또한 양육자인 우리가 지금 어떻게 아이와 접속하느냐에 따라 아이의 1층 뇌에 감정의 폭탄이 거의 없을 수도 있고, 많이 만들어질 수도 있습니다.

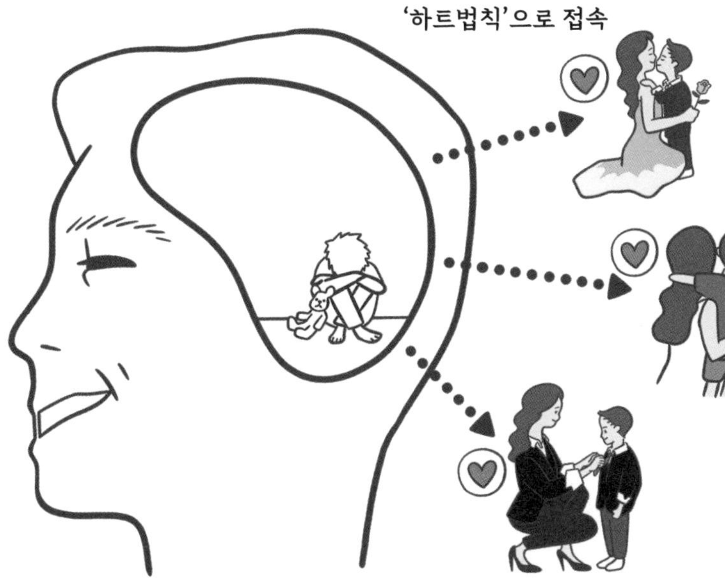

슬픔에 빠져있는 내면아이를 하트법칙의 진정한 접속으로 (C, Connect) 치유해주세요.

폭탄 과거의 부정적 경험으로 인해 1층 뇌에 박혀 있는 지뢰들

육아 이 지뢰들을 빼내고 치료해나가는 과정

+ 아이와 진정으로 접속하는 과정

지금 내면아이 폭탄이 뭔지 알게 된 분들이 계시다면 얼른 꺼내서 없애세요! '육아'라는 소중한 기회 덕분에 그걸 없애는 것이 가능합니다. 뭔지 알았다면, 그게 이미 반절은 없앤 거예요. 꺼내서 샅샅이 이각도 저각도로 분해해서 들여다본 뒤, 다시 그 폭탄을 묻지 말고 없애버리세요!!!

내 폭탄 먼저 없애야, 내 아이에게도 폭탄이 안 간다.

여기까지 이해되셨나요? 여러분. 이건 정말 놀라운 여정이 될 거에요. 여러분의 1층 뇌에 숨겨져 있는 지뢰도 마주하게 될 것이고, 결국 그것들을 캐내어서 저 멀리 던져버리게 될 테니까요. 과거는 이제 생각하지 마세요. 찬란한 미래만 보고 가세요. 아이와 함께할 행복한 미래를요.

하트법칙은 여러분들이 무의식적으로 내뱉은 말들로 소중한 우리 아이들에게 상처를 주지 않도록 '아이와 진정으로 접속하기, 의식적으로 접속하기'를 가장 우선으로 합니다. 내가 부모로부터 받은 상처, 나의 1층 뇌에 숨겨져 있는 폭탄의 존재를 마주하고 해결한 뒤, 나의 아이와는 진정으로 접속하게 도와주는 훈육의 원칙. 그것이 바로 앞으로 우리가 배울 하트법칙입니다. 자, 그럼 다음 장에서부터는 본격적으로 하트법칙의 디테일들을 살피며 내 아이와 진정으로 공감하고 접속할 수 있는 방법을 배워보도록 하겠습니다.

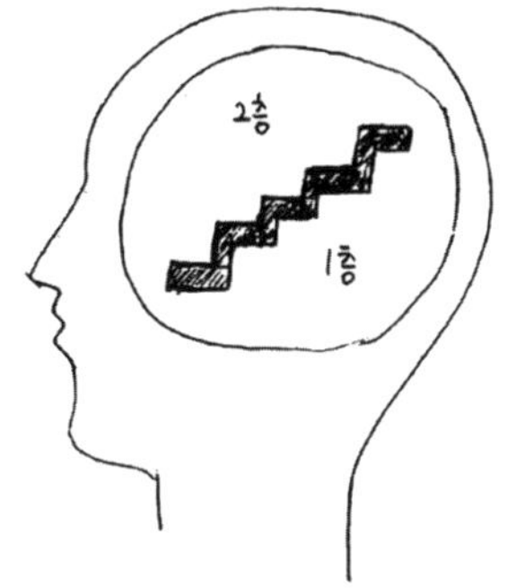
2층
1층

2층
1층

2층으로 올라가는 법

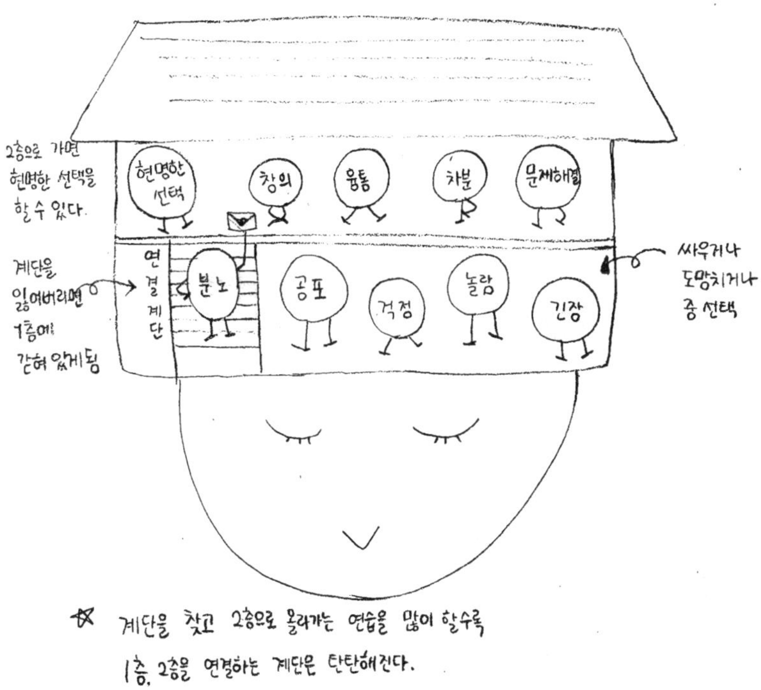
2층으로 가면 현명한 선택을 할 수 있다.
현명한 선택
창의
융통
차분
문제해결
계단을 잃어버리면 1층에 갇혀 있게 됨
연결계단
분노
공포
걱정
놀람
긴장
싸우거나 도망치거나 중 선택
계단을 찾고 2층으로 올라가는 연습을 많이 할수록 1층, 2층을 연결하는 계단은 탄탄해진다.

♥ 로리의 노트필기 스케치

part 2.

똑게육아 하트법칙의 큰 틀 이해하기

똑게육아 하트법칙의 대원칙

●● 접속한 뒤 → 가이드 하기

이번 장에서는 똑게육아 하트법칙 전체를 포괄하는 큰 틀의 개념들을 알려드리고자 합니다. 똑게육아 하트법칙의 대전제는 아이에게 행동의 가이드를 내리기 전, 아이의 마음에 접속하는 것이 선행되어야 한다는 것입니다.

아이가 흥분해 있을 때는 아무리 좋은 교훈을 말로 설명해준다 한들 아이의 뇌로 그 말들이 제대로 전달되지 않습니다. 이는 마치 다른 강아지와 싸우고 있는 강아지에게 "앉아"하며 훈련을 하려는 것과 같아요. "앉아!"라고 백 번 외친들 결코 앉지 않을 거예요.

맹수(1층 뇌가 폭발한 사람도 사실 맹수와 다를 바 없습니다)가 나를 노려보면서 적인지 자기편인지 파악하기 위해 으르렁대며 탐색하는 모습을 상상해 보세요. 영화 〈쥬라기 월드〉에는 탁월한 훈육의 방법에 대한 인사이트를 보여주는 장면이 나옵니다. 영화 속 공룡 조련사는 자신을 경계 중인 공룡 '블루'를 대할 때 자세를 낮춘 채 '나는 너에게 해를 가하지 않아', '나는 네 편이야'라는 메시지를 온몸과 진심 어린 표정으로 완전히 전달합니다. 그러자 블루는 조련사가 자신과 같은 편임을 깨닫고서 날카롭게 세웠던 발톱을 집어넣는 등 경계심을 풉니다.

이처럼 1층 뇌의 폭탄이 펑! 터진 아이를 훈육하고자 할 때는 우선 아이의 마음에 접속해야 하고, 이때 표정과 행동으로 '나는 너의 적이 아니야', '나는 지금 너를 혼내려는 것이 아니야'라는 점을 보여주며 아이가 서 있는 편으로 가서 그 곁에 가만히 머물러주세요. 그렇게 우선 아이와 한

아이와 한편 되기. "나는 네 편이야." "우린 같은 편이야."

팀이 되어주는 겁니다.

표정과 행동으로 "나는 너와 같은 편이야!"를 전달하세요. 아이와 한팀이 되세요.

우리는 아이에게 무언가 가르치기에 앞서, 아이와 연결되는 방법, 접속하는 방법을 먼저 배워야 합니다.

위의 그림을 떠올리시면서 아이와 같은 방향을 바라봐주세요.

아이와 대치하지 마시고요.

하트법칙을 구상하는 과정에서 저는 제 과거의 경험에서 아이와의 접속을 이해하기 쉬운 예를 떠올리게 되었습니다.

구글 웹사이트에서는 사용자가 온라인 상태가 되면 초록불이 켜지는데, MIT에서 공부할 당시 친했던 경희 언니와 저는 다음의 그림과 같이 늘 대화를 주고받았습니다. 공부를 하다가 힘이 들 때, 메신저에 초록불이 들어오면 마음속의 말들을 꺼내놓으며 마음을 다잡곤 했지요. 그런데 이 메신저는 상대가 오프라인일 때 말을 걸면 내가 보낸 메시지가 상대에게 도달하지 않고 튕겨져 되돌아옵니다. 하트법칙도 마찬가지 원리입니다. 상대(=아이)가 들을 준비가 되어 있을 때에 내가 가이드하고 싶은 내용을 전달해야 합니다. 더군다나 뇌가 아직 발달 진인 아이들의 경우에는, 접속부터 잘 이루어져야, 그다음 단계의 훈육으로 들어갈 수 있습니다.

경희 언니 준희야, 지금 어디니? 네가 초록불이 될 때를 기다렸어.

나 응, 언니. 나 지금 도서관이야. 언니는 어디?

경희 언니 응, 언니는 지금 집. 나는 관리회계가 생각했던 것보다 어려워서 애를 먹고 있어. 준희 너는 숙제 다 했니?

나 나도 지금 페이퍼 작성 중… 나도 통계 때문에 너무 힘드네…

경희 언니 준희야, 나는 속이 왜 이리 울렁대지…

나 언니, 나도 그래. 끝날 듯 하면서 양이 많아 힘들어!

그렇다면 우리가 가르쳐주고자 하는 교훈을 아이들에게 제대로 전달하기 위해서, 어떻게 아이를 온라인 상태, 초록불의 상태로 만들 수 있을까요? 아이와 먼저 '접속'이 되어야 하는데 그 방법은 어떤 것들이 있을까요? 다음 장에서 알아봅시다.

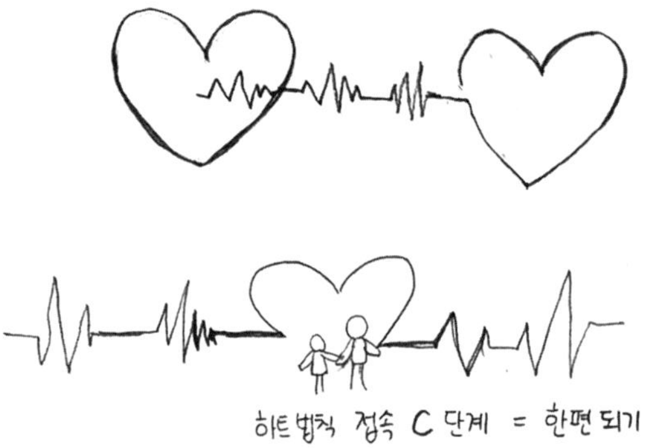

♥ 로리의 노트필기 스케치

접속의 시작,
어떤 반응을 선택할 것인가

가까운 친구가 직장에서 공개적으로 팀장에게 크게 혼났다고 칩시다. 그것도 자신의 잘못도 아닌데 오해를 받아서 억울하게 말이에요. 그날 친구는 너무 우울했던 나머지 이 이야기를 나에게 털어놓았습니다. 이때 나는 어떻게 반응해야 할까요?

① 감정을 부인하기

"야, 뭐 그런 걸 가지고 그렇게 에너지를 빼니? 그냥 무시해버리면 되지. 그런 일쯤은 바로 잊어버려. 별일도 아닌데 왜 그렇게 속상해하는 거야?"

② 철학자에 빙의하기

"원래 인생이란 게 다 그런 거 아니겠어? 언제는 우리가 바라는 대로 일들이 진행된 적 있었냐? 직장인의 삶이라는 게 다 그렇지 뭐."

③ 어쭙잖게 충고하기

"내일 출근하자마자 팀장한테 가서 잘못했다고 납작 엎드려. 그러고는 무조건 지금 끝내야 하는 일에 집중해서 제출해. 똑같은 실수를 다시 한 번 하게 되면 잘릴지 모르니까 꼭 주의하고!"

④ 질책하기

"다른 일이 바빠서 그 일을 대강대강 했던 거야? 전에도 이런 일이 있었던 거 아니야?"

⑤ 상대 입장을 두둔하기

"나는 팀장의 입장이 이해돼. 나 같으면 화를 더 냈을 것 같네."

⑥ 오버액션 + 동정심 표현하기

"와… 이제 너 어떡하니! 내가 눈물이 다 난다. 오 마이 갓! 너 이제 잘리는 거 아니니?"

⑦ 심리분석가에 빙의하기

"혹시 너… 어렸을 때 아빠한테 그런 상처를 받았던 거 아니니? 그래서 팀장이 화냈을 때 어린 시절에 느꼈던 두려움이 되살아나서 더 힘든 건 아닐까?"

⑧ **감정 인정해주기**(하트법칙의 C 전략)

"정말 당황스러웠겠다. 내가 같은 일을 겪었어도 너가 지금 느끼는 감정을 비슷하게 느꼈을 것 같아. 다른 사람들 앞에서 그렇게 비난을 받다니…" (이때 어조, 말투, 표정, 몸짓 등 비언어적인 부분들에도 진심이 담겨 있어야 합니다.)

♥ 어떤 반응을 해야 할까요?

→ ⑧을 제외하고는 모두 더 상대방을 기분 나쁘게 하는 반응에 속합니다.

♥ 가장 상대를 화나게 하는 반응은 무엇일까요?

→ 바로 ①의 반응. 감정을 완전히 부정하는 반응입니다.

상상해보세요. 아이 낳고 나서, 힘들다고 친구에게 아래와 같이 토로를 해요.

"어휴, 너무 힘들다. 열 달의 임신 기간을 지나서 출산의 고통을 겪고 아이를 만났는데, 다시 수유전쟁이네."

그런데 이 말을 들은 친구가 아래와 같이 말합니다.

"너도 엄마가 된 걸 어쩌겠냐. 엄마면 다 겪는 것을.

원래 그런 거야. 더 있어봐. 그때가 오히려 쉬웠던 거야 ㅋㅋ"

어떠세요? 그 힘든 모유수유의 늪에서 허우적대던 여러분에게 누군가 저렇게 말을 한다면…

설사 그게 사실이라 할지라도, 마음속으로는 펀치를 날리고 싶을 정도로… 뭔가 더 울분이 치솟지 않던가요. 눈물이 더 펑펑 흐를 수 있을 지경일 거예요.

반면에 누군가가 내 말에 진심으로 귀를 기울여주고, 내가 느끼는 힘든 감정을 이해해준다면 내 마음속 깊은 감정을 더 터놓고 말할 수 있게 됩니다. 그 과정에서 지금 내가 겪고 있는 부정적인 감정과 문제도 잘 처리할 수 있게 되고요.

아이가 느끼는 부정적인 감정들도 '하트법칙'으로 삭~ 안아주세요. 튕겨내시는 것이 아니라요.

'하트법칙'을 제대로 배워 아이와 진정한 접속을 해보세요. 여러분의 육아가 달라질 거예요. 앞으로 알려드릴 C tool들을 꾸준히 일상에서 아이에게 적용해보세요.

유대감(belonging)과 자존감/유의미함(significance)

아울러 심리학에 의하면 인간은 유대감(belonging)과 자존감(significance)을 느낄 때 안전하다고 생각합니다. 영어로 significance는 '나는 유의미하다'라는 느낌으로 생각하시면 됩니다. 이 부분은 정체성, 공헌감과도 비슷합니다. 즉, 이 두 가지 중요한 뿌리 부분이 충족되어야, 아이의 2층 뇌가 작동 상태가 되어 우리가 애초에 알려주고 싶었던 교훈을 줄 수 있는 것이지요. 만약 아이가 유대감과 자존감을 갖지 못한다면 1층 뇌만 작동하는 상태에 머무르며, 그로 인해 더 나아간 고차원적인 행동을 하지 못하고 그저 '생존'을 위한 행동만 하게 되는 것입니다.

●● '관심 양동이'와 '파워 양동이'

심리학자 아들러가 강조한 유대감과 자존감을 키워주는 것을 목표로 하는 긍정 훈육에서는 두 가지 양동이를 머릿속에 그리라고 합니다. 바로 **'관심 양동이(attention bucket)'**와 **'파워 양동이(power bucket)'**입니다.

① **관심 양동이** 내가 중요한 사람이라고 느끼기

② **파워 양동이** 자신이 자율적이라 느낄 수 있고 행동할 수 있게끔 권한 갖기

이 두 가지는 비단 아이뿐만이 아니라 인간 행동의 근원이 됩니다. 육아가 힘든 이유는 나 스스로 '나 자신'이 중요한 사람이라고 느끼기 힘들고, 또 내가 하고 싶고 하고자 하는 나의 자유의지, 자율성이 계속 아이의 욕구가 더 우선시되면서 파괴되기 때문입니다. 그래서 우리 자신에게도 '관심'과 '파워'를 주어야 해요. 하루에 하나 정도는 '내가 하고 싶어하는 행동'을 할 수 있도록 여러분 자신도 꼭 보살피세요.

아이에게도 평상시에 아이의 두 양동이가 바닥나지 않도록 잘 채워두어야 합니다. 저는 이 개념을 늘 마음속으로 이미지화해서 떠올리며, 두 아이의 관심 양동이와 파워 양동이가 잘 채워져 있는지를 염두에 두고 육아를 합니다.

하트법칙은 아이가 지금 느끼고 있는 감정에 접속해 (♥) 아이의 관심 양동이와 파워 양동이가 잘 채워져 있는지 늘 관찰하도록 이끌어줍니다.

만일 양동이의 수위가 낮아진 듯 보이면, 다시 수위를 끌어올려줄 방법을 시도하여 아이의 유대감과 자존감을 채워주는 것이지요.

파워 양동이를 예로 들어보겠습니다. 파워 양동이의 수위는 자율성과 관계됩니다. 만일 파워 양동이의 물이 줄어들어 보인다면, 아이가 자율성을 발휘하며 자신의 힘, 권한을 느낄 수 있도록 해보는 겁니다.

평상시 아이와 놀이를 해줄 때

- **바보 놀이** 양육자가 바보가 되어보기
- **왕 놀이** 아이가 왕의 롤을 맡아보기
- **선택안 주기** 자신이 권한을 가지고 있다는 느낌을 줄 수 있도록 선택안을 제시해서 파워 맛보게 하기

현실에서 아이들은 자신이 무언가를 직접 선택하고 행동할 기회가 적기 때문에 이런 놀이를 통해 컨트롤 파워를 경험해보는 것도 좋습니다.

아이의 관심 양동이와 파워 양동이의 수위를 잘 관찰하고 체크하는 것은 아이와 진정으로 접속하기 위해 매우 중요한 과정입니다. 유대감과 자존감이 채워지지 않아 아이가 잘못된 행동으로 그 감정들을 채우려고 하는 것을 미리 예방할 수 있기 때문입니다.

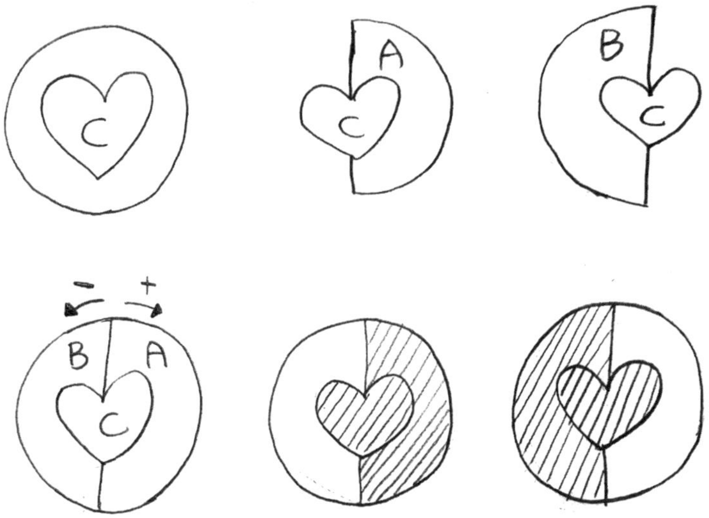

♥ 로리의 노트필기 스케치

모든 훈육에 통하는 공식, C→A / C→B

둘째인 아들 연우는 여섯 살 때부터 자동차 뒷자리에서 이런 말을 자주 했습니다.

"엄마, 연우 운전할 줄 안다? 앞으로 가고 싶으면 액셀을 밟고, 멈추고 싶으면 브레이크를 밟고, 오른쪽으로 가고 싶으면 핸들을 오른쪽으로 꺾고 왼쪽으로 가고 싶으면 왼쪽으로 핸들을 꺾는 거야."

훈육에 대해 오랜 기간 탐구하고 연구했기 때문에, 연우의 저 말을 들을 때마다 저는 마음속 한편으로는 이런 생각이 들곤 했습니다.

'훈육이 그렇게 쉬우면 얼마나 좋을까?'

이 책을 구상하고 집필하는 동안 저는 '훈육의 수많은 전략을 한 큐의 큰 공식 위에서 들여다볼 수 있게 하고 싶다'는 포부를 늘 염두에 두었습

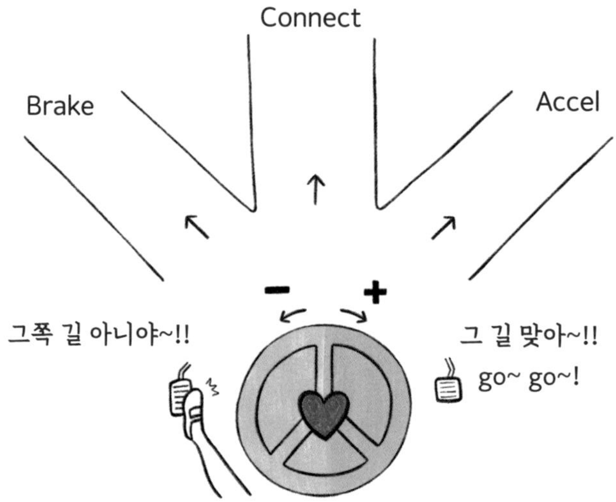

니다. 마치 똑게육아 수면교육 책을 집필하면서 제가 만들어낸 큰 틀과 세부적인 전략들처럼 말이에요. 이번 작업에서는 '아이의 마음에 접속하는 것이 우선이다'라는 모토에 따라 하트 모양을 활용해 똑게육아 훈육의 원칙인 하트법칙을 공식화 해보았습니다.

운전이 가장 쉬운 것 같다는 연우의 말처럼, 이 똑게육아의 하트법칙 모델링 그림을 참고하면 어떤 훈육 전략을 써야 할지 한눈에 이해가 될 것입니다. 앞에서도 설명을 했지만, 중요한 내용이므로 한 번 더 정리하여 말씀드리겠습니다.

• **C (Connect, 커넥트)**

아이와 접속한 뒤

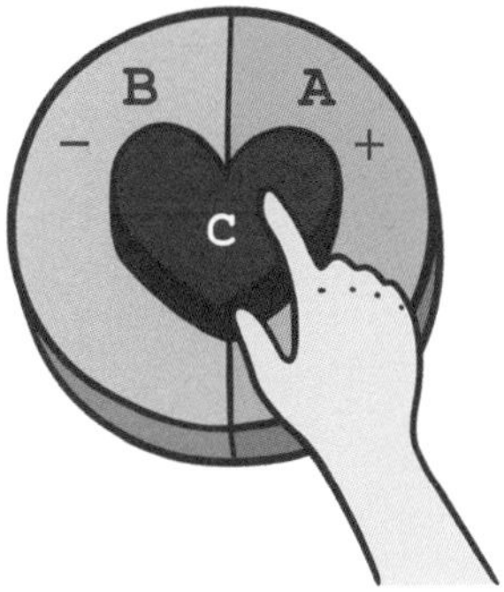

• **A (Accel, 액셀)**

내가 마음에 드는 아이의 행동(옳은 행동)을 봤을 때는 A 전략을 구사한다.

• **B (Brake, 브레이크)**

내가 마음에 들지 않는 아이의 행동(잘못된 행동)을 봤을 때는 B 전략을 구사한다.

위의 그림은 하트법칙 심볼을 조이스틱화해서 그려본 것입니다.

(선) 접속 ⟶ (후) 가이드

어떤가요? 아주 간단하지요? 하트법칙의 기본 공식과 이미지를 머릿속에 담으셨다면, 이제 다음 장으로 넘어갈 차례입니다. 이어지는 장들에서는 하트법칙의 핵심 전략인 C, A, B 전략들을 보다 더 자세하게 설명하고자 합니다.

하트법칙의 성공은 C(Connect, 접속) 단계, 즉 아이와 한편 되기/접속하기에 좌우된다고 해도 과언이 아닙니다. 이 단계는 아이와 접속하여 한편이 되는 단계로, 이 과정을 통해 아이와의 관계를 긍정적으로 다져야만 다음 단계의 훈육으로 나아갈 수 있습니다. C단계를 통해 우리는 단순히 아이와 말을 나누는 것이 아니라 '마음'을 나누는 예술적 행위를 하게 된다고 생각해주세요.

C=아이와 접속하여 한편 되기!

그럼 지금부터 C단계를 구성하는 기본 개념 tool과 이를 바탕으로 실제 육아 현장에 적용할 수 있는 실전 적용 tool을 알아보겠습니다.

part 3.

하트법칙 C 마스터

아이와 접속하기

TOOL BOX

기본 개념 TOOL

Tool ❶ 본 대로 말하기 (say what I see)

Tool ❷ 더 말해봐 (Tell me more!)

기본개념 Tool ❶

본 대로 말하기

say what I see

say what I see 의 기본 see - 어떻게 봐야 할까? 관점 바꾸기, 바라보는 렌즈부터 바꾸기

우리 어른의 고글을 먼저 벗어내고 바라보는 게 중요해요. 우리들의 렌즈는 자신이 경험해온 것들로 인해 많이 오염되어 있습니다. 즉, 같은 현상을 보고도 다르게 생각할 수 있는 것이죠. 예를 들어 어지러운 방을 보고 찬이 엄마는 그것이 크게 문제 된다고 생각하는 반면, 준서 엄마는 대수롭지 않게 생각할 수도 있습니다.

부모가 아이의 감정에 공감하고 있다는 것을 보여주면서 아이의 편에 서주는 방법으로는 세이 왓 아이 씨(say what I see), 이것이 가장 확실합니다. 내가 잘 구사할 수만 있다면요. 그런데 '내가 본 대로 말하는 것'이 참 쉽지 않습니다. '본 대로 말하기'에서는 어떻게 봐야 하는지(see), 무엇을 봐야 하는지(what), 그렇게 본 것을 어떤 말로 표현해야 효과적인지(say)가 핵심이에요.

일단 아이의 행동에 대한 부모의 주관적인 판단을 배제하세요.

이때 아이들이 살고 있는 세계의 특징을 알고 있으면 많은 도움이 됩니다.

아이들이 살고 있는 상자(Box)의 특징

아이들은 각자 자신만의 상자 안에서 살고 있다고 생각하시면 됩니다. 이 상자의 특징은 아래와 같습니다.

❶ now "바로 지금"

아이는 '과거-현재-미래'를 하나로 이어진 직선이 아니라 그냥 자신이 속해 있는 현재인 '지금'만 생각하고 보고 있답니다.

❷ once is always "한 번 일어났던 일이 지금 다시 일어나면 그 일은 항상 그렇게 되는 일"

과거에 아이에게 한 번 일어난 일은 '지금'도 같은 상황이 펼쳐진다면 언제나 적용되는 일입니다. 가령 언젠가 제가 기분이 상하자 연우가 사랑스러운 그림 편지를 건네줬어요.

"엄마, 보물함에 이거 넣어놔. 연우는 엄마가 너무 좋아…"

저희 집에는 소중한 것을 넣어두는 서랍 하나가 있습니다. 그곳에는 가족끼리 주고받은 편지와 작은 선물들이 들어 있습니다. 떠올리기만 해도 가슴이 뭉클해지는 공간이지요. 연우의 사랑 고백이 담긴 편지를 받아들고 저는 연우의 볼에 뽀뽀해주며 고맙다는 말을 건넸습니다. 엄마의 기분을 생각해주는 아이의 모습을 보니 화도 금방 풀어졌지요. 이후 연우는 제가 기분이 안 좋아 보일 때마다 매번 그렇게 행동하더라고요.

한 번은 은교의 친구 생일 파티에 연우를 데려갔는데, 마지막에 연우가 크게 감정이 폭발하게 되어 제가 그날 기분이 많이 상한 적이 있습니다. 집으로 돌아오는 차 안에서도 저는 기분이 풀리지 않아 아무런 말도 하지 않았습니다. 그러자 연우는 집에 돌아오자마자, 바로 자기 책상에 앉더니 야무지게 편지를 쓰고 저에게 건

네주었습니다. 연우는 “엄마가 계속 1층 뇌에 빠져 있는 것 같아서… 엄마는 연우가 편지를 써주면 금방 2층 뇌로 돌아오잖아” 하며 저에게 웃으며 메모지를 주었습니다.

“연우야, 엄마가 매번 연우가 이렇게 한다고 해서 화가 풀리는 건 아니야” 라는 말이 목구멍까지 차올랐습니다. 하지만 끝내 내뱉진 못했지요. 아이가 너무 해맑고 수줍게 웃고 있었기 때문입니다. 그 뒤로도 연우는 어떤 연유로 제가 기분이 안 좋은 것 같으면 얼른 1층 뇌에서 빠져나오라며 즉석에서 그림을 슥슥 그려서 정말 많은 그림편지들을 건네주었습니다. 저희 집 보물함은 이런 그림편지들이 차곡차곡 모여 있어서 포화 상태이지요.

❸ not now is never "지금 일어난 일이 아니라면 그 일은 한 번도 일어나지 않은 일"

즉, now 라는 아이들이 살고 있는 그 박스 안에서 일어난 게 아니라면 그건 또 있는 게 아닌 게 된답니다. 한 번도 발생하지 않은 일이 되는 것이랍니다. 가령 분명히 아이가 좋아하는 친구와 어울리고 싶다고 해서, 따로 시간을 빼서 플레이데이트를 가졌는데 말이죠. 지금 그 친구와 같이 놀고 싶은데, 그럴 수가 없다면, 그건 한 번도 그 친구와 같이 논 게 아닌 게 되는 것입니다.

"엄마, 나 준우랑 단 한번도 놀지 못했다구!!" (분명히 준우랑 따로 논 적 있었습니다. -_-)

(say what I see) 의 what
- 아이가 어떤 상황에 처해있을지 생각해보기

자, 윗 단락에서는 상황을 바라보는 방법인 say what I see의 see에 대해 알아보고 공부했습니다. 이제 여러분의 고글을 깨끗하게 만들었다면, 이번에는 what 부분을 알아보겠습니다.

아이가 까다롭게 굴 때는 일단 아이가 어떤 상황에 처해 있는지를 '아이의 입장'에서 생각해봐야 합니다. 이럴 때일수록 부모는 아이가 지금 해야 하는 일, 그래서 자신이 아이에게 시켜야 하는 그 일에 초점을 맞추기가 쉽습니다.

'지금 아이가 양말을 신어야 한다', '아침을 먹어야 한다', '양치를 해야 한다', '등교를 해야 한다'...

저희 집의 예를 들어볼게요. 어느 날 아침에 유아였던 은교가 양말 봉제선이 발에 맞지 않는다며 짜증을 냅니다. 시계를 쳐다보니 지금 당장 집을 나서야 늦지 않고 유치원에 갈 수 있는 시간입니다. 이런 촉박한 상황 속에서 보통의 부모라면 대부분 아이의 기분을 고려할 여유가 거의 없습니다. 저 역시 그랬습니다.

아이의 기분을 고려해주려고 해도 그 짧은 시간 동안 아이가 대체 어떤 기분인지 알아내는 것이 쉽지는 않습니다. 그럴 때 아이가 지금 느끼는 감정을 유사하게 불러일으킬 만한 상황이 저에게 일어났다고 상상해보는 것이 크게 도움이 됐어요. 예컨대 출근 준비를 하던 아침, 스타킹을 신던 도중 올이 나간 것을 발견했다면 나는 어땠을까… 하고 떠올려보는 것이지요. 아이가 경험하고 있는 상황과 유사한 상황에서 나 자신이 듣고 싶은 말을 생각하고 그 말을 아이에게 건네보세요. 분명 투정을 부리던 아이의 태도가 변화하는 것을 느끼실 수 있을 겁니다.

(say what I see)의 say
: 표현하기

아이가 유아기 중 말하기 전 단계에 있다면 아이가 한 말을 여러분이 알아듣기란 쉽지 않을 것입니다. 또한 양육자가 아이가 말하는 것을 실제로 이해했다 하더라도 아이가 원하는 것을 주고 싶지 않을 수도 있습니다. 그럴 때는 아이의 말을 무시하거나 알아듣지 못한 척하고 싶어지죠. 이런 상황에서는 어떻게 대처해야 할까요?

· 12~24개월 유아

비언어적인 표현으로 충분히 접속을 시도할 수 있어요.

· 매우 화가 난 24~48개월 유아

한두 개의 낱말로 된 어구부터 시작하며 접속을 할 수 있어요.

(→ 일명 유아어 스킬)

· 유아어 구사의 예

은교가 이러저러해서 화가 났구나 → 화났어! 화났어!

아빠가 그런 큰 소리를 내서 깜짝 놀랐구나 → 놀랐어! 놀랐어!

은교가 사탕을 정말 많이 먹고 싶었나 보구나 → 사탕! 사탕! 먹고 싶어!

아이들도 자신을 표현하고 이해받고 싶어해요. 이때는 아이가 전하고 싶어하는 바를 최대한 말(비언어적인 표현 포함)로 표현해주면 큰 도움이 돼요. 말을 일찍 시작한 아이에게는 실제로 아이가 말한 내용 중 알아들은 단어 몇 개를 반복해 줍니다. 유아어 스킬을 활용해서요.

"아! 코끼리! 코끼리 말하는 거구나!"

· 유아어

짧은 음절로 몇 번이고 반복해서 말해주는 기법이랍니다.

'대변인 되기', '스포츠 중계 캐스터 되기' 라고 표현하기도 해요.

1) 짤막한 어구로 말하기 2) 반복해서 말하기

유아의 경우, 하나의 짤막한 어구를 3~8번 정도 반복해야 뇌에 들어가게 됩니다. 진심으로 내가 너를 이해하고 있다는 걸 알려주려면 몇 번이고 더 반복해야 할 수도 있어요.

아이의 언어 수준이 조금 더 높다면 아이가 한 말을 풀어서 설명해주면서 아이의 감정을 인정해줘 보세요.

아이가 "아빠 가지마!" 라고 하면, "아빠가 가지 않았으면 좋겠다는 거구나. 아빠가 보고 싶어서 가지 않고 집에 있으면 좋겠다는 말이지" 라고 풀어서 말해주면 됩니다.

전문가들은 아이들이 원하는 것을 해줄 수 없을 때, 아이들의 감정과 욕구를 말로 표현해 주는 것만으로도 효과가 있다는 사실을 수많은 훈육 연구들을 통해 발견해왔습니다. 이해받는다고 느낀 아이들은 유대감을 확인하고 더 차분해지므로 좌절을 더 쉽게 받아들이게 되거든요.

가령 연우가 말을 제대로 하기 전이었던 시절, 너무나 분해하며 아이가 뭐라고 하는데, 웅얼웅얼웅얼 하는 것처럼 들려요. "웅얼웅얼웅얼" 하면 저는 그 중 '누나'라는 단어를 듣고 "응, 누나가 그랬다는 거구나" 라고 말해요. 그러면 연우가 다시 말하고, 저는 그 문장에서 들린 단어 하나를 더 잡아내서 그것도 반복해서 말해줘요.

"아, 연우가 파란 공이라고 했구나."

이처럼 무슨 말을 하는 건지, 잘 모르겠다면 들리는 단어 하나만 다시 말해주셔도 좋아요. 별 것 아닌 것 같아 보여도 '내가 지금 너에게 귀를 기울이고 있다'는 걸 전달해줘서 아이가 조금 누그러지거든요.

기분이 상한 아이에게 질문을 던지지 마세요.

슬프니? 무엇 때문에 슬프니? 그 일로 화가 났니? 왜 우니?

아이가 기분이 나쁠 때는, 이런 질문이 그저 취재조, 심문으로 느껴지니 주의해주세요. 이러한 질문은 '한편 되기' 느낌이 아니라, 추궁하는 형사의 느낌을 주기 십상입니다. 그래서 한편이 되는 데 실패하고 말죠. 또한 아이는 사실 자기가 왜 속상한지 모를 수 있습니다. 알더라도 말로 명확하게 표현을 하지 못해요. 처음 느껴보는 감정일 수도 있습니다.

아이와 마음을 접속하기 위해 지금 아이가 느끼고 있는 그 감정의 "원인"을 꼭 알 필요는 없습니다. 그냥 "슬퍼보이네" "뭔가 속상한 일이 있었나봐" "무슨 일 있었구나" 정도만 해주어도 아이는 마음의 문을 열 수 있어요. 이런 어구들은 아이에게 싫다면 아직 말하지 않아도 된다는 안도감까지 선사합니다.

(예) 친구들과 놀다 갑자기 울음을 터뜨린 연우

속상한 일이 발생한 것이 분명했어요. "왜 그래?" "무슨 일 있었어?" 하고 묻는 게 아니에요.

질문 대신 아이의 감정을 같이 느끼며 묘사해주세요.

"연우야. 화가 나고 또 슬프기도 한 얼굴이야"

이런 대사 하나만으로도 아이의 말문이 열릴 수 있어요. 이렇게 마음을 열고 접속이 이루어지면, 연우는 베스트 프렌드인 준우가 갑자기 자기와 놀아주지 않는 것 같았다는 등의 나름의 본인의 서운한 감성을 느끼게 된 배경설명을 죽~ 이야기를 해요.

기본개념 Tool ❷

더 말해 봐

Tell me more!

"텔 미 모어", "더 말해봐~ 더!" 나는 너의 말을 들어줄 자세가 되어있어

C단계를 구성하는 두 번째 기본 개념 tool은 '더 말해 봐(텔미 모어)'입니다. "나는 네 말을 모두 들어줄 자세가 되어 있으니, 더 말해보렴" 하는 태도를 아이에게 보여주는 것이지요.

더 말해봐, 더 말해봐

Tell me more~!!

어느 길을 선택하시겠어요?

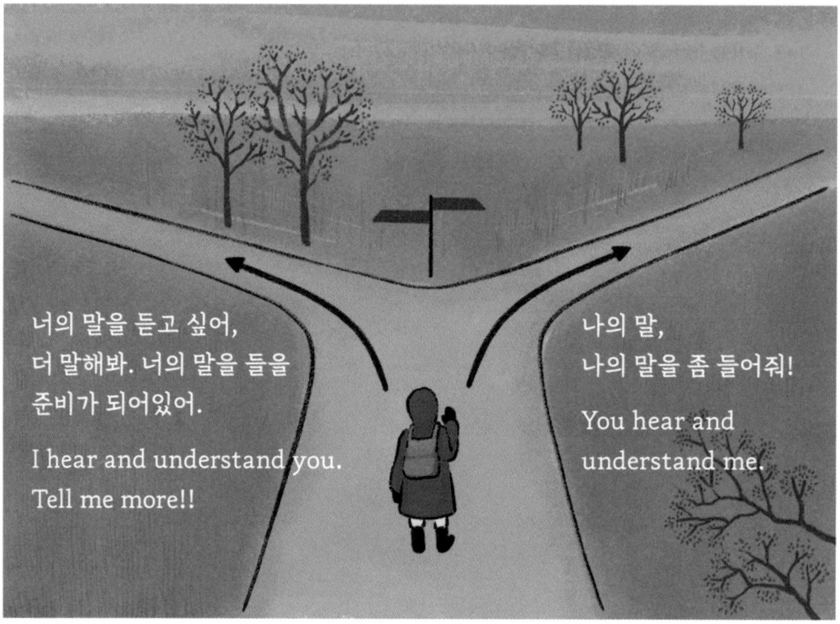

아이와 마주 보고 으르렁대며 대치하는 자세가 아닙니다.

물론 아이가 말하고 싶지 않아 할 때는 아이가 홀로 진정할 시간을 주는 자세도 중요하답니다. 이런 기다림의 자세 역시 '더 말해봐'의 연장선이라고 볼 수 있습니다. 아이의 '침묵'을 가만히 들어주는 것이기 때문입니다. '더 말해봐'는 《똑게육아 하트법칙 실전편》에서 살펴볼 내용 중 '아이와의 플러그인 타임'을 보내기 위해 꼭 전제되어야 하는 기본자세이기도 합니다.

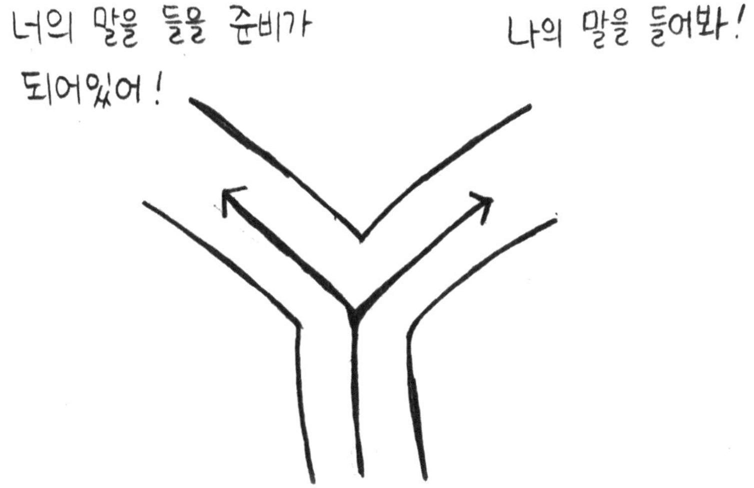

플러그인 자세

♥ 로리의 노트필기 스케치

TOOL BOX

실전 적용 TOOL

Tool ❶ 비언어적으로 접속하기

Tool ❷ 글로서 접속하기

Tool ❸ 그림을 그려 감정 인정하기

Tool ❹ 판타지로 해결하기

Tool ❺ "음~" 전략 (일명 말없이 읽어주기, 감탄사 전략)

실전적용 Tool ❶

비언어적으로 접속하기

표정, 제스처, 태도, 말투 등 마스터

아이와의 접속을 시도할 때는 얼굴 표정, 목소리(말투와 어조), 손짓, 몸짓, 자세 등 비언어적인 표현에도 진심이 담겨 있어야 합니다. 힘들고 지친 하루 끝에 친구를 만나 하소연을 하는데 친구가 멍한 표정을 지으며 로봇 같은 말투로 무성의하게 대꾸를 한다면 그때의 기분은 어떨까요? 친구를 만나지 아니한 것만 못할 겁니다. 이처럼 '마음 접속 전략'인 하트법칙 C단계를 활용할 때는 '진정성'이 가장 중요합니다. 아이가 부모로부터 조종을 당한다거나 놀림을 받는다는 느낌을 받으면 이 전략은 백전백패하게 됩니다.

우리는 흥분했을 때, 즉 '1층 뇌가 전체 뇌를 장악한 경우', 다른 사람의 말을 잘 듣지 못합니다. 분노와 두려움 같은 강렬한 감정들이 폭발하여 1층 뇌만 전체 뇌에 윙윙~ 작동하고 있는 상태이거든요. 이런 상태에 놓인 사람에게 반응할 땐, 말하는 내용보다 목소리 톤, 표정, 손짓, 몸짓 같은 비언어적인 표현이 한결 더 중요합니다. 말귀가 통하지 않는 유아나 아이뿐만 아니라 흥분하여 1층 뇌만 작동하고 있는 성인의 경우에도 '말의 내용'보다 말하는 사람의 '**비언어적인 표현**'을 더 먼저 살핍니다. 그렇다면, 효과적인 비언어적 접속 방법은 무엇일까요?

❶ 말투

- '접속 가능한 말투'의 고수로 거듭납시다.

차분하게 위로하는 듯한 말투로 "화나 보이는구나"라고 말을 건넸을 때 아이가 더 화를 낸 적이 있습니다.

"화가 나 보이는 게 아니야. 나는 진짜로 화났어!"

차분하게 위로하는 듯한 말투에 대해 생각해볼까요. 말로는 아이의 기분을 이해한다고 하지만, 말투는 진정하라는 뜻을 전하고 있지요. 사실 화가 났을 때 진정하라는 말을 듣는 것만큼 짜증나는 일도 없어요.

제가 은교를 낳을 때, 진통으로 너무나 힘든 와중에 (무통주사를 일부러 맞지 않았어요.) 남편이 저의 손을 잡고 "준희야. 진정해. 이성을 좀 챙겨봐." 이러는데… '아니, 이 사람이 제 정신인가?' 라는 생각이 들 정도로 오히려 화가 나더라고요. 마치 딱 이런 상황이랍니다.

❷ 자세

- 아이와 눈높이 맞추기,

서로의 눈을 맞추는 것이 정말 중요해요!

물리적으로 아이의 눈높이에 맞도록 부모의 키를 낮추어 서로 눈을 맞추는 것이 정말 중요해요. 똑게육아 클래스에서는 위쪽에 있는 누군가가 아래로 내려다보며 호통을 칠 경우에 아래쪽에 있는 사람이 얼마나 위협적으로 느끼는지를 직접 체험하기 위한 활동을 해요. 두 명씩 짝이 되어 한 사람은 의자 위에 올라서고 다른 한 사람은 아래 바닥에 꿇어앉은 채 의자에 우뚝 선 사람이 이런 저런 지적을 하는 소리를 바닥에 있는 사람이 듣도록 합니다.

그리고 각자의 입장에서 어떤 기분이 드는지 얘기하는 시간을 가지는데, 그때 아래 자리에 있던 사람들은 위협적이고 치욕스럽다는 이야기를 많이 합니다.

❸ 아이와의 '스위트 스폿'을 찾기

- 성공을 가르는, 목소리 톤과 분위기, 제스처!!

하트법칙 C단계를 통해 아이와 잘 접속하려면, 아이의 기질과 연령에 따라 언어적·비언어적 표현의 주파수를 잘 맞춰줘야 합니다. 나와 내 아이가 탁월하게 접속되는 스위트 스폿(sweet spot, 딱 맞는 지점)은 실전 육아에서 여러 번의 연습과 시행착오를 거치다 보면 찾아낼 수 있습니다.

예를 하나 들어보겠습니다. 회사에서 퇴사 통보를 받고 나서 속상한 마음에 두 명의 친구에게 그 사실을 털어놓았어요. 그랬더니 두 친구는 각각 이렇게 반응했습니다.

① (신체의 움직임은 전혀 없이 로봇 말투로) "그거 정말 끔찍한 일이구나. 너 기분 진짜 안 좋겠다."
② (격하게 몸을 요동치면서 오버 액션을 가미하여) "아니, 진짜 최악이야! 너 이제 앞으로 뭐 해서 먹고 사니? 진짜 안됐다… 어떡해!"

바로 느낌이 오시나요? 친구가 ①로 반응하든, ②로 반응하든 모두 위로가 되지 않습니다. 둘 다 우리 기분을 불쾌하게 만들 뿐입니다. 우리는 상대가 나의 이야기에 **'적당한 수위로'** 공감하는 말과 행동을 보여줄 때 진정한 마음의 위안을 받습니다. 아이와의 대화도 마찬가지입니다. 아이와 접속 주파수를 맞출 때도 **말하는 내용**보다 **말하는 방식**이 더 중요해요. 흥분한 사람의 귀에는 아무 말(의 내용)도 들리지 않습니다.

그러므로 지금 아이가 느끼고 있을 감정에 진심으로 공감하고 있음을 드러내는, 적절한 수위의 목소리(어조와 말투), 얼굴 표정, 몸짓 등을 여러 상황 속에서 다양하게 적용해보며 아이에게 가장 잘 먹히는 스위트 스폿을 찾아보세요. 이것이 하트법칙 C단계의 성공을 좌우하는 핵심 역량입니다. 이렇게 여러 번 시도하다 보면, '아, 이럴 때는 내 아이의 감정을 ○○퍼센트 반영하여 표현해주면 접속이 잘 되더라~' 하는 감이 생길 거예요. 이런 발견을 할 때가 바로 육아가 재미있어지는 순간이지요.

스위트 스폿 찾기 - 접속 주파수 맞추기

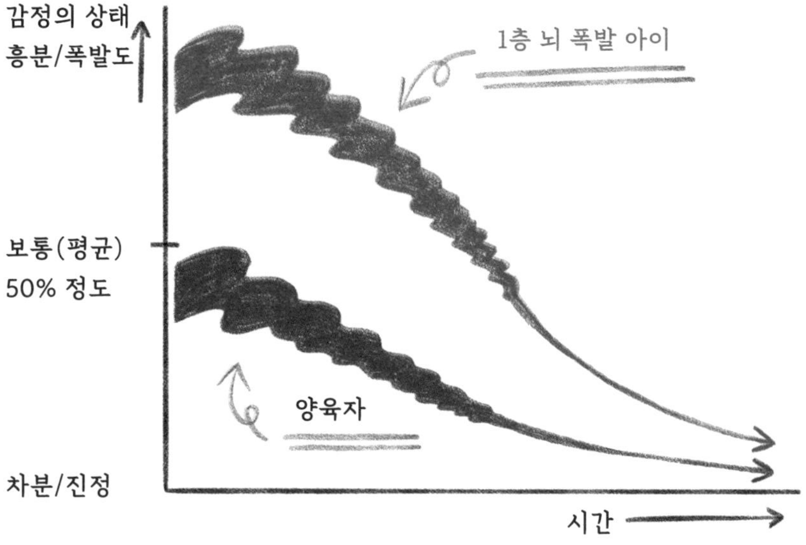

♥ 너와 나의 스위트 스폿은?

아이에게서 보여지는 감정의 50% 정도만 (기질, 연령에 따라 다름)

목소리 톤, 몸짓, 표정, 손짓에 반영하여 접속

보통은 아이가 느끼는 감정의 40~50퍼센트 정도를 적절하게 반영해주는 것이 정석이지만, 아이의 기질과 연령에 따라 조금씩 달라집니다.

· 기질별

신중한 아이, 예민한 아이일수록 아이의 감정을 반영하는 정도를 줄여야 합니다. 30퍼센트 정도로요. 그 이상으로 반영하면 부모가 자신을 놀린다고 생각할 수 있습니다. 활발한 아이의 경우에는 50~70퍼센트까지 반영해줘도 됩니다.

· 연령별

5세 이후이거나 10대일 때는 좀 더 적게 반영해주는 편이 좋습니다. 아이가 어릴수록 아이의 감정을 좀 더 많이 반영해주는 것이 좋습니다.

실패사례를 다시 공부해볼게요.

과장된 반응과 표현으로 아이가 '어? 저건 나를 놀리는 거 아냐? 하는 느낌을 받으면 안 됩니다. 아이의 기분을 풀어주겠다고 양육자가 120% 정도의 과장된 연기를 해보이면서 걱정과 염려의 리액션을 할 경우 아이에게 진심으로 느껴지지 않아요. '이거 뭐지?' '나를 비웃는 건가?' 라고 아이가 느끼게 됩니다.

접속(C)이 이루어진 뒤 관심을 돌리는 것(B전략 중 하나)이 순서인데(C→B), 그저 아이의 관심을 돌리는 데에만 급급하다면요??

아이는 양육자가 자신의 진짜 감정에 아무런 관심이 없다고 생각하게 됩니다. 여러분과 아이의 '공감 지점 찾기, 스위트 스폿 찾기'를 실생활에서 반복해보세요. **말하는 내용**보다 **말하는 방식**이 중요합니다. 그리고 아이의 1층 뇌의 불이 꺼지고 2층 뇌의 불을 켤 수 있을 때 우리도 슬슬 예전의 목소리와 태도 등으로 돌아가면 됩니다.

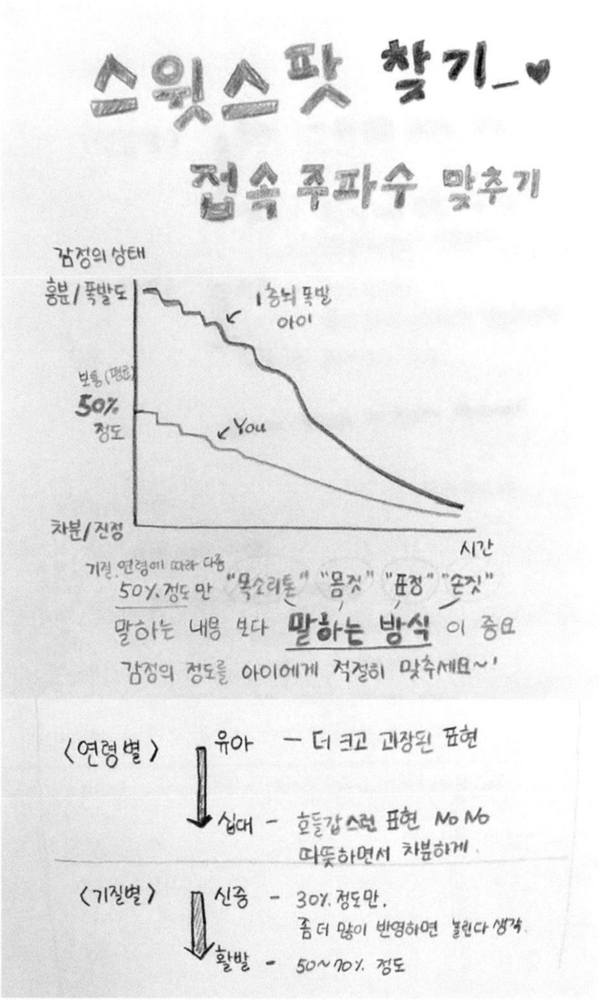

♥ 로리의 노트필기 스케치

C

실전적용 Tool ❷

글로서 접속하기

연우는 과일 중에서 베리류를 엄청 좋아합니다. 한 번은 연우가 우유에 블루베리와 꿀을 넣어서 갈아 마시고 싶다고 제게 계속 졸라댔습니다. 그러나 저는 당장 블루베리를 사러 갈 수 없는 상황이었어요. 그때 저는 도화지에 보라색으로 블루베리를 그린 뒤, '연우를 위해 블루베리 사놓기!'라고, 연우의 위시 리스트를 크게 써서 냉장고 옆에 붙여뒀지요. 그러자 놀라운 일이 벌어졌습니다. 아이가 조르기를 멈추고, 만족해하는 모습을 보였어요.

욕구가 바로 실현된 것은 아니지만, 아이

입장에서는 (블루베리 스무디를 먹고 싶다는) 자신의 욕구(감정)가 부모로부터 수용되고 존중받았다고 생각했기 때문에 가능한 일이었습니다.

또 다른 사례를 하나 더 들어볼게요. 아이가 잠자리에서 뭔가를 하고 싶다고 조를 때도 많습니다. 곧 잘 시간인데 갑자기 "엄마, 빵을 같이 만들고 싶어" 하는 식이지요. 그럴 때 저는 아이에게 빨리 자야한다고 채근하거나 질책하지 않고 대신 이렇게 이야기해줍니다.

"연우야, 이제 잘 시간이 되어서 그건 어려울 것 같아. 대신 빵 만들기를 언제 할지 달력을 보면서 같이 별표로 체크를 해두자. 이날 어때? 연우도 이날이 괜찮다면 이날 빵 만들기를 하는 걸로 하자. 엄마도 엄마 다이어리에 연우랑 빵 만들기를 다음번에 있을 우리만의 '단둘의 접속 시간'에 할 일로 잊지 않도록 적어둘게."

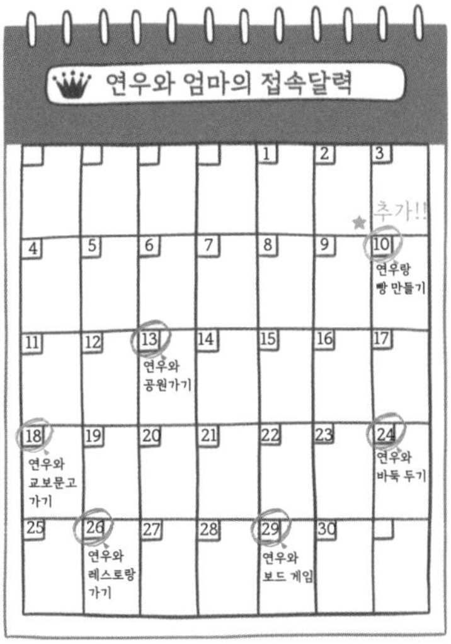

이때 달력은 꼭 아이가 볼 수 있는 곳에 걸어두세요! '어제', '오늘', '내일'과 같은 시간 개념이나 요일 개념을 토대로 달력 읽는 법을 알려주면 아이가 나중에도 스스로 시간과 일정을 관리하는 데 도움이 된답니다. (달력 읽는 법 시트지, 액티비티 카드 등은 ddoke.com을 참조해주세요.)

실전적용 Tool ❸

그림을 그려 감정 인정하기

아이의 기분을 그림으로 그려보게 하는 것도 아이와 접속할 수 있는 좋은 방법입니다. 아이가 그린 그림을 양육자가 함께 살펴보면서, 이를테면 "○○이가 그린 그림에서 이 부분이 슬퍼 보이는구나" 하며 아이의 감정을 다시 한 번 읽어줍니다. 아이는 자신이 느낀 슬픈 감정을 굵은 눈물이 흐르는 선으로 표현해볼 수도 있겠지요.

연령에 따라서 그림을 단순하게 그릴 수도 있습니다. 잘 그리는 것이 목적이 아니라 그림을 통해 아이의 감정을 이해하려는 것이 목적임을 기억하셔야 해요. "그래. 우리 연우가 이만큼 화가 났구나" 하고 기칠게 선을 마구 그어볼 수 있게도 해주시고, 때에 따라서는 종이를 찢고 구기는 활동을 할 수도 있습니다.

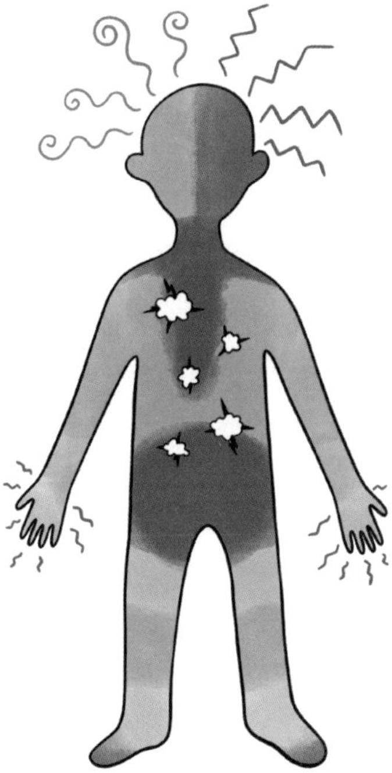

'감정 바디맵'을 활용하는 것도 좋습니다. **감정 바디맵**은 감정을 색깔로 표현하거나 특정 감정이 느껴졌을 때 신체의 어떤 부위에 자극이 있는지를 체크해서 보이지 않는 감정을 구체화해 제 3자의 관찰자 시각에서 자신의 감정을 객관화하여 들여다볼 수 있게 도와주는 도구입니다. 저도 두 아이들과 감정 바디맵을 사용해서 표현해 보았는데, 이 작업을 거치면서 동요했던 감정이 가라앉는 모습을 확인했습니다.

C

실전적용 Tool ❹

판타지로 해결하기

이 방법은 상상으로 아이의 소원을 들어주는 방법입니다. 예컨대 아이가 아이스크림 가게에 가고 싶어 했는데 마침 그 가게의 문이 닫혀 있어요. 아마 아이는 바라던 바를 이루지 못해 속이 상했을 겁니다. 이럴 때는 판타지를 활용해 볼 수 있어요. 이를테면 "○○이는 어떤 아이스크림을 주문하고(사고) 싶었어?"라고 아이가 머릿속으로라도 아이스크림을 사 먹는 상상을 하게 해주는 것이지요. (똑게육아 아이스크림 만들기 시트를 참고해주셔도 좋아요. ddoke.com 참조)

또 다른 예를 들어보겠습니다. 만일 아이가 밖에 나가고 싶어 안달하는데 비가 너무 많이 내려서 그러기 어려운 상황이라고 가정해 볼게요. 이럴 때는 아이에게 지금 밖에 나가면 무슨 놀이를 하고 싶은지 상상하여 말하

게 하거나, 말을 못하는 나이라면 부모가 대신 얘기해주면서 당장 해소할 수 없는 욕구를 판타지로 충족시켜주세요.

실전적용 Tool ❺

"음~" 전략 (일명 말없이 읽어주기, 감탄사 전략)

'음…' 전략 내지 '감탄사' 전략은 특별한 말을 하지 않고도 아이의 감정을 읽어주는 전략인데요. 실전에서 사용하다 보면 굉장히 강력한 기술이라는 것을 체감하실 거예요. 아이에게 당장 건네줄 말이 딱히 떠오르지 않거나, 지금 아이가 왜 저런 감정을 느끼고 있는지 불명확해서 아이가 어떤 심정일지 양육자도 모르겠다면, 이 "음~~~" 전략을 써보세요. 아이의 말과 표정, 몸짓에 200% 관심을 기울이면서 다음과 같은 감탄사를 내뱉으며 아이의 감정을 있는 그대로 인정해주는 거예요.

"음~"

"저런~"

"아~"

이런 감탄사들은 '네 마음을 엄마도 알아', '내게 더 말해봐'와 같은 느낌을 전달해주기 때문에, 이런 반응만으로도 충분할 때가 현실에서 은근히 많습니다. 우리가 아이에게 줄 수 있는 선물은 '충고, 질문, 반박'을 하는 것이 아니라 '진실된 관심'과 '믿음'을 전달하여 아이가 자기 문제를 스스로 해결해 나가는 과정을 격려해주는 것이기 때문입니다.

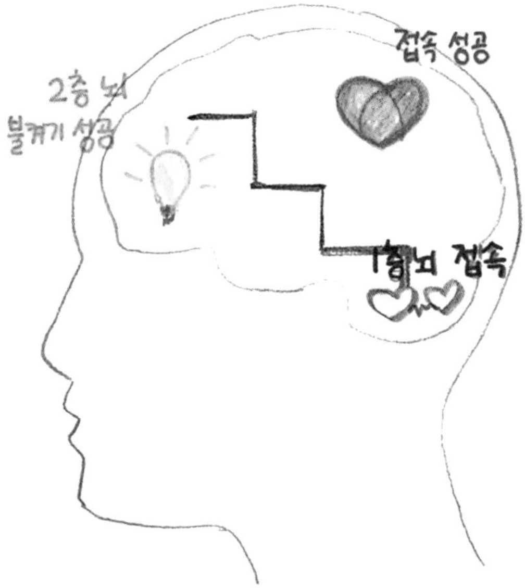

♥ 로리의 노트필기 스케치

내공 키우기 ❶

받아들이면 안 되는 감정은 없다

아이에게 제한해야 하는 행동은 있지만, 아이가 느껴서 안 되는 감정은 없습니다. 감정 자체에는 옳고 그름이 없기 때문입니다. 감정은 파도와 같은 것입니다. 나쁜 감정이 밀려들 수도, 좋은 감정이 밀려들 수도 있습니다. 모든 감정을 인정해줘야 아이의 내면에 감정 찌꺼기가 맺히지 않습니다.

아이 "엄마, 나는 동생이 너무 싫어."

부모 "○○야, 무슨 소리야, 너 동생 좋아하잖아."

앞의 대화는 형제나 자매가 있는 아이와 부모가 흔하게 주고받는 대화입니다. 이 대화를 보며 뭔가 느껴지는 것이 없나요? 이 대화 속에서 부모는 아이에게 동생을 싫어하는 감정은 **느낄 필요가 없다고, 쓸데없는 감정이라고, 혹은 지금 네가 느끼는 진짜 감정은 그게 아니라며 아이의 감정을 부정하고 있습니다.** 그런 감정을 느끼는 것은 나쁜 일이라고 은연중에 아이에게 주입하면서, 아이가 느끼는 있는 그대로의 감정을 외면하는 것이지요. 부모의 이런 반응은 아이에게 상처를 주는, '내면 아이 폭탄'을 투척하는 행동이 됩니다.

아이가 긍정적인 감정을 느낄 때 그 감정을 인정해주는 것, 이것은 어렵지 않죠. 문제는 아이가 부정적인 감정을 느낄 때입니다. 아이가 좌절감, 슬픔, 분노 등을 느낄 때 부모는 아이를 보호해야 한다는 생각으로, 혹은 그런 아이의 모습을 보기가 괴로워서 그런 감정들을 아이 안에서 얼른 쫓아내려고 하는 우를 범하게 됩니다.

긍정 훈육 워크샵에서 배웠던 한 가지 예를 더 들어볼게요. 다음은 엄마가 아침에 아이를 학교에 데려다주기 위해 운전 중인 상황입니다. 아이가 느닷없이 다음과 같이 말한다면, 뭐라고 답하실 건가요?

아이 "엄마, 오늘 왠지 차 사고가 날 것 같아요."

아이가 위와 같이 불길한 말을 하면 부모들은 주로 다음과 같이 반응합니다.

부모

① "무슨 말도 안 되는 소리니?

엄마는 10년 내내 무사고 운전자야!"

② "그런 쓸데없는 소리는 왜 하니? 사고가 왜 나?"

그런데 가만히 생각해보세요. ①과 ②는 모두 공통적으로 아이가 말한 것을 송두리째 거부하고 있어요. 그렇게 느껴서는 안 된다고 탁! 튕겨내죠. "그거 아니야." "그렇게 느끼는 네가 잘못됐어"라고요.

우리는 이 고질적인 반응에서 벗어나 봅시다.

"엄마, 오늘 차 사고 날 것 같아요" → 이걸 부정만 안 하면 돼요. ok?

만약 아이가 왜 저런 말을 하는지, 그 깔린 의도를 파악하지 못하겠다면 "음~" 전략(162쪽 참조)을 활용해보세요.

아이 엄마, 오늘 차 사고가 날 것 같아요.

부모 음~ (음.. 그렇구나~ 식의 느낌입니다.)

아아~

*감탄사 전략은 표정과 어투, 어조가 정말 중요합니다.
진심이 담겨있어야 해요.

이런 식으로 아이와 대화를 풀어나가면, 아이 입장에서는 자신의 속마음에 담긴 이야기들을 풀어낼 입구가 생기는 셈입니다. 왜냐하면 최소한 아이가 느끼는 감정을 부정하지는 않았으니까요.

"음~" tool로 "더 말해봐" 효과(145쪽 참조)까지 더해져 "엄마는 네 말을 들어줄 준비가 되어 있어. 나에게 한번 말해봐"라는 메시지는 따로 말하지 않더라도 자연스럽게 아이에게 전해지게 됩니다.

부모는 '내 말 좀 들어봐, 내 말 좀 들어보라니까!'라고 아이를 다그칠 게 아니라 항상 아이의 말을 들어줄 준비가 되어있다는 자세를 취하기만 하면 됩니다. 마치 뿌리 깊은 나무처럼요. 그러면 아이는 엉킨 실타래를 풀듯이 자신이 느끼는 감정들을 더 자세히 말하면서 스스로 정리해나갑니다. 그 과정에서 아이가 겉으로 표현했던 말이나 행동 아래에 숨겨져 있던 진짜 감정, 그 행동을 했던 진짜 이유가 드러나기도 합니다.

이를테면, 사실은 학년이 바뀌면서 친구들도 선생님도 달라져 학교에 가기가 조금 두려워서 그랬던 것이라는 말을 아이가 대화 끝에 꺼낼 수 있게 되는 것이지요. 그렇게 아이는 등굣길 차 안에서 엄마와 대화하는 가운데, 자기 안의 정체를 몰랐던 감정들을 정확하게 확인하게 됩니다. 이윽고 학교 앞에 도착해서는 언제 두려움을 느꼈냐는 듯 환하게 웃으며 차에서 내려 학교로 들어설 겁니다.

잘 생각해보세요. 이게 바로 정신과에서 상담자와 내담자가 대화하는 방법이기도 합니다. 상대방의 마음속에 숨은 진짜 이야기를 겉으로 꺼낼 수 있게 만드는 첫 단추는 '진정한 접속'입니다. 그러기 위해서는 상대가 하는 모든 말을 부인하지 말고 인정해주며 경청해야 합니다. 감정에는 옳

엄마, 오늘 차 사고 날 것 같아요.
무슨 말도 안 되는 소리니? 엄마는 10년 내내 무사고 운전자야!
엄마, 오늘 차 사고 날 것 같아요.
(음... 왜 저러는진 모르겠지만 감탄사 전략을 써볼까...) 아~! (어조도 중요합니다.)
엄마, 사실은 어쩌구 저쩌구~ 이런 저런 이야기들 (원래의 속마음 얘기 방출) 엄마 학교 기대되네요.
응… 새학기라 불안했구나. 잘해낼 수 있어! 내 아들 :) 오늘도 즐겁고 행복한 하루 보내~ 엄마가 응원할게.

고 그름이 없고, 잘못된 것이 없어요. (문제는 그 후에 표출하는 행동인데 이 행동에 대해서는 양육자로서 제한을 가할 필요는 있고요.)

그 감정의 맛을 충분히~ 느끼게 해줘야 그게 다시 들어왔을 때, 그 느낌이 뭔지 알죠! 그 감정에 대한 소화가 가능해지는 것!

우리야 어른이니, 그간 겪은 여러 상황들로 이런 저런 감정들을 느껴보긴 했죠. 그럼에도 불구하고 우리 스스로의 감정도 컨트롤 하는 것이 어렵지 않던가요. 그런데, 아이들의 입장에서는 어떠한 정체불명의 감정이 훅~! 하고 들어오는데 그게 뭔지를 알 수가 없는 거예요. 그 빈도수가 훨씬 적었으니까요.

우리야 "**짜증**"하면, 그게 뭔지 알지만, 아이들에게는 다 처음 겪는 감정일 수 있어요. 낯선 것들이고 이름조차 뭔지 모르는 것들이죠. 자, 특히 부정적인 감정. 그게 들어왔을 때, 충분히 접속하지 않은 채 그냥 빼내려고 하지 마세요. 그게 들어온 것 자체를 부인하지 마세요. 그걸 자기가 충~~~분히 fully~~~ 느껴야, 나중에 비슷한 감정이 들어왔을 때

아~ 이거. 뭔지 알아. 내가 처리해 본 경험이 있어.

이렇게 되는 거예요. 부정적인 감정을 자신이 **온전히 느끼고** 그 부정적인 감정이 자기 몸을 통과해서 **지나가 본 경험**이 있어야 그러한 감정이 다시 들어왔을 때, 극복할 수 있는 스스로의 힘이 생기는 거랍니다.

내공 키우기 ❷

부정적 감정이 지나가야 긍정적 감정이 들어온다

이것은 1층 뇌가 폭발해 원시인이 되어버린 아이 앞에서 수십 번 외우는 저만의 주문이랍니다.

"부정적인 감정이 지나가야 긍정적인 감정이 들어온다. 부정적인 감정이 지나가야 긍정적인 감정이 들어온다."

여느 때 같은 보통의 저녁 무렵이었습니다. 초등학교 1학년 여덟 살이 되자 은교는 누 살 어린 연우에게 영어책이나 한국어책을 읽어주곤 했습니다. 그런데 이날은 은교가 피곤했는지 저녁 준비를 하던 제가 듣기에도 책을 건성으로 읽어주는 듯했습니다. 연우는 그 모습에 기분이 나빠졌는지 결국 울음 섞인 목소리로 저한테 이렇게 외쳤어요. "엄마! 누나가 개미 목소리로 읽어주고 있어! 누나가 이상하게 읽어줘!" 저녁 식사 준비로 분주했던 저는 두 아이 사이에 다툼이 생기려는 상황이 유쾌하지 않았습니다. 그러나 누구의 편도 들지 않은 채 객관적인 침착함을 유지하며 관찰자의 모드로 상황을 지켜보았지요.

하지만 결국 문제가 터졌습니다. 연우의 투덜거림을 들은 은교가 이내 자기 방으로 들어가더니 침대에 누워서 기분이 좋지 않다면서 표효하기 시작했어요. 주방에서 식사 준비를 하던 저는 일손을 멈추고 은교의 방으로 건너갔습니다. 은교는 '엉엉~' 울면서 발길질까지 하고 있었습니다. 누구를 차려는 발길질이 아닌, 제 화를 분출하는 발길질이었지만 꽤 위협적이어서 저는 조심스럽게 은교 곁에 다가가 "은교야……"라고 나지막이 이름을 불러주며, 마음속으로는 저만의 주문을 외우며 마인드 컨트롤을 시작했습니다. 다음은 제가 1층 뇌가 폭발해 원시인 상태가 되어버린 아이 앞에서 수십 번씩 외우곤 했던 저만의 주문입니다.

> '부정적인 감정이 지나가야 긍정적인 감정이 들어오지. 부정적인 감정이 지나가야 긍정적인 감정이 들어오지. 은교한테 지금 부정적인 감정이 들어와 있을 뿐이야. 그 모습을 지켜보는 게 힘들지만, 곧 빠져나갈 거야. 그래야 긍정적인 감정이 들어올 자리가 생기겠지.'

그러자 어느 순간, 은교가 울음을 멈추고 이렇게 외치더군요. "엄마, 은교는 아까 연우 책 읽어주기 싫었어!" 저는 은교가 표현해준 감정에 진실하게 공감해주며 이렇게 말했습니다. "응, 은교 싫었어. 그럴 수 있지. 은교, 오늘 힘들었구나." 긴 말은 아니었지만 이미 이것만으로 은교가 조금은 누그러졌음을 느낄 수 있었습니다. 자, 그렇다면 이제 효과 만점인 대사를 건넬 차례입니다. 바로 이 말이에요.

"엄마는 은교 마음 다 알아."

"엄마도 그런 적 있었어."

이 말들을 건네면 아이는 어느새 풀어집니다. 아이들은 놀라운 존재여서 부정적인 감정이 지나가면 언제 그랬냐는 듯 그 자리에 금방 긍정적인 감정이 찾아듭니다. 이렇게 잘 처리해낸 부정적 감정은 마음속 깊이 맺히지 않고, 아이도 금방 잊어버리고 말지요.

이날 은교도 언제 그렇게 화를 냈냐는 듯 동생 연우와 다시 시시덕거리며 (어른인 제가 보기에) 유치한 놀이들을 아주 재미있게 이어갔습니다. 덕분에 제가 공들여 만든 저녁 식사도 셋이 함께 오손도손 맛있게 먹을 수 있었고요.

만약 이때 제가 "은교야! 엄마도 저녁 준비하는 것만으로도 힘든데, 네가 동생에게 책 읽어주면서 잠시 봐줄 수 있는 거 아니야?"라고 말했거나, "은교야! 그냥 안 읽어주면 되지 왜 이리 시끄럽게 난리야!!!" "아아! 듣기 싫어!!!! 그만 해!!! 저녁 준비 할 수가 없잖아!!!" 등의 반응을 보였다면 어땠을까요?

아마 그날 은교는 더 폭군처럼 화를 냈을 것이고 제가 공들여 만든 된

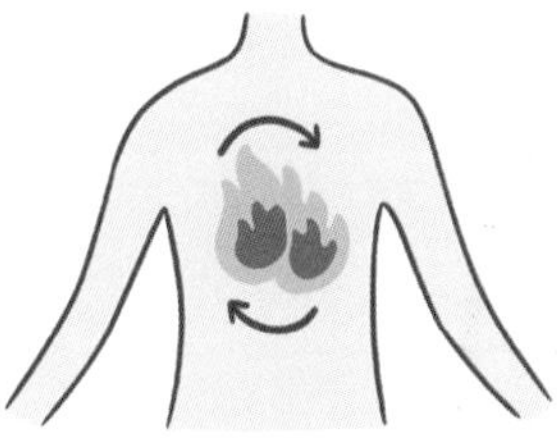

아이의 가슴 안에 부정적인 감정, 분노, 두려움, 짜증 등이 갇혀있어요.

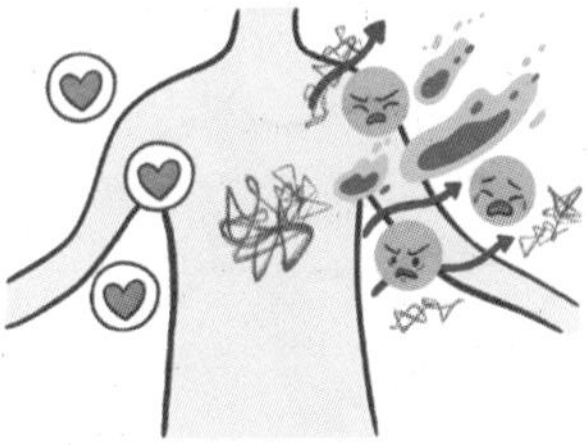

하트법칙으로 잘 접속해주자, 부정적인 감정들이 자연적으로 나가기 시작해요.

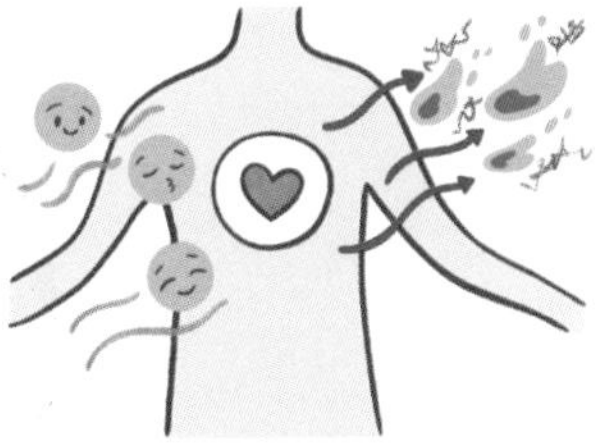

이제 긍정적인 감정들이 들어오기 시작했어요.

장찌개는 아무도 맛보지 못한 채 난장판이 되었을 거예요. 생각만 해도 끔찍한… 상황. 그런 상황, 이것은 우리가 반응을 어떻게 하느냐에 따라 한 끗 차이랍니다. 하트법칙만 몸에 익혀서 습관화해보세요!! 달라질 겁니다.

물론 현실에서는 흔히 말하는 아이의 '활화산 같은 분노' 표출이 약 5분 정도는 이어지는데요, 그런 아이를 침착하게 지켜보며 이런 전술을 구사하는 것이 쉬운 일은 아니랍니다. 하지만 이를 몇 번씩 해내다 보면 어느새 이러한 양육의 태도가 기본자세로 몸에 스며들게 됩니다. 그러니 절대 한두 번의 시도에서 끝내지 마시고 계속 하트법칙을 연습해보세요. 여러분도 할 수 있습니다!

아이의 감정을 똑게육아 하트법칙을 배워 제대로 된 방법으로 읽어주는 양육자의 말 한마디는 아이를 튼튼한 내부 엔진을 가진 아이로 키워줍니다.

그게 바로 내부엔진의 퀄러티 차이! 어떤 내부엔진을 가진 아이로 키우시겠어요?

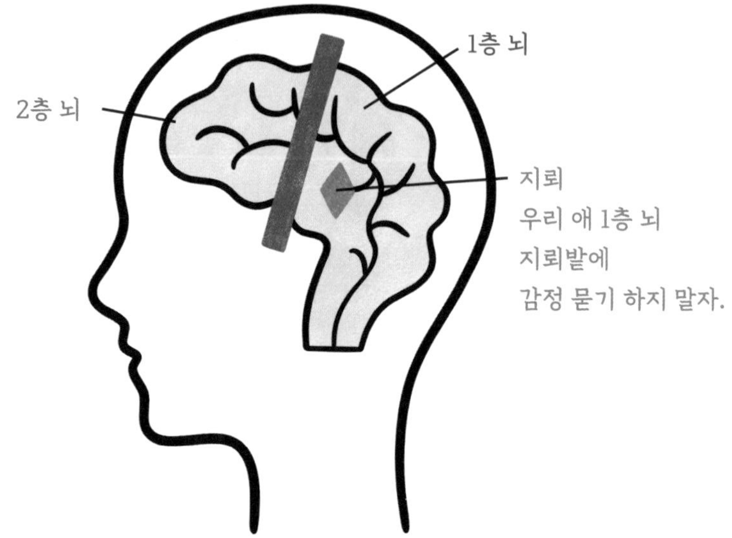

♥ 우리는, 우리 애 1층 뇌 지뢰밭에 감정 묻기 하지 말아요.

→ 가슴에 감정이 맴돌아서 해결되지 못하고 맺혀있지 않도록 하자고요.

그럼 아이의 부정적 감정을 알아주면서 아이 마음에 접속하는 기적의 대화법을 알려드리며, 하트법칙의 기본이었던 C tool의 장을 마무리해 볼까 합니다. 아래 박스에 적힌 이해와 공감의 메시지는 아이의 마음과 탁월하게 접속하게 해주는 마법의 문장들이니 꼭 익혀두세요.

익혀두면 좋은 똑게 회화

아이의 부정적 감정에 접속하는 C 마법의 문장

"네 마음 다 알아."

"○○마음 엄마가 다 알아"

"엄마도 그런 적 있었어."

다음은 양육자가 아이의 대사에 반응한 NG(**×**) 대사와 올바르게 반응한 ***O*** 대사의 예시입니다.

"연우가 미워. 연우랑 다시 안 놀 거야!"

⇩

NG ×	**"그럴 리가 없잖아. 연우가 제일 좋다면서."** (×, 감정을 부정함) **"엄마보다도 연우랑 같이 놀 때가 가장 재미있다면서."** (×, 감정을 강요함)

O	**"지금 연우에게 화가 많이 났나 보네."** (*O*, 감정을 인정해줌) **"연우가 은교 기분을 상하게 했나 보구나."** (*O*, 감정을 인정해줌)

"이번 건 만들기가 힘드네."

⇩

NG ✕	"그럴 리가." (✕, 감정을 부정함) "그래? 연우 네가 우리 집에서 만들기를 제일 잘하잖아!" (✕, 공감 없이 문제 상황에서 시선을 돌리도록 급하게 유도함)

O	"잘 안되면 답답하지. 구멍에 넣으려 했는데 구멍이 하도 작아서 잘 안 끼워지나보다. 연우가 짜증날 수도 있겠네." (O, 감정과 상황을 인정해줌)

이렇게 대응을 하면, 아이가 자신의 감정을 표현할 어휘도 같이 배울 수 있습니다. 계속 실전에서 반복적으로 익히게 되면, 아이가 물거나 때리거나 발로 차는 대신에 "너무 답답해!" "너무 화가 나!" 이렇게 표현할 수 있게 되는 거예요.

익혀두면 좋은 똑게 회화

부모가 아이의 마음을 진심으로 이해하고 함께 해결해나갈 의지가 있음을 알려주는 문장

더불어서 꿀팁을 하나 더 알려드리자면, 아이의 감정을 바로 부정하는 '하지만'으로 말을 시작하기보다 다음과 같이 말하는 것을 습관화하시길

권합니다. 부모가 아이의 문제를 이미 이해하고 있으며, 함께 해결해나가고 자 하는 의지가 있음을 보여주는 말이어서 아이와 '**한편 되기**'에 좋습니다.

But~~No! ➡ (보다는) **조건부** Yes, problem solving (문제해결)

NG ×	**"하지만~ 그건 안 돼"** **"하지만~ 그건 아니지"** (✘) but... No!

O	"엄마도 알지. 그런데 지금 문제는~" (O) "엄마도 알아. 그런데 우리가 같이 해결해야 할 문제는~" (O) "민지가 □□하고 싶어 한다는 걸 알아. 그런데 ○○한 문제가 있어. 그런데도 □□하고 싶은 거구나?" (O)

다음은 위의 원칙을 적용해 아래의 박스의 문장을 기본으로 적절하게 적용해 본 예시입니다

엄마 알아~
그런데 지금 문제는~~~

알아~~
그런데 지금 해결해야 할 문제는~~~

"엄마, 나 코로나 검사 받기 싫어."

⇨ **"응, 알아. 코로나 검사 받기 무섭고 힘들다는 거.** 엄마가 연우여도 그랬을 것 같아. 그런데 지금 문제는 코로나 확진자와 연우가 셔틀을 같이 탔었다는 거야. 그래서 연우한테 코로나 균이 있는지 검사를 해야 하는 것이지."

"엄마, 나 지원이랑 더 놀고 싶어. 지금 집에 가기 싫어."

⇨ **"응, 엄마도 그 맘 알아. 은교가 지원이랑 조금만 더 놀고 싶어 하는 거.** 엄마도 은교랑 똑같이 느꼈을 것 같아. 오랜만에 친구 만나서 너무 즐겁고 좀 더 놀고 싶지. 그런데 지금 문제는 시간이 저녁 7시가 다 되어가는 중이고, 곧 저녁을 먹어야 한다는 거야. 아빠도 오늘 일찍 온다고 했고, 연우도 기다리고 있어."

"엄마, 나 슬라임 꼭 사고 싶어. 사주면 안 돼?"

⇨ **"그래, 엄마도 알아. 은교가 슬라임 사고 싶어 하는 거.** 그런데 우리가 같이 해결해야 할 문제는 슬라임이 자꾸만 집 안 곳곳의 가구에 묻는다는 거야. 아빠가 싫어하시기도 하고, 또 은교 옷에 묻은 것도 잘 안 지워지기도 하고. 게다가 은교 손도 거칠어지는 것 같아. 좋은 방법이 없을까?"

○○가 ~~~ 라는 걸 알고 있지.

○○가 ~~~ 이 상황을 알고 있지.

그런데도 ~~~ 하고 싶구나.

"엄마, 나 과자가 너무 먹고 싶어."

⇨ "은교는 지금 과자를 사러 갈 시간이 늦었다는 건 알고 있지. 그런데도 지금 먹고 싶구나."

"엄마, 나 지금 집에 들어가기 싫어. 엄마랑 여기서 더 놀래."

⇨ "연우는 지금 누나가 집에 올 시간인 걸 알고 있지. 그런데도 엄마랑 데이트를 더 하고 싶구나."

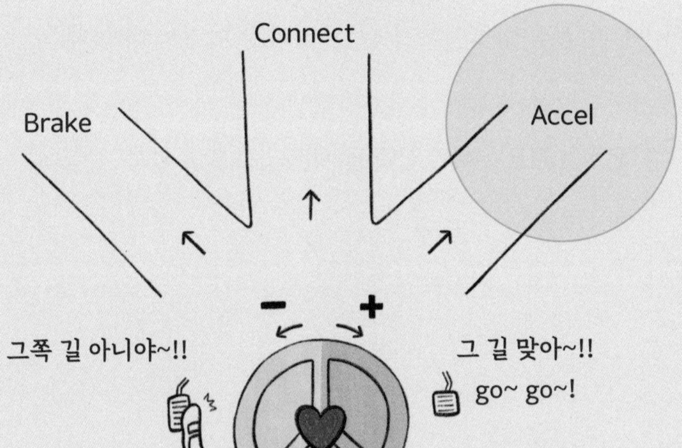

하트법칙 A(Accel)는 아이가 바람직하게 행동했을 경우, 앞으로도 그런 모습을 계속 보고자 할 때, 아이에게 '네가 한 그 행동이 맞아', '그쪽 길로 가는 게 맞아'라는 메시지를 보내 그 행동을 강화시켜주는 것이 핵심입니다. 그럼 지금부터 하트법칙 A의 Tool들에 대해 알아보겠습니다.

part 4.

하트법칙
A마스터

액셀 밟아주기

"그쪽 길 맞아"

TOOL BOX

C-A 기본 개념 TOOL

Tool ❶ 경찰관 되지 않기

Tool ❷ 매의 눈으로 칭찬 기회 잡기

Tool ❸ 평소 '타임 인'으로 아이에게 관심 보이기

Tool ❹ 스페셜 타임으로 관심 양동이 충전하기

Tool ❺ '정크푸드 칭찬'과 '슈퍼푸드 칭찬' 구분하기

기본개념 Tool ❶

경찰관 되지 않기

아이가 보인 좋은 행동을 강화해주기 위해서는 평상시 아이가 잘한 행동을 칭찬해줘야 합니다. 그러나 우리는 잘한 걸 칭찬해주기보다 잘못을 지적하는 문화에 더 익숙합니다. 그렇기 때문에 이 부분 또한 애써 노력해서 습관으로 만들지 않으면 잘 안 되는 부분이기도 하지요.

제가 하트법칙 A의 첫 번째 기본 개념 툴의 이름을 '경찰관 되지 않기'로 네이밍을 한 그 의미는 무엇일까요? 자~ 여러분이 운전을 하고 있는데 갑자기 경찰관이 따라오더니 차를 멈추라고 하는 상황을 생각해보세요. 그러면 보통의 경우, '내가 뭘 잘못했나?' 하고 생각하게 되고, 가슴이 두근두근할 거예요. 그런데 만약, 그 경찰관이 "계속해서 지켜보고 있었는데 규칙을 참 잘 준수하고 계시네요. 감사한 마음에 상품을 드릴게요"라고 한다면 어떨 것 같으세요?

사실 우리가 도로에서 운전을 할 때, 경찰관으로부터 칭찬을 받을 것이라고 생각하면서 운전을 하진 않잖아요. 경찰은 범법 행동을 제지하는 사회적 역할을 수행하는 직업이니까요. 그러므로 경찰관이 우리 뒤를 따라오면 알 수 없는 불안감이 엄습하는 것이 당연합니다.

그러면 이제 이 상황을 육아의 현장으로 바꿔서 생각해볼게요. 엄마, 아빠가 아이에게 경찰관처럼 인지되었다고 생각해봅시다. 즉, 아이 입장에서 '부모'라는 존재가 자신의 행동을 늘 통제하고 제지하는 사람으로 인식되었다고 보는 것이지요. 아마 이런 상황이라면 아이는 부모가 자신을 불렀을 때, 가장 먼저 하는 생각이 **'왜 그러지?', '또 무슨 일일까!'** 등일 거예요. 운전을 하다가 경찰관이 멈춰 세웠을 때 긴장하고 가슴이 두근거리는 운전자처럼 말이지요.

그렇다면 양육자가 경찰관처럼 되지 않으려면 평상시에 어떻게 해야 할까요? 이에 대해서는 두 번째 기본 개념 Tool에서 살펴보겠습니다.

기본개념 Tool ❷

매의 눈으로 칭찬 기회 잡기

아이가 규칙을 잘 지켜도 양육자가 무관심하다면 어떤 상황이 펼쳐질까요? 예컨대 아이가 이를 잘 닦지 않거나 숙제를 잘 하지 않는 등 생활습관의 문제로 고민이라면, 아이가 해당 기대 행동을 제대로 했을 때, 양육자는 이에 대해 올바르게 칭찬을 해주고 있는지 점검해봐야 합니다. 아이가 기대 행동들을 했던 초기에는 칭찬을 했을지 몰라도, 시간이 지나가면서 아이의 행동에 점점 무관심해졌을 가능성이 높습니다.

예를 들어볼게요. 엄마의 얼굴은 무표정하고, 여러 가지 일들에 치여, 아이가 이를 스스로 잘 닦았는데도 그 부분에 관심을 두지 않습니다. 그저 '완료'했는지 안 했는지만 무미건조하게 확인할 뿐이죠.

"그래서… 이 닦았니?" 입으로만 확인을 하고…

영혼 없이 이제 그다음 해야 할 to do list들을 확인… 아이는 엄마의 웃는 얼굴을 보고 싶고, 엄마가 자신에게 '지켰으면'하고 기대했던 규칙과 그 약속을 지키기 위해 노력을 했지만… 아이 눈앞에 보여지는 건 무관심한 엄마… 라면 과연 아이는 그 규칙을 지키고 싶을까요?

"칭찬의 기회는?

당연한 일이 당연한 일이 아닌 게 되는 순간!! 찾아옵니다.

칭찬 타이밍을 평소에 찾아야 해요.

아이에 대한 기대치를 내려놓는 순간, 아주 작은 장점이라도

찾게 될 거예요."

C-A 내공 키우기 ❶

모든 것을 칭찬의 기회로 바라본다

양육자가 아이의 발달 상황을 알고, 그에 따른 올바르고 적정한 기대치를 갖는 것, 그리고 그 적정한 기대만큼을 아이가 해냈을 때 칭찬해주는 것이 정말 중요합니다. 아이는 현재 이 정도만 할 수 있는데, 이~~만큼, 더 높이 잘할 수 있다고 생각할 때, 그 차이에서 오는 스트레스로 양육자는 아이에게 칭찬 대신 화를 내게 되죠. '당연히 이 정도는 할 수 있다'고 여기는 것이 아니라 '이걸 아이가 해냈구나' 하

는 시선으로 매번 아이의 행동에서 칭찬의 포인트를 찾아내려는 자세를 탑재하는 것이 중요합니다.

가령 '아침에 혼자 일어나는 것쯤은 이제 할 수 있어야 하는 것 아닌가?' 라는 생각을 지워야 해요. 대신 '아이가 아침에 혼자 일어나는 일은 쉽지가 않아. 어른인 나도 정말 일어나고 싶지 않은 날이 있는데, 아이는 아직 어린데 혼자 일어나는 건 무리일 수 있어.' 라고 생각해야 합니다. 아이에게 지나친 기대를 하면 안 돼요.

'첫 아이'라면 육아에 서툴고 무엇이든 처음이라는 걸 인정하셔야 합니다. 내 아이를 믿는 것은 좋지만, 그 믿음이 아이에 대한 큰 기대를 가져오면 매사에 "왜 못하는 거지?"라는 생각이 들어 괜히 화를 내게 되고 잔소리로 이어집니다. 그런데 반면 모든 것을 칭찬의 기회로 바라보고, 그 어떤 것도 당연하지 않다고 생각한다면 아이가 알아서 아침에 일어났을 때 감격하게 되지요. 이럴 때 누가 시키지 않아도 우리는 마음 속 깊은 곳에서 우러나오는 칭찬을 할 수가 있어요. 식기 정리, 이부자리 정리 모두 제대로 된 칭찬을 가미해주세요. 당연한 것은 없습니다.

초등학교 1학년 때는 은교를 매번 학교에 데려다주었는데 어느 순간부터 가끔 은교가 혼자 등교를 하게 되었어요. 그 모습이 너무 기특해서 구체적으로 집어내서 칭찬해주었어요. 2학년부터는 매번 혼자 가더라고요. 하지만 그것을 당연하게 생각하지 않아요. 매번 칭찬해주려고 노력하죠.

C-A 내공 키우기 ❷

스스로 하는 아이 vs 혼나지 않으려고 하는 아이

부모의 칭찬을 받아본 적 없는 아이는 무의식적으로 다음과 같이 생각합니다. "시키는 일만 하자", "혼나지 않을 만큼만 하자". 즉, **능동적으로 문제 해결을 하는 아이**가 아니라 **시키는 일만 수동적으로 하는 아이**로 성장하게 되는 것이지요. (어떤 양육자도 아이가 수동적인 성향으로 크길 바라지는 않을 겁니다.) 지금 아이가 **단순히 부모에게 꾸중 듣지 않기 위해 행동하고 있는가 vs 행동 자체를 즐기며 하고 있는가**를 관찰해야 합니다. 자기주도적인 아이는 절대 잔소리로 만들어지지 않습니다. 공부든, 생활습관이든 즐겁고 재미있는 기억, 따뜻한 기억이 많아야 아이가 흥미를 느낍니다. 아이가 주도적으로 인생을 살아가게 해주세요. 비결은 아이가 보이는 긍정적인 행동에 "**진심으로 감사하는 우리 양육자의 자세**"랍니다.

칭찬은 C - Connect, 진정한 '**접속**'에서 시작합니다. 제대로 칭찬하기의 첫 단계는 아이를 유심히 잘 관찰하는 것입니다. 이때 단점이 아닌 장점을 찾는 데 집중하세요. 어렸을 때부터 부모의 인정과 칭찬을 받으며 자란 아이는 행복 속에서 성장합니다. 부모의 따가운 눈초리로부터 자신을 보호하거나 변명할 이유가 없고, 자신의 모든 행동에 감사하는 부모가 있으니 늘 행복한 거예요. 이런 아이들은 어디서든 주도적으로 자신의 역할을 찾을 뿐만 아니라, 어른이 되어서도 끊임없이 자기 안의 동력으로 발전해나갑니다.

기본개념 Tool ❸

평상시 '타임 인'으로 아이에게 관심 보이기

아이의 긍정적 행동을 강화해주기 위해서는 평소에 아이가 하는 일에 양육자가 관심을 갖고 있음을 보여주는 것이 중요합니다. 관심을 보여주라고 해서 아이 옆에 24시간 내내 밀착해 붙어 있으라는 말은 아닙니다. 1~2분 정도의 짧은 시간 동안만 관심을 갖되, 그런 관심의 빈도를 하루에 여러 번 보여준다고 생각하면 됩니다. 그 구체적인 방법도 그리 어렵지 않습니다.

미국에서는 거리에 주차를 할 때(일명 스트릿 파킹), 미터기 기계에 시간 분수를 설정한 뒤 주차요금을 사전에 지불합니다. 만일 1시간 주차요금을 냈는데, 그보다 더 늦게 차를 찾으러 오면 '벌금 티켓'을 받게 되고 추가 요금을 지불 하게 되는 체제입니다. 여기서 착안하여 만들어진 재미있는 훈육 용어가 있습니다. 바로 평상시에 아이에게 주는 관심을 잘 배분해야 한다는 것을 '주차 미터기'에 비유한 전략이에요.

즉, 사전에 15분, 30분 정도의 주차료를 내서 벌금 티켓이 끊기는 것을 방지하듯이 우리가 아이를 대할 때 '관심'을 평상시에도 일정한 간격으로 넣어줘야 한다는 뜻이에요. 아이의 관심 양동이 수위가 낮아져 동이 나기 전에 관심을 넣어준다면 하루가 평화롭게 진행될 수 있거든요. 마치 사전에 미터기에 지불했던 주차 시간이 다 되면 주차요금 티켓을 떼게 되듯, 관심 요금을 적절히 넣어두지 않고서는 아이의 무시무시한 화 폭발이나 짜증, 떼를 맞이하게 되니까요.

이것을 관심을 거둔다는 의미의 타임 아웃(Time out)과 반대되는 용어로 타임 인(Time in)으로 부르기도 하는데요. 이 **타임 인**을 잘하는 것이 또 훈육에서의 관건이랍니다. 평상시 아이에게 구체적으로 관심을 보여주는 방법에는 무엇이 있을까요? 아래의 내용은 지금 바로 실천이 가능한 방법들입니다.

- 아이 곁에 앉아서 호기심 어린 눈빛 + '너를 너무 사랑해'가 가득한 눈빛으로 가만히 지켜보기
- 따뜻하게 윙크하기
- 미소 지어주기
- 두 눈썹을 올리고 두 눈을 크게 뜨면서 미소를 머금고 고개 끄덕이기
- 엄지손가락을 세워서 잘했다는 신호 보내기
- 껴안아주기

'코 뽀뽀'하는 모습

- 아이의 머리카락을 쓰다듬거나 등을 만져주기
- 따뜻하게 손잡아주기 (연우는 일고여덟 살 때 "나는 엄마랑 손을 꼭 잡고 걷는 게 제일 기분이 좋더라"라고 말했을 정도랍니다. 아이들의 기억에 소중한 추억으로 남아요.)
- 하이파이브 하기
- 아이를 지그시 바라보며 "와! 응" 하고 호응해주기
- 아이가 현재 하고 있는 일을 간단하게 표현해주기 ("우리 연우가 레고를 만드는구나. 노란색 작은 블록을 빨간색 네모 블록에 끼웠네. 이제 회색 블록을 손에 들고 있구나." 그러고 나서는 잠시 아이에게서 관심을 거두고 다른 일을 하셔도 돼요. 아이의 행동에 관심을 줬기 때문에 얼마간 아이는 혼자서도 계속 재미있게 놀 거예요.)
- 마사지해주기, 코 뽀뽀 등 애정 어린 스킨십하기

기본개념 Tool ❹

스페셜 타임으로 관심 양동이 충전하기

관심 중에서도 고농도의 밀도 높은 관심을 주는 것은 바로 아이와 '스페셜 타임'을 갖는 것입니다. 단 몇 분이라도, 아이와 1:1로 관계를 맺으면서 긴밀한 관심을 주는 시간을 '의도적으로' 가지는 것이 중요한 포인트입니다.

바쁜 일상 가운데에서 아이와 진하게 교감하는 몇 분의 시간을 갖는 것이 처음에는 힘들게 느껴질 수도 있어요. 그러나 이 부분은 수익이 보장된 투자랍니다. 스페셜 타임은 아이와 여러분의 관계를 더 좋게 만들어주고, 아이들의 행동을 긍정적인 방향으로 발전시킬 수 있는 바탕이 되므로 꼭 이 시간을 갖는 것을 잊지 마세요. '관심 양동이' 개념은 앞쪽에서 자세히 설명을 하였으니 다시 한 번 잘 이해하고 넘어가시길 권합니다(126쪽 참조).

눅눅한 포테이토칩 이론

아이들은 언제나 관심을 원합니다. 아이에게 줄 수 있는 보상으로 가장 좋은 것이 바로 양육자의 '관심'이죠. 정말 간단하고 명료하지 않나요?! 그동안 아이에 대한 관심이 부족했다면, 의식적으로 '긍정적인 관심'을 계속 보내주세요. 그렇지 않으면 아이는 눈에 거슬리는 행동들을 마구 해대면서 양육자로부터 '부정적인 관심'을 끌고자 합니다. 부모로부터 꾸지람을 받더라도 아무런 관심이 없는 것, 관심이 '0'인 것보다는 훨씬 나으니까요. 아이들은 **바삭한 포테이토칩(칭찬/긍정적 관심)**을 가장 좋아하지만, 이것 못지않게 **눅눅한 포테이토칩(화내기/부정적 관심)**도 두팔 벌려 환영이거든요. 만약 여러분이 아이의 특정 행동에 과도하게 짜증을 내며 부정적인 감정에 동요된다면 그게 바로 아이에게 눅눅한 포테이토칩을 던지고 계신 것이랍니다. 평소 '바삭한 포테이토칩'이 너무 고팠던 아이들은 '눅눅한 포테이토칩'이라도 얻어먹고 싶어서 계속 그런 부모의 화를 돋우는 행위를 하게 되니 평상시 '스페셜 타임'과 '타임 인'으로 아이의 관심 양동이를 많이 채워놔주세요.

기본개념 Tool ❺

'정크푸드 칭찬'과 '슈퍼푸드 칭찬' 구분하기

칭찬 정크푸드 vs 칭찬 슈퍼푸드,
어떤 칭찬이 몸에 좋은 건지 개념 잡고 가기!!

아이의 긍정적 행동을 강화해주고자 칭찬을 할 때는 유의할 사항이 하나 있습니다. 바로 어떤 칭찬이 아이에게 좋은지 구분해서 건네야 합니다. 이 구분을 위해 칭찬을 그 성격에 따라, **'정크푸드 칭찬'**과 **'슈퍼푸드 칭찬'** 이렇게 두 가지로 나눕니다. 정크푸드 칭찬은 말 그대로 아이에게 해로운 칭찬입니다. "너 정말 똑똑하구나!", "○○는 성발 착해!", "넌 진짜 멋진 아이야", "○○는 정말 훌륭해"와 같은 말들은 정크푸드 칭찬의 대표적인 사례입니다.

왜 '정크푸드'라는 단어로 표현했을까요?

쉽게 대량으로 만들 수 있기 때문이에요. 칭찬 정크푸드도 손쉽게 아무 생각 없이 많이 내뱉을 수 있다는 점에서 정크푸드와 유사하거든요.

달콤하고 양념맛이 센 정크푸드처럼 입안에서 맛있게 느껴지고요. 정크푸드처럼 먹어서 몸에 좋을 것이 없고 많이 먹으면 몸을 해치죠. 별 의미없이 그저 아이 기분을 좋게 하고자 던지는 칭찬 정크푸드는 아이의 현재 행동과 구체적인 관련이 없을 뿐만 아니라, 사실 아무에게나 해줄 수 있는 것이랍니다.

정크푸드 칭찬은 결과 중심의 칭찬이기도 해서 이를 많이 먹고 자란 아이는 자신이 무언가를 실수 없이 훌륭하게 달성해냈을 때만 좋은 아이, 칭찬을 받을 만한 존재라고 생각하게 됩니다.

반면 슈퍼푸드 칭찬은 아이의 발달에 건강한 영향을 미치는 진정한 칭찬입니다. 진정한 칭찬은 '아이만의 장점'을 찾아내는 데 집중합니다. 아이가 달성해낸 무언가를 칭찬하는 것이 아니라 아이 고유의 특징을 찾아내서 그것에 구체적으로 소중한 가치를 부여해주는 것이지요.

진정한 칭찬 = 구체적인 장점 찾기

하지만 이때, 아이의 지적 능력을 칭찬하는 것은 아이들의 내적 동기와 함께 그 수행 능력도 떨어뜨린다는 사실이 연구결과 밝혀지기도 했습니다. '똑똑하다'는 칭찬은 '실패하게 되면 멍청이'라는 부정적인 생각을 갖게 만들고, 그런 칭찬을 지속적으로 받을 경우, 아이에게 잘못된 사고방식이 자리 잡힐 우려도 있습니다. 흔히 '똑똑하다'는 칭찬은 누구나 남발할 수 있는 칭찬이라 짚고 넘어갑니다. '똑똑하다'는 것에 가치를 부여하지 말고, 실수를 통해 배우고 도전을 즐길 수 있도록 결과와 상관없이 그 과정을 사랑할 수 있게 해주세요.

이것이 어떻게 가능하다고요?

바로 제대로 된 똑게육아 칭찬 기법을 익히신다면, 아이는 결과와 상관없이 과정 그 자체를 귀하게 여기게 되고 그 과정에서 더 많은 긍정적인 요소들을 배우게 된답니다.

정리해보자면 아이 본연의 특징 중에서도 **아이가 어쩔 수 없는 것(지능, 뛰어난 외모 등)**을 칭찬하기보다 노력으로 바꿀 수 있는 것(배려, 끈기, 감정 조절)을 칭찬해야 합니다. '최고'나 '완벽'같은 최상급 표현의 칭찬 또한 아이에게는 공허하게 들립니다. 또 너무 자주하면 부모가 늘 하는 말이라고 여기게 되어 칭찬의 효과가 없습니다.

그렇다면 슈퍼푸드 칭찬, 제대로 된 칭찬을 하기 위해서는 어떻게 해야 할까요? 정크푸드 칭찬의 대표적인 특징은 '바꿀 수 없는 행위자의 특성 그 자체'에 초점을 맞추고 있다고 했지요?

슈퍼푸드 칭찬을 위해 아이의 장점 찾기를 할 때는 아이가 보인 행동 중 양육자가 보기에 마음에 드는 활동을 말로 다시 한번 읊어주신다고 생각하시면 됩니다. 아이의 **구체적인 활동**에 초점을 맞추는 것이지요. 이것이 힘든 분들께는 스포츠 중계 캐스터처럼 하셔도 된다고 말씀드리고 있습니다. 하지만 가능하다면 조금 더 노력해서 관찰한 내용을 긍정적 단어를 더해 구체적으로 묘사해보라고 말씀드립니다.

칭찬(정크푸드)	격려 (영양가득 칭찬)
넌 정말 최고의 누나야!	은교야, 연우 마스크를 챙겨줘서 고마워.
100점 맞고 1등 했네!	이번에 분수파트 열심히 하더니 잘 이해했나 보다!
넌 정말 똑똑해!	처음엔 모르겠다고 하더니 그동안 꾸준히 공부하니 이런 좋은 결과가 나왔구나!
네가 넘 자랑스러워!	연우 너는 너 스스로가 참 자랑스럽겠다~!

다음은 칭찬 정크푸드를 피하기 위해 제대로 된 칭찬과 비교해둔 표입니다. 우리 아이들이 올바른 칭찬을 먹으며 무럭무럭 자랄 수 있도록 같이 노력해 보아요~!

칭찬 정크푸드	칭찬(격려)
행위자에 포커스 (판단/judgement 개입됨)	한 행위/행동에 포커스 (관찰/observation 기반)
결과에 포커스 (end product 마지막 결과물을 중요시함)	노력, 성장한 것에 포커스 (effort, improvement) 과정에 포커스 (process를 중요시함)
외적동기에 초점을 맞춘다. (부모의 인정이 중요해지고 다른 사람의 시선, 생각을 신경쓰며 인정받아야하는 욕구가 강해짐. 타인에게 의존적인 성향이 됨)	내적동기에 초점을 맞춘다. (자존감이 높아지고 부모나 타인의 인정에 있어 자유로워짐. 나 스스로 만족감 및 자신감 느낌)
잘못된 고정관념을 심어줌 (fixed mindset) 지능, 외모 등을 칭찬하여 바꿀 수 없는 속성인 것처럼 정해버리기 "넌 정말 똑똑해"는 아이에게 fixed mindset을 북돋는 칭찬 정크푸드	성장할 수 있는 마인드셋을 선물 (growth mindset) '노력, 연습으로 성장할 수 있다.'의 마인드

* Carol Dweck의 책, Mindset 참고

A 기본 TOOL

C-A 내공 키우기 ❸

자신의 능력을 탐구하려고 하는 아이의 욕구 vs 아이를 보호하려고 하는 우리의 욕구를 잘 조율하기

C-A를 잘하려면, **위험을 무릅쓰고 새로운 일에 도전하며 자신의 능력을 탐구하려고 하는 아이의 욕구**와 **아이를 보호하려고 하는 양육자의 욕구** 사이에서 균형을 맞추는 것 또한 중요합니다. 자존감은 '내가 해낼 수 있다'하는 경험이 축적되어 만들어집니다. 그런 경험을 하다 보면 종종 아이가 위험한 상황에 빠진다거나 양육자가 보기에 아슬아슬해 보이는 상황이 연출되기도 합니다.

물론 아이의 안전은 언제나 중요하므로 만일의 사고에 대비한 감독은 철저히 해야 하지만 그와 동시에, 아이가 작은 성공의 경험을 쌓아가며 자존감을 키워가도록 곁에서 도와줄 수 있습니다.

아이가 '합당한 위험(구름사다리에 올라가보기)에 도전할 수 있게 하는 것'과 '새로운 기술(양육자의 감독에 따라 계란 후라이 만들기 도전)을 배울 수 있게 하는 것' 그 자체가 바로 **장점 찾기**이자 아이에게 보내는 양육자의 **칭찬과 격려**입니다. ('제대로 된 칭찬'의 또 다른 이름은 '**장점 찾기**', '**격려**'입니다.)

작은 도전들에서 성공을 경험하면 아이의 자존감은 점점 굳건해져 가지요. 아이가 자신을 유능한 사람이라고 느낄 수 있는 경험, 이것이야말로 우리가 아이에게 줄 수 있는 강력한 선물입니다. 그러므로 똑게육아 하트법칙에서 알려드리는 C-A 툴을 잘 익혀보시길 바랍니다.

♥ 로리의 노트필기 스케치

TOOL BOX

C-A 실전 적용 TOOL

Tool ❶ 아이에게 도움을 요청하기

Tool ❷ 아이에게 고마움 전하기

Tool ❸ 본 대로 말하기

Tool ❹ 구체적인 사실을 말해주기

Tool ❺ 관심을 담은 질문으로 대화 시작하기

Tool ❻ 노력을 콕 집어 말해주기

Tool ❼ 지금까지 해낸 것을 인정해주며 그 과정을 서술해주기

Tool ❽ 잘못한 상황에서도 숨은 장점 찾기

Tool ❾ 잘 안될 때는 기본기 C로 돌아가기

Tool ❿ 새로운 자아상 심어주기

실전적용 Tool ❶

아이에게 도움을 요청하기

아이들은 '나는 할 수 있어'라는 **유능감**, 어딘가에 소속되어 있다는 **소속감**, 자신의 존재 가치에 대한 인정 등 자신이 **공헌함**으로써 유의미해지는 것들을 느끼고 싶어 합니다. 아이가 그런 느낌을 경험하도록 해줌과 동시에 칭찬 기회도 만들어주는 말이 바로 **"네 도움이 필요해"**입니다.

일상의 매 순간 아이에게 "네 도움이 필요해"라고 말할 기회를 찾아보세요. 그리고 얼마나 우리가 아이의 도움을 고마워하는지 아이가 알게 해주세요.

아이에게 도움을 요청할 만한 기회는 아주 많습니다. 식탁 위에 냅킨 가져다 놓기, 상추 씻기, 쏟은 물을 행주로 닦기, 포장지 벗기기(치즈 껍질 까기), 혼자 옷 입기, 혼자 우유 따르기 등 말이에요. 물론 실제 상황에서는 같은 일을 여러 번 반복해서 가르쳐줘야 할지라도 인내심을 충분히 갖고, 아이에게 도움을 구하는 형태로 시켜보세요. 그러면 아이가 생활의 기술을 익힐 수 있는 것뿐만이 아니라 우리 아이의 자존감까지 동시에 올라가게 됩니다.

아이가 도움을 주었다면 그 도움이 실제로 주변에 미친 영향을 구체적으로 서술하면서 여러분이 그것에 대해 얼마나 고마워하고 있는지 알게 해주세요. 이때 아이의 인성에 대해 평가하는, 정크푸드 칭찬은 피합니다. 아이가 한 행동에 대한 서술과 구체적인 묘사에만 집중하는 것이 포인트입니다.

입에 착착~ 붙여야 할 똑게 회화

도움을 줬어! - 주변에 미치는 영향 서술하기

♥ "○○는 착한 아이야."

→ "○○가 장바구니를 주방까지 옮겨줬구나. 큰 도움이 됐어."

♥ "○○이는 최고의 오빠야!"

→ "○○이가 우스운 표정을 지으니까 아기가 참 좋아하는구나. 이것 봐, 까르르 웃네."

♥ "○○는 생각이 참 깊은 아이구나."

→ "○○가 동생 지퍼 올리는 걸 도와줬네. 이제 동생이 밖에 나가도 찬바람을 덜 맞겠다."

♥ "○○이는 정말 최고의 누나이자 딸이야!" (동생이 우유를 달라고 하는 상황에서)

→ "와~ ○○이는 방금 두 사람에게 큰 도움을 주었어! 우유를 줘서 동생을 기쁘게 했고, 그 덕분에 엄마는 엄마 일을 방해받지 않았고 말이야. 이렇게 두 사람을 한꺼번에 기쁘게 해주다니!"

실전적용 Tool ❷

아이에게 고마움 전하기

‘칭찬하기’를 ‘감사 전하기’로 말을 바꿔보세요. 이는 정크푸드 칭찬을 피하고, 슈퍼푸드 칭찬을 하는 방법 중 하나로 그 효과가 정말 탁월합니다. 아이에게 고마움을 전하는 것은 아이를 칭찬하는 것과 다름없습니다. 아이에게서 칭찬할 만한 점을 찾기가 어렵다면, 고마운 점을 찾아내어 콕 집어주세요. 이때 아이가 해낸 일의 과정과 성취, 그리고 다른 사람에게 준 도움의 내용에 초점을 맞추세요.

입에 착착~ 붙여야 할 똑게 회화

“네가 ~해줘서, ~한 덕분에 고마워”

- “○○가 학교에 가려고 얼마나 빨리 옷을 입고 준비했는지 엄마는 알아. 그것에 정말 감사해.”
- “동생이 속상했을 때 ○○가 옆에서 얼마나 큰 힘이 되어줬는지 엄마는 봤어. 덕분에 동생 기분이 훨씬 나아졌어. 고마워.”
- “○○야, 식탁을 정리해줘서 고마워. 숟가락을 놓아줘서 고마워.”

실전적용 Tool ❸

본 대로 말하기

Say What I See

효과적으로 칭찬하고 싶다면, 아이의 행동을 평가하고 싶은 충동을 억누르고 단순히 있는 그대로-보이는 대로, 들리는 대로, 느끼는 대로-서술해야 합니다. 이는 C전략에서도 필요하지만 C-A전략에서도 꼭 필요한 자세이니 이 툴도 꼭 장착하셔야 해요! 부모가 칭찬의 어조로 '아이의 행동을 있는 그대로 서술하는 것'이 포인트입니다.

양육자가 아이의 행동을 판단하지 않고 있는 그대로 서술하면, 아이는 그 말을 듣고 자기 자신을 스스로 칭찬하게 됩니다. 양육자가 칭찬 방식을 어떻게 바꾸느냐에 따라, 아이의 자신 스스로를 바라보는 관점이 달라지는 것이지요.

입에 착착~ 붙여야 할 똑게 회화

"네가 ~해줘서 ~한 덕분에 고마워"

- "참 멋진 그림이네!" 대신에

  이렇게 바꿔보세요 → "종이를 가로지르는 녹색 선들이 보이네. 그 선들이 빨간 모양들을 연결하고 있구나." OK

- "잘했어!" 대신에

  이렇게 바꿔보세요 → "장난감 자동차들과 책들을 다 치웠구나. ○○가 신었던 양말까지 치웠네. 바닥도 깨끗해졌고, 많은 일들을 해냈구나!" OK

- "완벽하게 풀었구나!" 대신에

  이렇게 바꿔보세요 → "네모 모양의 그림을 전부 찾아냈구나!" OK

- "잘 던졌어!" (공놀이를 하던 중) 대신에

  이렇게 바꿔보세요

  → "이번에는 공이 엄마 가슴 중간에 정확히 왔네!"

  → "이번에는 공이 처음보다 더 많이 날아갔어! 아까는 저기 잔디까지 날아갔는데 지금은 벤치까지 날아갔구나!" OK

실전적용 Tool ❹

구체적인 사실을 묘사해주기

아이를 칭찬할 때는 구체적인 사실을 말해주는 것이 중요합니다. 이런 식의 칭찬을 받고 자란 아이들은 자신의 장점을 스스로 잘 발견할 수 있어서 긍정적인 아이로 성장합니다. 처음에는 구체적인 사실을 발견하고 말해주는 것이 쉽지 않겠지만, 매일매일 의식적으로 노력하다 보면 구체적으로 칭찬하는 방식에 슬슬 익숙해지실 거예요. 의식적으로 노력하지 않으면 바쁜 일상에 치여 구체적으로 표현하기보다는 그저 "최고야", "잘했네"라는 말로 뭉뚱그려 표현하는데 그치기 쉽지요. 우리는 이 부분을 유의하여 C-A를 제대로 하는 스킬이 '습관'으로 정착될 때까지 연습을 거듭하도록 합시다.

C-A 내공 키우기 ❹

이 툴을 구사하기 위한 내공 키우기/ C-A워크샵

아이가 여러분에게 자신이 그린 그림을 보여줬을 때, 제대로 들여다보지도 않고서 자동적으로, 습관적으로 "와~ 정말 잘 그렸네"라고 대답해보신 적, 한 번쯤 있을 겁니다. (저 역시 그런 적이 있어요. 우리가 챙겨야 하는 일들이 좀 많아야지요.) 이처럼 3~4세 아이가 자신의 창작물을 들고서 "이거 어때?"라고 물어볼 때 어떻게 칭찬해주면 좋을지, 어떻게 장점을 찾아주면 좋을지 긍정훈육 워크샵을 토대로 알려드리겠습니다.

긍정훈육 자격증을 취득하는 과정을 밟을 때, 워크숍에서 위의 그림으로 실습을 한 적이 있습니다. 참고로 칭찬 연습은 막연하게 하기보다는 구체적인 그림을 가지고 연습하면 매우 효과적입니다.

자~ 만일 여러분의 아이가 위와 같은 그림을 가져왔다고 가정해봅시다. 그렇다면 뭐라고 피드백 주실 건지 잠시 생각해볼까요?

에이~ 여러분, 진부한 멘트인 "정말 잘 그렸네", "○○는 역시 그림 천재야!", "역시 내 아들은 그림에 소질이 있어"와 같은 정크푸드 칭찬을 떠올리신 건 아니겠지요?

이때 제대로 구사하는 칭찬의 포인트는 판단을 제거하고, 아무것도 걸치지 않은 맑은 눈으로 그저 아이가 그린 그림의 세부적인 디테일을 묘사해주는 거예요.

예를 들어 아이가 그린 나무에 체리가 12개 달려 있다면, 있는 그대로 "나무에 체리가 12개 달려 있네"라고 말해줍니다. 여기서 주목할 점은 '아름다운 체리'라고 말하지 않았다는 점입니다. 있는 그대로, 디테일에 초점을 두면서 피드백을 하면 아이는 엄마가 자신이 그린 그림을 자세히 보고 있다고 느낄 거예요.

"정말 잘 그렸네", "우리 아이 그림 천재!", "역시 그림에 소질이 있어"와 같은 말들과는 차원이 다른 '진정한 공감을 받았다'는 그 느낌을 아이가 경험하게 됩니다.

그리고 이런 디테일한 칭찬은 내 아이만의 특별한 장점 찾기로 자연스레 이어집니다. "그러고 보니 우리 ○○는 체리를 좋아하는구나!"와 같은 말들로 이어지는 것이지요.

"너 체리를 좋아하는구나!"

"너 정말 유니콘을 좋아하는구나!"

어때요? 감이 잡히시죠?

이번에는 이 방법과 함께, 또 다른 방법을 소개해드릴게요. 바로 칭찬의 멘트는 빼고 아이가 자신이 만든 창작물에 대해 느끼는 감정 그 자체를 말해주는 것이에요. 예컨대 "○○는 그 그림을 정말 좋아하는 것 같구나"라고 말해주는 것이지요.

양육자의 판단을 더한 피드백 대신 아이가 생각하는 걸 말해주세요. 잘못 말할까 봐 너무 걱정하지 않으셔도 됩니다. 만약 우리가 잘못 말했다면 아이가 다시 정정해서 말해줄 테니까요. 그러면 그때 다시 아이에 대한 새로운 정보를 업데이트하고 접속하면 되거든요. 아이들은 우리의 판단을 두려워할지도 몰라요. 그러니 우리 어른의 기준에서 하는 옳고 그름의 판단을 날려버리고 항상 그 과정과 디테일을 칭찬해주세요. 아이의 앞으로 더 노력하고 싶은 마음을 꺾을 수도 있는 평가나 판단과는 달리, 있는 그대로의 서술은 아이가 해낸 일을 우리가 제대로 인지하고 인정하고 있다는 사실을 아이에게 알려준답니다. 아이의 열정과도 접선해주세요. "여기에 네가 이런 노력을 했구나!"이렇게요.

C-A 워크샵 정리

'그림 묘사 전략'과 함께 터득해보는 칭찬 제대로 구사하기

아이가 그린 그림을 보여줄 때

♥ 아주 잘 그렸네, 예쁘구나. (X)

→ 위쪽에는 구불구불한 선이 있고, 아래쪽에는 파란색이 많구나. 바람과 바다가 떠오르는 그림이네. (O)

"제(양육자)가 자신의 그림을 자세히 본 것만으로도 아이는 자기 그림에 대해 뿌듯해하고 자신이 그린 그림 그 자체를 더 중요하게 생각하는 것 같았어요"

♥ (아이가 플레이도우로 뭔가를 만들고 있다면) 눈사람이지? (✕)

(만들기 과정에서는 아이보다 앞서서 아이가 만들고 있는 것이 무엇인지를, 어른이 먼저 성급하게 판단하지 마세요.)

→ 플레이도우를 손가락만큼 뜯었네. 손바닥으로 굴리고 있구나. 동그랗게 만드네, 어, 이번 것은 이전 것보다 좀 더 동그랗고 커다랗네. 이번 덩이는 길게 만들고 있네~. (O)

(이런 방식으로 아이의 행동을 구체적으로 읽어주다 보면 아이는 원래 자신이 만들고자 했던 결과물에 도달하게 된답니다. 지레짐작해서 "○○← 이거 만들고 있지?"라고 하지 마시고 그 과정 하나 하나를 묘사해 주세요. 이 기법도 잘 실행하게 되면 아이가 엄청 좋아해요.)

마지막으로 다음의 그림으로 한번 더 연습해보세요!

이 원들, 선들을 아이가 그리고 있다고 가정해볼게요. 이때 우리는 어떻게 읽어주면 좋을까요?

앞서 배운 기법들을 활용해서 한번 각자 읽어봐주세요.

♥ 원을 그리고 있구나! (✕)

삐삑~! 이렇게 읽어주기 보다는,

→ 와~ 고동색 펜으로 점을 하나 찍었구나? 그러고는 오른쪽으로 그리고 있네? 이번에는 좀 더 빠르게 그리고 있구나. 거기서 방향을 바꿨네. 오~ 돌아왔어. 이번에는 좀 더 크게 그리고 있구나. (O)

이런 방식으로 디테일하게 표현해주는 것이 핵심이에요.

궁정훈육 워크샵에서는 이처럼 그림을 읽어주는 것으로 실습을 많이 하는데요. 이것이 이 C-A실전 툴을 이해하기에도 쉽고, 연습하는 데에도 용이하기 때문입니다.

실전적용 Tool ❺

'관심 & 궁금해하고 있다'는 느낌으로 질문을 던지며 대화를 시작하기

대화가 되는 연령인 5세 이후부터는 아이가 한 일에 대해 질문하면서 대화를 시작하는 것으로 칭찬의 효과를 거둘 수 있습니다. 부모가 관심을 가지고 아이의 행동을 궁금해한다는 것은 아이가 한 일에 대한 칭찬을 전제로 하기 때문입니다.

- "우와, ○○가 뭘 만들었어? 엄마에게 설명 좀 해줘."
- "이런 아이디어는 어떻게 생각해냈어?"
- "○○야, 이거 어떻게 만들었어?"
- "그게 어떻게 움직이는지 보여줄래?"
- "다음에는 ○○가 뭘 만들지 궁금하다!"

- "○○의 그림을 보니 우주가 생각나네. ○○는 뭐가 생각나?"
- (아이가 동물 그림을 보여줄 때) "와~ 이걸 보니 엄마가 어릴 적에 키웠던 '메리'라는 강아지가 생각나. ○○가 강아지를 무척 좋아하는 것도 떠오르고. 그러고 보니 전에 강아지를 키우고 싶다고 했잖아."

실전적용 Tool ❻

노력을 콕 집어 말해주기

평가하는 대신 노력을 서술해줍니다.

스탠퍼드 대학교의 캐럴 드웩(Carol S. Dweck) 교수는 평가형 칭찬이 아이에게 미치는 영향을 체계적으로 연구했습니다. 그는 초등학교에서 좋은 성적을 내던 아이들이 똑똑하다는 칭찬을 반복적으로 받고서도 중학생 무렵이 되면 자신감을 잃고 노력 자체를 하지 않는 현상에 관심이 있었거든요.

드웩은 아이들을 두 그룹으로 나누어 수학 문제를 풀도록 했습니다. 그 과제를 완료한 후, 첫 번째 그룹에게는 "와, 굉장히 좋은 점수네. 수학에 소질이 있나 봐", "너는 똑똑한 아이라서 수학에 재능이 있어" 같은 평가형 칭찬을 건넸습니다. 두 번째 그룹에게는 "와, 굉장히 좋은 점수네" + "정말 열심히 공부했나 보다", "꾸준히 노력했구나", "문제를 전부 풀 때까지 계속 시도했구나" 하고 그 과정까지 인정해주는 칭찬을 건넸지요.

그러고 난 뒤, 두 그룹에게 더욱 어려운 수학 시험지를 풀어보고 싶은지 물어봤습니다. 이에, 첫 번째 그룹은 주저하는 모습을 보였습니다. 왜 이런 일이 발생했을까요? 그 이유는, 이미 똑똑하고 재능 있다는 말을 들은 아이 입장에서는 굳이 더 어려운 일을 시도해야 할 동기가 없었기 때문입니다. 첫 번째 그룹의 아이들은 어려운 문제에 도전했다가 실패하게 되면 그것이 오히려 자기 평판을 위태롭게 할 수 있다고 생각하게 됩니다.

이와 대조적으로 자기 노력을 인정해주는 칭찬을 들은 두 번째 그룹의 아이들은 더 어려운 과제를 수행하는 데 의욕을 보였습니다.

실험은 여기에서 끝나지 않았습니다. 이제 두 그룹은 각각 새로운 수학 시험지를 받게 됩니다. 그리고 놀라운 결과가 나타났지요. **평가형 칭찬을 받았던 첫 번째 그룹**의 점수가 떨어져 있었어요. 이는 자신감을 잃은 결과였습니다. 반면 **노력을 인정받았던 두 번째 그룹**의 점수는 올라갔습니다.

평가형 칭찬 즉, 정크푸드 칭찬을 많이 받은 아이들은 우리가 바라는 행동에서 오히려 멀어지고 마는 것이지요. "네가 최고다", "네가 제일 똑똑하다"는 등의 말만 듣던 아이는 시련 앞에서 쉽게 무너질 수 있습니다. 인생에 시련이 닥쳤을 때, 자기 믿음이 공고한 아이로 키우고 싶지 않으신가요? 그렇다면 칭찬의 방법을 다음과 같이 바꿔보도록 합시다.

♥ “○○는 정말 똑똑한 아이구나.”

→ “조각들을 하나하나 맞춰서 퍼즐을 완성할 때까지 끈기 있게 시도했네.”

♥ “○○는 수영에 재능이 있구나.”

→ “결승선에 도착할 때까지 ○○가 포기하지 않고 평영으로 열심히 헤엄쳐 오는 걸 엄마는 봤어.”

♥ “혼자서 옷을 입다니 잘했네.”

→ “단추를 어긋남 없이 하나하나 단춧구멍에 맞도록 끼울 때까지 계속 애썼구나.”

♥ “잘했어.”

→ “정말 열심히 하는구나.”

♥ “계속 그렇게 하면 돼.”

→ “오랫동안 완전히 집중하고 있네.”

♥ “최선을 다하면 돼.”

→ “그 문제를 풀려고 머리를 열심히 쓰고 있구나.”

실전적용 Tool ❼

지금까지 해낸 것을 인정해주며 그 과정을 서술해주기

과정에 집중하는 서술형 칭찬은 아이의 상황이 딱히 좋지 않을 때도 활용할 수 있습니다. 지금까지 해낸 것을 인정하는 방식으로 칭찬해주는 것이지요.

그런데, 아이가 일을 망쳤거나 그로 인해 힘겨워하는 모습을 곁에서 지켜보고 있자면 부모는 그 자체만으로도 속상한 한편, 아이가 무엇을 잘못하고 있는지 지적하고 싶은 충동이 생기기 마련입니다. 그러나 어른이든 아이든 힘든 상황에서 비판을 들으면 의욕을 잃기 쉽습니다.

"걱정하지 마. 그 정도면 괜찮은데"처럼 입에 발린 위로의 말, 입에 발린 칭찬은 아이를 화나게 할 수도 있습니다. 아이는 '아니야. 괜찮지 않다고!' 라고 생각할 수 있거든요.

이럴 때 뭐가 잘못됐는지 지적하는 대신에 지금까지 아이가 한 것 중에서 잘된 점을 인정해주면, 아이의 해당 과제/행위를 더 잘 하고자 하는 의욕을 불러일으킬 수 있습니다.

♥ "글씨가 너무 커다래서 공책의 줄 칸에 맞지가 않잖아.
적어도 줄 칸에 맞춰서 쓰려고 시도는 해야지."

→ "이 글씨 좀 봐. 꼼꼼하게 한 획 한 획 잘 썼구나. 옆으로 눕지도 않았고, 갈겨쓰지도 않았고. 예쁜 글씨대회에 나가도 되겠는데?"

실전적용 Tool ❽

잘못한 상황, 브레이크를 걸어줘야 할 상황에서도 숨은 장점 찾기

아이가 잘못한 상황에서도 아이의 장점을 찾을 수 있습니다. 예를 들어 아이가 우유를 쏟고 나서 엄마에게 바로 알렸다면, 그 엎질러진 우유를 치워야 하는 우리 몫의 일은 늘어나는 상황이지만 이렇게 말해줄 수 있습니다. “우유를 쏟자마자 ○○가 엄마한테 말해줬네. 정말 책임감 있는 모습을 보여주는구나.”

다음은 브레이크를 걸어줘야 할 상황에서도 숨은 장점을 찾아 말해주는 예시입니다. C-A툴에서 장점찾기 대사라고 생각하셔도 좋아요.

- "○○가 원하는 방식대로 해냈구나!"
- "그게 ○○가 중요하다고 생각하는 것이었구나!"
- "○○가 스스로 진정했구나!"

물론 상황에 따라서 잘못된 것을 지적해줄 필요도 있습니다. 그런데 그렇게 브레이크를 걸어줘야 하는 상황일지라도 가능하다면 지적을 하기 전에 긍정적인 점을 먼저 인정해주는 것이 좋습니다. 아이가 비판을 저항 없이 받아들이기를 바란다면 부정적인 점을 언급하기 전에 긍정적인 점을 다섯 가지 먼저 말하는 것을 규칙으로 삼아보세요.(일명 5:1 마법의 비율) 아이에게 꼭 필요한 비판을 하되 긍정적인 분위기를 유지한다면 교육적으로 더욱 큰 효과를 거둘 수 있기 때문입니다.

가령 아이에게 자기 방을 청소하라고 시켰는데 시간이 흘러도 끝날 기미가 보이지 않는다면 아직도 청소를 끝내지 못한 일을 '잘못'이라고 비판하는 대신에 지금까지 끝낸 일을 인정해주고 '아직 남아 있는 일'을 언급해주면 아이가 청소를 끝낼 가능성이 커집니다. 이를테면 다음과 같은 식으로요.

- "○○야, 지금 장난해? 이게 끝낸 거야? 전혀 깨끗하지 않은데? 아직도 바닥은 레고 블록으로 뒤덮였고, 네 책상은 쓰레기에 파묻

혀 있잖아!" (×)

→ "○○가 더러워진 옷은 빨래 바구니에 넣었고, 젖은 수건도 널어 놨네. 방문에서 침대까지 가는 길도 깨끗해졌구나~.

(이미 되어 있는 일을 칭찬함 – A전략을 쓴 거예요)

자, 이제 친구를 부를 수 있을 만큼 이 방이 깨끗해지려면 장난감 블록을 상자에 담고 책상 위에 있는 휴지를 쓰레기통에 넣기만 하면 되겠다."

(앞으로 할 일을 구체적으로 지시함 – 뒤에서 배울 B전략이에요)

아이가 무언가를 시도하면서 실수를 할 때도 이 방식으로 격려할 수 있습니다. 이를테면 아이가 악기를 연주하면서 자꾸 틀린다면, 실수에 초점을 맞추는 대신 지금껏 잘해낸 점부터 인정해주면 자신감을 얻고서 실수를 바로잡을 수 있습니다.

♥ "너, 연습을 안 했구나. 음을 자꾸 틀리게 치는 데다가 박자도 엉망이야. 사분음표랑 이분음표를 똑같이 연주하면 안 되지." (×)

→ "처음 두 소절을 들으니 춤추고 싶어지네. 스타카토는 경쾌한 느낌이 들고, 작은 개구리가 뛰어다니는 것 같아. 두 번째 줄은 박자가 어렵지. 다음에는 그 부분을 연습해보자." (O)

실전적용 Tool ❾

잘 안될 때는 기본기 C로 돌아가기

어느 날, 은교가 자기가 그린 그림이 마음에 들지 않는다면서 풀이 죽어 있었습니다. 그때 제가 "아니야, 정말 잘 그렸는데? 진짜 우주선처럼 보여. 역시 그림 잘 그린다~"라고 말하니, 은교는 "잘 그린 거 아니야. 그 그림 싫어!"라고 울분을 터뜨렸지요.

자~ 이 반응을 듣고 이때 제가 "우주선은 그리기 어렵지. 우주선 대신에 다른 것을 그려보면 어때? 은교가 아직은 우주선을 그리기가 좀 힘든 것 같은데…"라고 말했다면 어땠을까요?

아이가 시도했던 일이 생각처럼 잘 되지 않아서 풀이 죽어 있을 때는 위와 같이 아이의 능력에 대한 불신을 드러내는 말을 하는 것도 좋지 않습니다.

이처럼 아이가 자기 결과물에 대해 진심으로 불만족스러워 하고 있어서 어떤 칭찬도 먹히지 않을 때는 항상 하트법칙의 기본이자 첫 단추인 **C 단계**로 돌아가세요. 아이가 느끼는 그 감정 자체를 인정하는 것으로 아이의 마음에 접속하면 됩니다. 아이가 속상해한다고 다급한 칭찬으로 치켜세울 필요는 없습니다. 이럴 때는 그저 아래와 같이 말해보세요.

- "흠, ○○가 우주선 그린 것이 마음에 들지 않는가 보구나."(흠~ → '감탄사 전략' 접목 + ○○가 ~~한 것이 마음에 들지 않아 보이네… → '본 대로 말하기 전략' 접목)
- "○○의 원래 계획이랑 달라졌나 보네."
- "처음에 하려던 게 그게 아니라는 거지?"

이런 식으로 아이의 마음에 접속해주는 것만으로도 아이는 엄청난 감정적 서포팅을 받은 것과 같은 효과를 받습니다. 아이가 내면적으로 힘겨운 순간을 잘 넘기고 자기 생각을 차분히 정리할 수 있게 된답니다.

아이들은 초등학교에 들어갈 무렵이 되면, 스스로 또래 친구들과 비교할 줄도 알게 되고, 그 결과 자신이 친구보다 못한다고 생각할 때도 생깁니다.

"엄마, 학교에서 줄넘기를 했는데 나보다 잘하는 아이들이 많더라. 나는 자꾸 줄에 걸리고 안 되는데… 내가 제일 못하는 것 같아."

"엄마, 오늘 체육 시간에 달리기를 했는데 내가 느린 건가? 다섯 명 중에 3등으로 들어왔거든. 뭔가 더 빨리 뛰고 싶었는데 아쉬워."

"엄마, 나 영재반 수학이 재미없어. 영윤이랑 승재가 더 잘하는 것 같아."

그럴 때 부모는 본능적으로 아이의 기를 세워주고 싶어져서 칭찬으로 아이를 달래려는 충동을 느낍니다. 이를테면 다음과 같은 식의 대화로 흘러갈 수 있는 것이죠.

"우리 딸도 얼마든지 잘 뛸 수 있어!"

"무슨 소리야, 엄마 딸이 수학을 못할 리가 없잖아."

하지만 어딘지 모르게 이처럼 **공허한 칭찬**을 무작정 건네기보다는, 다음과 같이 **C단계로 되돌아가서 아이의 마음에 진심으로 접속해주는 것**이 훨씬 도움이 됩니다.

- "다 같이 줄넘기를 하는데 은교만 계속 걸리고, 다른 아이들은 잘하고 있으면 속상하지."
- "더 어려운 수학 문제도 풀어보고 싶은데 이해가 잘 안 되고 재미도 없나 보네. 그러면 속상하지. 엄마도 그럴 때가 있었어."

그러고 나서 적당히 부드러워진 분위기로 무르익으면 C단계의 **'판타지로 해결하기'** 전략(160쪽 참조)을 활용해도 좋습니다.

- "○○에게 초능력이 생겨서 갑자기 줄넘기를 한 번에 200개씩 휘리릭 하고, 2단 뛰기도 하고, 꺾어 뛰기도 하고… 그렇게되면 정말 재미있겠다!"
- "씽씽이 신발이 있으면 좋겠다! 그거 신고, ○○가 쏜살같이 씽씽 달려서 제일 먼저 결승선을 통과해버리는 거야. 그렇게 바람처럼 빠르게 달릴 수 있음 재밌겠다!"
- "○○야, ○○의 머리에 수학을 담당하고 있는 바로 이 부분에 오늘 밤 푹~ 자고 나면 하늘에 계신 신께서 수학 영양 보따리를 넣어주실 거야. 오늘 안 풀렸던 문제 다 풀 수 있게 될 것 같지 않아?" (여기서 '신'이라는 단어 대신 각 가정마다 믿는 종교나 가치관에 따라 적절한 명칭을 활용하셔도 좋습니다.)

그래도 여전히 아이가 우울해하며 의기소침해 있다면 노력할 의욕이 생기도록 다음 소개해드릴 실전 툴인 새로운 자아상 심어주기를 구사해보세요.

실전적용 Tool ⑩

새로운 자아상 심어주기

새로운 자아상 심어주기는 말 그대로 아이의 마음속에 '**잘 못하는 나**'라는 이미지 대신에 '**노력하면 잘할 수 있는 나**'라는 자기 이미지를 새롭게 심어주는 전략입니다. 새로운 자아상 심어주기 전략에는 두 가지 방법이 있습니다.

① 아이의 과거 이야기를 활용하기

아이들은 자신의 어릴 적 이야기를 듣는 것을 좋아합니다. 은교가 줄넘기로 고전하고 있을 때, 저는 이 방법으로 풀죽은 은교의 의욕을 되살려줬어요. 이후 의욕을 되찾은 은교는 꾸준히 줄넘기를 연습해서 그후 아주 잘하게 되었답니다. 당시 제가 은교에게 들려준 말은 다음과 같습니다.

"은교야, 엄마는 네가 줄넘기를 잘하게 될 거라고 믿어. 너는 11개월부터 걸음마를 했는데 그 모습이 얼마나 귀여웠는지 몰라. 그리고 13개월부터는 아장아장 엄마랑 손잡고 여기저기를 걸어 다녔는데, 조금 비탈진 할머니 집까지도 처음부터 끝까지 엄마랑 거뜬히 올라갔거든. 그래서 지나가던 할아버지가 '아기가 씩씩하게 잘 걷네요'라고 말을 걸어오기도 하셨어. 넌 누구보다 끈기 있고 지구력이 강한 아이야. 네가 마음먹고 꾸준히 연습하기만 하면 줄넘기쯤은 분명히 잘할 수 있게 될 거야."

② 아이에게 자신의 능력을 보여줄 기회 주기

새로운 자아상을 심어주는 두 번째 방법은 아이에게 자기 능력을 확인할 기회를 주는 것입니다. 이를 위해서는 첫 번째 실전 전략이었던 '아이에게 도움을 요청하기'tool(201쪽 참조)을 활용하면 됩니다. 이를테면 "엄마 손가락에 밴드를 붙여야 하는데 네가 가위로 좀 잘라줄 수 있니?" 하는 식으로요.

그 외에도 반찬 뚜껑 열기, 안경 찾기, 카시트 안전벨트 메기, 접시에 음식 담기, 전깃불 끄기 등 일상생활 속에서 '아이의 도움이 필요한 일'은 얼마든지 있습니다. 아이가 할 수 있고, 가능한 상황이라면 아이의 도움을 적극적으로 요청하여 아이가 자기 자신의 능력을 보여줄 수 있는 기회를 선사하세요.

또한 그것으로 끝이 아니라 '서술형 · 묘사형 칭찬('본 대로 말하기[206쪽 참조]'와 '디테일을 묘사하면서 칭찬하기'[208쪽 참조])'을 통해 그에 대한 고마움을 전하며 꼭 보상을 해주세요. 서술형 · 묘사형 칭찬이 아닌, "네가 참

자랑스럽구나" 같은 말은 자칫하면 아이의 성취에 관한 공로를 부모 자신에게 돌리는 셈이 됩니다. 아이의 성취를 있는 그대로 묘사하면서 서술해 줘야만 그 공로가 온전히 아이의 것이 됩니다.

- "○○가 드디어 탁구를 몇 번 받아칠 수 있게 됐네. 네가 참 자랑스럽다." (X)

→ "드디어 해냈구나! 탁구공을 받는 걸 드디어 몸으로 터득한거지. ○○는 스스로 참 만족스럽겠다." (O)

C-A 똑게 회화

Show Me(쇼미) - 뭐가 어려운지 나한테 보여줘

이번에는 실전에서 유용하게 쓸 수 있는 C-A 똑게회화를 알려드릴게요. 바로

"뭐가 힘든지 나한테 보여줘 봐" (Show me~~~)

입니다. 아이가 과제를 수행할 때, 그 과정에서 아이의 작은 성공들을 포착해서 콕콕 집어서 말해주세요. "너 정말 아무것도 모르는구나", "왜 그것도 몰라!" 같은 멘트는 아이에게 좌절감만 불러일으킬 뿐이랍니다. 아이가 잘하는 부분이 보인다면 그 점을 디테일하게 묘사해

주거나 그저 관심 뚝뚝 흘리며 애정 어린 눈길로 바라보고 있는 것이 좋습니다.

만일 아이가 특정한 부분에서 막힌 듯 보이면 "어디가 힘든 부분이야?"라고 직접적으로 물어볼 수도 있지만, 그때도 양육자의 기본적인 입장은 "너는 문제를 해결할 수 있어"여야 합니다. 그런데 아이로부터 "저는 할 수 없어요. 못해요"라는 대답이 돌아왔다면 어떻게 해야 할까요?

이럴 때 유용하게 쓸 수 있는 만능열쇠 같은 말이 하나 있습니다. 바로 "뭐가 어려운지(힘든지) 나한테 보여줘 봐"입니다. 영어로는 간단하게 "Show me"라고 표현하므로 간단하게 '쇼미'전략이라고 외우셔도 좋습니다.

이 말에는 '너는 할 수 있는 존재다'라는 대전제가 숨어 있습니다. 아이들은 자기 자신을 어떻게 생각하느냐에 따라서 행동하기 때문에 아이의 가능성을 믿어주는 이 말은 아이에게 큰 힘이 되어줍니다.

가령 아이가 플레이도우 뚜껑을 열려고 하는데 잘 열리지 않는 상황이라고 칩시다. 이때 부모가 바로 대신해서 뚜껑을 열어 문제를 해결해주기보다는 "엄마한테 어디가 잘 안 되는지 보여줄래?" 하는 것입니다.

실제로 연우가 그랬던 적이 있었는데요, 이때 이 회화법을 써서 "연우야, 거기서 뭐가 안되고 뭐하고 있었는지 엄마한테 말해줘 봐. 보여줘"라고 똑게육아 회화법을 썼고, 제 앞에서 막상 시연하는 모습을 살펴보니 연우는 단지 한 부분에서만 헷갈렸던 것이더라고요.

이처럼 아이가 잘 해내지 못하는 부분이 어딘지 알아내면 "이 부분이 이렇게 되어있었구나. ○○는 여기를 올렸었구나"라고 말해주면서 문제를 해결해줌과 동시에 아이가 이런저런 방법을 계속 시도했던 그 과정에 집중해서 아이가 기울인 그 노력들을 인정해주세요. 그 다음 아이가 제대로 하고 있는 부분은 콕 집어서 칭찬해주는 것(장점 집어주기)을 반복하면 어느새 아이가 스스로 깨칩니다.

★ 중요사항 복습!

대전제: 아이들은 자기 자신을 무엇으로 생각하느냐에 따라서 행동한답니다.

위의 일화에서 연우가 "이거 뚜껑이 안 열려" 라고 말할 때, 저는 대전제를 "연우는 뚜껑을 열 수 있는 존재다" 라고 설정했습니다. "어. 왜 그게 안되지? 어디가 잘 안되는지 보여줘 봐" "아~ 그랬구나. 거기가 그렇게 되어서 연우는 그쪽을 올리려고 했구나" 라고 말해주며 연우가 스스로 계속 시도하게끔 해보는 거예요. "아~ 그게 힘들었구나. 지금은 어떻게 한 거야? 한번 보여줘 봐" 이런 식으로 연습을 하다보면 아이가 그 상황을 어느새 하나 둘 마스터 하니 여러분도 이 어구('쇼미')를 사용하면서 '인정 + 장점 집어주기'를 같이 활용해보세요!

그럼 마지막으로 A단계의 툴들을 잘 구사하기 위한 똑게육아 회화의 칭찬의 말들을 정리하며 이 장을 마무리해 보겠습니다.

C-A 똑게 회화

입에 착 붙여두면 좋은 똑게 어구

다음은 훈육을 위한 '제2외국어'라고 생각하고 입에 착 붙을 때까지 익혀보세요. 출력을 하거나 직접 손 글씨로 써서 냉장고처럼 눈에 잘 띄는 곳에 붙여둬도 좋습니다.

- "이거 ○○가 스스로 했구나."
- "○○가 정말 노력하는 모습이 보여."
- "이걸 위해 ○○는 정말 열심히 노력했어."
- "○○야, 이거 정말 창의적이야!" (이렇게 말했더니 은교가 '창의적'이 무슨 뜻이냐고 물었어요. 그래서 저는 '뭔가를 다른 방식으로 나의 색깔로 잘 만드는 것'이라고 말해줬습니다.)
- "○○가 다른 친구들에게 함께 나누는 모습이 정말 친절하네."
- "○○가 다른 사람을 잘 생각해주고 배려하는구나."
- "○○가 저녁 식사 시간 동안 자리에 잘 앉아서 밥을 먹는구나."
- "○○야, 네가 놀고 난 자리를 정말 깔끔하게 정리했구나."
- "○○야, 정리정돈을 정말 잘해뒀구나. 마루가 깨끗하게 변했어."

만일 상황상 위에서처럼 길게 말하기 어렵다면 그냥 "해냈구나" 정도로만 피드백 해도 괜찮습니다.

다음 파트에서는 똑게육아 하트법칙의 브레이크, B 전략에 대해

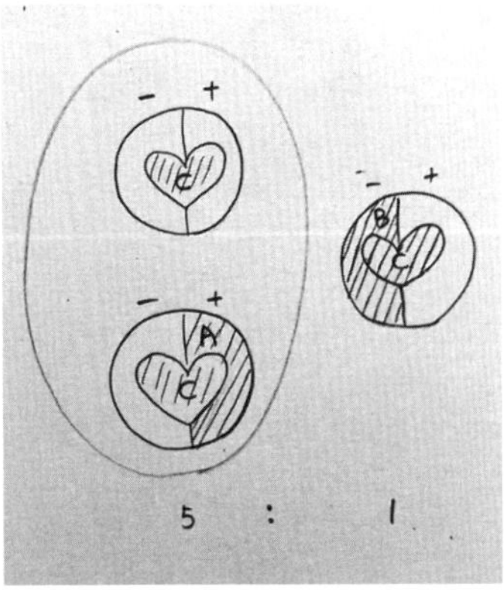

알아볼 거예요. A, 액셀 파트를 마무리 하며 기억하셔야 할 부분이 있습니다. 바로, C와 C-A 전략을 C-B전략 대비 5:1의 비율로 운영해주셔야 비로소 B전략이 의미가 있어진다는 점이에요.

긍정적인 부분을 인정해주고, 아이와의 접속 부분을 잘해주시는 것, 이것이 기본 바탕이 되어야 해요. 바로 이 C와 C-A 부분이 B를 구사하시는 횟수보다 5배 정도 더 빈도수가 높아야 잘못된 부분을 수정하시는 전략인 C-B 전략을 실전에서 쓰실 때, 아이가 따르게 되어 있습니다. B툴(tool)만 죽어라 쓰게 되시면, 소용이 없고 5:1의 이 비율이 평상시 유지가 되어야 B가 효력이 있어진다는 점!을 꼭 기억하세요. 그럼 이제 브레이크, B 전략으로 들어가 보겠습니다.

팔찌 옮기기 | 준비물로 팔찌(고무 머리끈 등 손목에 찰 수 있는 것이면 무엇이든 좋아요.) 6개를 준비해주세요. 여기에서는 오른쪽 손목을 '긍정적 소통', 왼쪽 손목을 '부정적 소통'으로 가정합니다.

○ 팔찌방법

부정적인 반응 vs 긍정적인 의사소통 밸런스를 맞추는데 아주 효과가 좋습니다. 5:1 마법의 비율을 평상시에도 잊지 않고 유지할 수 있게 도와줘요.

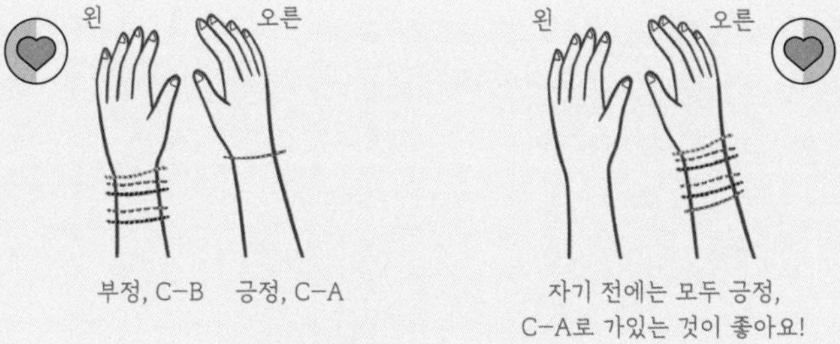

① 왼쪽 손목에 모두 걸어두세요.
② C나 C-A를 할 때마다 하나씩 팔찌를 오른쪽 손목으로 옮겨주세요.
③ C-B를 할 때마다 팔찌를 왼쪽 손목으로 옮기세요.
④ 잠자기 전에, 팔찌가 모두 오른쪽 손목에 있는 것이 좋습니다. 육안으로 체크할 수 있어 실전 육아에서 많이 활용해왔어요.

주머니 안의 동전 방법(접시 위의 공깃돌 방법) | 준비물로 동전(공깃돌이나 콩알 등 주머니 안에 쏙 들어갈 수 있는 것이면 됩니다.) 6개를 준비해주세요. 여기에서는 오른쪽 주머니를 '긍정적 소통', 왼쪽 주머니를 '부정적 소통'으로 가정합니다. 바지 주머니 대신 접시 두 장을 활용해도 좋아요.

① 왼쪽 주머니에 동전 6개를 모두 넣어둡니다.
② C나 C-A 전략을 쓸 때마다 동전을 한 개씩 오른쪽 주머니로 옮겨줘요.
③ C-B 전략을 쓸 때는 왼쪽 주머니로 한 개씩 옮깁니다.
④ 잠자기 전에 오른쪽 주머니와 왼쪽 주머니에 동전이 5:1 비율로 남아 있는 것이 베스트입니다. 평상시 비율 자체를 5:1로 운영해주세요.

자기 전에는 모두 긍정접시로 옮겨져 있는 것이 좋아요.　　평상시 마법의 비율 5:1

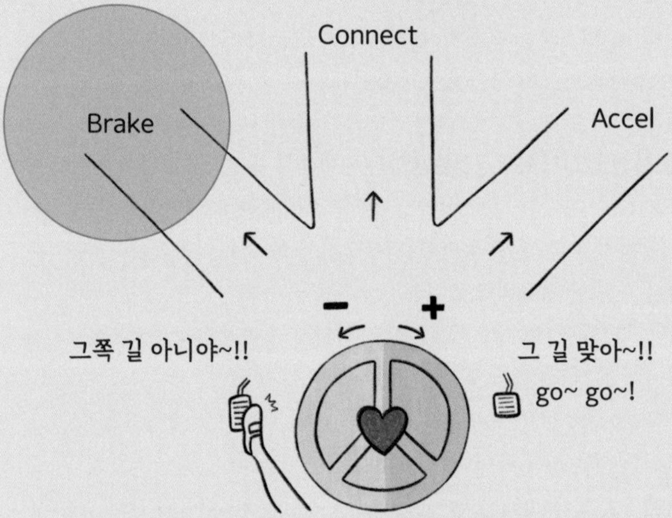

[하트법칙 B 마스터] B-브레이크 (Brake)

잘못된 행동을 제대로 알려주는 Tool

협력을 이끌어내는 Tool

아이의 지금 보여지는 그 행동은 NoNo~!!

앞으로 배워나가야 할 부분이라고 생각할 때 쓰는 방법

아이의 지금 저 행동은 '앞으로 보고 싶지 않은 행동'

"그쪽 길 아니야~!"

part 5.

하트법칙
B 마스터

브레이크 밟아주기

"그쪽 길 아니야"

B툴(Tool) 로드맵

선행 조건 편

C-B 기본 개념 TOOL

Tool ❶ 현 상황을 3단계로 분석하기

Tool ❷ 역할 모델 보여주기

C-B 실전 적용 TOOL

Tool ❶ 아이의 감정 폭발 패턴 파악하기

Tool ❷ 떼 트랙커 체크하기

Tool ❸ '그래' 환경 조성하기

Tool ❹ 나(양육자)의 기대치를 바꾸기

Tool ❺ When → Then 전략 적용하기

후속 결과 편

C-B 기본 개념 TOOL

Tool ❶ 결과값으로 알려줄 때의 느낌
- '모두를 보호하기 위한 목적'임이 느껴지도록 행하기

Tool ❷ '하면 안 되는 일' 대신에 '해도 되는 일' 말해주기

Tool ❸ 위협, 명령조, 비난조의 훈육 하지 않기
- 나한테 누가 그런 식으로 말한다고 입장 바꿔 생각해보기

C-B 실전 적용 TOOL

약기어로 브레이크를 걸어주는 경우

Tool ❶ 유머 코드 집어넣기

Tool ❷ 선택안 제시하기

Tool ❸ 정보 제공하기

Tool ❹ 잔소리나 설교 대신 한 단어로 말하기

Tool ❺ 있는 그대로 서술하기

Tool ❻ 나 화법(I-message)을 활용해 양육자의 감정 표현하기

Tool ❼ 말 대신 다른 표현으로 정보 전달하기

Tool ❽ 아이와 상황극 시나리오 쓰기

Tool ❾ 주의 전환시키기

강기어로 브레이크를 걸어주는 경우

· 기본 Tool 1) 벽 세우기

Tool ❶ 표정이나 제스처로 경고하기

Tool ❷ 비난하지 않고 행동 취하기

· 기본 Tool 2) 더하기/빼기 전략

Tool ❶ 자연적 결과로 알려주기

Tool ❷ 논리적 결과로 알려주기

Tool ❸ 친절하게 무시하기

Tool ❹ 타임아웃 제대로 하기

· 기본 Tool 3) 부모의 중립적인 감정 유지하기

Tool ❶ 부모와 아이의 거울뉴런 이해하기

Tool ❷ 5성급 호텔 직원으로 빙의하기

하트법칙 B단계 툴을 익히기 전에

아이가 좋은 길로 나아가고 있다면 그대로 액셀을 밟아주면 되지만(긍정적인 피드백을 통해 그 행동을 강화해주면 되지만), 나쁜 길로 들어서고 있다면 브레이크를 걸어줘야 합니다. 하트법칙의 A(Accel)**단계**가 아이의 바람직한 행동을 격려하고 강화하는 전략이라면, B(Brake)**단계**는 아이가 바람직하지 않은 길로 들어섰을 때, **잘못된 행동을 제대로 알려주고 협력을 이끌어내는 전략**입니다. 지금 아이가 하는 행동을 앞으로 고쳐나가야겠다는 생각이 든다면, B단계의 전략들을 활용하시면 됩니다. 이는 '복종하게 만들 거야'가 아닙니다. 아이에게 다르게 행동할 수 있는 선택지를 알려주는 것입니다. 물론 이 B단계를 효과적으로 구사하려면 아이와 충분히 접속되어 있어야 하는 것이 전제조건입니다. **C-B 전략**을 적용하는 것이지요.

여러분은 어떤 훈육을 원하시나요?

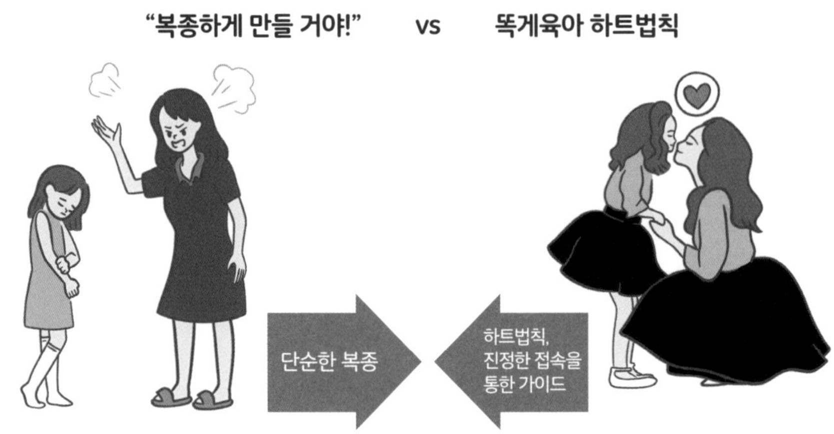

아이의 행동에 수정이 필요하다면 꼭 **똑게육아 하트법칙**을 제대로 배워 올바른 반응을 해주세요. 물론 아이의 잘못된 행동이 당장에 올바르게 바뀌지 않을지도 모릅니다. 운전 중인 차를 예로 들어볼게요. 시속 100km/s로 달리고 있는 상황에서는 아무리 급하게 브레이크를 밟아도 곧바로 차가 멈추지는 않잖아요. 하지만 다음 신호에서 차를 멈춰야 함을 인지하고 미리 서서히 속도를 줄이며 달리다가 브레이크를 밟으면 멈추는 것도 적기에 잘할 수 있게 되죠.

하지만, 달리는 도중에 갑자기 핸들을 꺾으면, 오히려 큰 사고가 날 수 있습니다. 충분히 속도를 떨어뜨리거나 차를 멈추면서(=아이 마음에 접속하는 것) 핸들을 돌려야(=올바른 방향을 새롭게 알려주는 것) 원하는 결과를 얻을 수 있다는 사실을 잊지 마세요. 즉 **C 단계가 선행되어야 한다**는 것을 계속 여러분께 말씀드리고 있는 거예요. 이때의 C, 접속이란 상황에 따라서는 현재 그 일이 터진 상황을 똑똑히 분석하는 것이 포함됩니다.

이번 **B 브레이크 전략**은 앞선 **C 접속 전략**과 **A 액셀 전략**과 대비하자면 차근차근 알려드릴 내용이 많아요. 실제로 클래스에서 수강생분들이 가장 관심을 가지고 배우려 했던 부분이기도 하고요. 하지만 이 B단계는 **앞선 C와 A를 잘 마스터하신 뒤에 들어가셔야 오류없이 실행**하실 수 있다는 것!을 꼭 기억해주세요. 그럼 다음 챕터에서 이 B전략이 펼쳐질 큰 뼈대 구성을 먼저 알려드릴게요.

하트법칙 B를 이해하기 위해 알고 있어야 할 큰 뼈대

하트법칙 B의 각각의 툴을 잘 이해하기 위해서는 큰 뼈대 그림부터 머릿속에 기억하고 가셔야 해요. **'현 상황을 3단계로 분석하기'**는 **구성상 B단계**에 넣었지만, 사실 훈육 전체를 통괄하는 기본적인 개념입니다. 이 부분을 B단계의 기본 개념 안에 배치한 것은 대다수의 부모님들이 '훈육'이라고 하면 일반적으로 B단계를 떠올리기 때문에, 원활한 이해를 돕기 위해 이와 같은 배치를 선택했습니다.

3단계 분석은 뒤에서 더 구체적으로 알아보겠지만 **'원인 분석(선행 조건) → 나타난 행동(문제 행동) → 대처 액션(후속 결과)'**의 순서로 나눠 분석하는 것입니다. 여기서 '나타난 행동'은 잘한 행동과 그렇지 않은 행동을 모두 가리키지만, 대개의 경우 '올바르지 않은 행동'으로 생각하는 경향이 많기 때문에 이 책에서는 '나타난 행동'을 협소한 의미에서 '문제 행동'이라는 용어를 써서 설명해도 무방하다고 판단했습니다. 또한 이 '문제 행동'은 다른 관점으로 바라본다면 아이에게 도움이 필요한 부분이므로 '미해결 과제'라고 이름을 붙여 좀 더 긍정적인 관점에서 바라볼 수도 있습니다.

원인 분석 = 선행 조건

■

문제 행동 = 미해결 과제 = 배움이 필요한 부분

■

대처 액션 = 후속 결과, 대가 치르기

즉, '선행 조건'과 그에 뒤이은 '후속 결과' (=결과 경험하기)를 양육자가 어떻게 시뮬레이션 하느냐에 따라 아이의 문제 행동이 고쳐지지 않고 그대로 이어질지, 성장의 발판이 될지 결정됩니다.

3단계 분석을 더욱 간단하게 도식화하자면, 2단계로 생각해볼 수도 있

조건 & 나타난 행동

선행 조건	나타난 행동
아이가 그렇게 행동하도록 만든 상황 → 누나의 생일파티에 같이 갔다.	짜증을 부리고 울음 떼가 발생했다.

습니다.

사실 아이의 문제 행동을 두고 매번 이렇게 분석을 하는 것이 쉽지는 않습니다. 그렇지만 아이의 올바른 성장을 위해서라면 차분하게 아이의 문제 행동을 들여다보고 그 행동을 촉발시킨 선행 조건과 그것에 대한 양육자 자신의 후속 반응에 대해 생각해볼 필요가 있습니다. 그리하여 '다음 번엔 어떻게 해볼까?", "어떻게 하면 아이에게 더 좋은 교훈을 전달해 줄 수 있을까?' 하고 되돌아보면 분명히 발전이 있습니다. 이런 노력이 당장에 눈에 띄는 결과로 드러나지는 않더라도 실망하거나 포기하지 마세요. 본래 훈육이라는 것은 100번, 아니 1,000번이라도 가르칠 각오가 되어 있어야 하는 성질의 것이니까요. 훈육은 일관성을 가지고, 반복적으로, 올바르게 가르치는 것이 핵심입니다.

'선행 조건'과 '후속 결과'로 나눠 살펴본 실전 적용 툴

하트법칙 B단계에서는 앞에서 제시한 '3단계 분석'을 토대로 디테일한 실전 전략을 두 가지 기준으로 나눠서 정리해 보았습니다. 첫 번째는 **'선행 조건'**의 영역에서 적용 가능한 Tool입니다. 즉, 아이의 문제 행동이 나타나는 원인을 분석하여 그것을 소거하거나 컨트롤하는 방법입니다. 아이의 감정 폭발 패턴, 떼 트래커(tracker) 등을 파악하기, 아이 자체를 바꾸려고 하기보다는 아이를 둘러싼 환경을 관리하기, 아이에 대한 양육자의 기대 낮추기 등 아이의 문제 행동이 일어나기에 앞서 환경과 양육자의 마인드를 컨트롤하는 방법을 다루는 것이 이 부분의 핵심 내용입니다.

두 번째는 **'후속 결과'**의 영역에서 적용 가능한 Tool입니다. 이는 아이의 문제 행동이 야기한 결과에 양육자가 어떤 식으로 반응해야 하는지에 대한 가이드입니다. 아이에게 **문제 행동의 결과**가 어떠한지 효과적으로 일러주는 법, 강력한 금지 대신 **해도 되는 일이 무엇인지** 설명해주는 법 등이 이 부분의 핵심 내용입니다.

●● '후속 결과'들은 '강기어' '약기어'로 나누어짐

'후속 결과'의 실전 적용 Tool은 상황에 따라 다시 두 가지 경우로 나뉩니다. 바로 잘못된 행동에 대해 **'강하게'** 제약을 걸어줘야 하는 경우와 **'약하게'** 제약을 걸어줘야 하는 경우입니다. 아이의 문제 행동 양상과 그것이 불러온 결과에 따라 B 훈육의 강도는 적절하게 조절되어야 합니다. 강력하게 제지를 해야 할 때가 있고, 조금은 부드럽게 제지해야 할 때가 있는 것이지요. 훈육도 완급 조절의 미학이 필요합니다. 하트법칙에서는 훈육을 '하트 운전대'에 비유하여 설명하였기에 훈육의 강도를 조절하는 것도 운전을 할 때의 비유를 들어 **강한 제약**은 **'강기어'**로 **브레이크를 거는 것**으로, **약한 제약**은 **'약기어'**로 **브레이크를 거는 것**으로 표현했습니다.

특히 '강기어'로 브레이크를 걸어줄 경우는 훈육의 강도가 강한 만큼 양육자가 보다 더 엄격하고 흔들림 없는 훈육의 원칙과 기준을 정립하고 적용해야 합니다. 또한 이를 실천하기 위해 양육자 스스로 마인드 컨트롤을 굳건히 해야 합니다. 그런 맥락에서 강기어로 브레이크를 걸어주는 경우를 설명할 때는 다시 훈육의 원점으로 돌아가 **훈육의 원칙/기본 개념**을 짚어주는 대목들이 나옵니다.

여러분들이 **훈육의 꽃**이라고 생각하시는 **하트법칙 B**를 잘 이해하기 위해서는 이 구조를 머릿속에 확립해두시고 읽으셔야 합니다. 어떤 맥락인지를 이해하고 **해당 기본 개념, 실전 툴**들을 숙지하게 되신다면 아이의 잘못된 행동에 제지를 걸어주고 올바른 방향을 제시해주는 브레이크 파트인 B단계도 훌륭하게 적용할 수 있습니다.

각 내용들로 들어가기 전에 로드맵으로 한번 더 보여드리며 체계를 알려드리겠습니다.

C-B TOOL

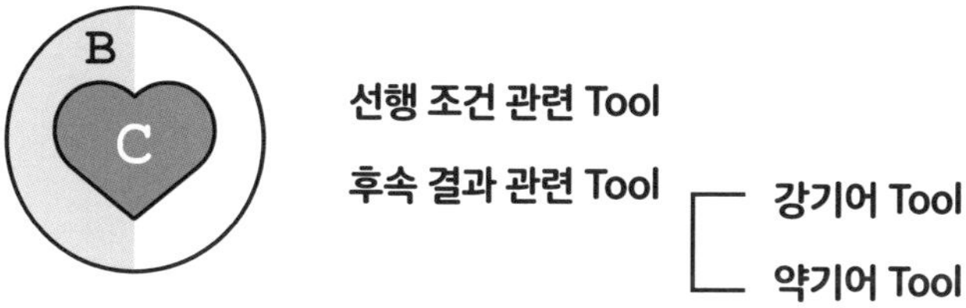

선행 조건 편

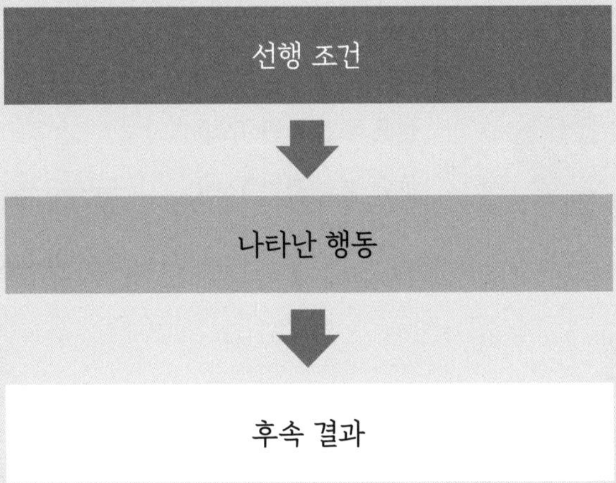

하트법칙 B 마스터

선행 조건 편

TOOL BOX

C-B 기본 개념 TOOL

Tool ❶ 현 상황을 3단계로 분석하기

Tool ❷ 역할 모델 보여주기

선행 조건 - 기본개념 Tool ❶

현 상황을 3단계로 분석하기

현 상황을 3단계로 분석하는 것은 사실 하트법칙 C, A전략을 비롯해 모든 훈육의 상황에서 유용한 Tool입니다. 그럼에도 불구하고 이 Tool을 하트법칙 B단계에 배치한 이유는 B단계 전략을 펼칠 때 필수적으로 알고 있어야 하기 때문입니다.

앞에서도 간단히 언급했지만, 현 상황을 3단계로 분석할 때는

① 선행 조건

② (그로 인해) 아이에게 나타난 행동

③ (아이의 행동에 뒤따른) 후속 결과

큐 선행 조건	• 해당 날짜의 낮잠과 밤잠은 어떠했는가? • 식사량은 충분했는가? • 아이가 무엇을 하던 참이었나? • 주위 환경은 어땠나?
행동 나타난 행동	• 1층 뇌 폭발 동안 아이는 어떤 행동을 표출했나? • 혹은 내(양육자) 맘에 드는 올바른 행동을 했는가? (숨은 장점 놓치지 않고 체크하기)
결과 후속 결과값	• 아이의 행동에 나는 어떻게 반응했는가? • 아이의 행동에 후속 결과값으로 나는 어떤 값을 줬나?
생각해보기 (리뷰)	• 내가 이번에 올바르게 반응한 것 같은가? • 다음번에 이와 유사한 상황이 나타난다면 다르게 대처할 수 있을까?

이 순서로 분석합니다. 때에 따라서는 이 과정을 '강기어로 브레이크를 걸어주는 경우'의 반응(342쪽 참조)을 펼칠 때 선행되어야 할 접속(C) 방법으로 생각하셔도 무방합니다.

그렇다면 각 단계에 대해 조금 더 구체적으로 알아보도록 하겠습니다.

① 선행 조건(=큐, 촉매제)

선행 조건은 **'아이가 그렇게 행동하게 된 원인'**, **'해당 행동을 촉발시키는 촉매제'**가 된 상황을 말합니다. 선행 조건은 최근의 문제 발생일 바로 직전의 것일 수도 있고, 과거의 것일 수도 있습니다. 일이 빵! 터졌다면 그 원인이 되는 선행 조건을 아이의 입장에서 찾아보는 것은 물론 양육자의 입장에서도 분석해보세요. 양육자의 특정 상황이 촉매제가 될 수도 있습니다.

특정 상황을 떠올려보신 뒤 다음의 질문을 참조해 선행 조건을 분석해보세요.

- 아이가 문제 행동을 보일 무렵, 낮잠과 밤잠, 식사량은 충분했나요?
- 아이의 1층 뇌가 폭발하기 이전에 무슨 일이 있었나요?
- 아이가 무엇을 하려던 참이었나요? 혹시 그것을 못하게 막으셨나요?
- 주위에는 어떤 사람들이 있었나요? 주위 환경은 어땠나요?

② 나타난 행동(=미해결 과제, 도움이 필요한 부분)

아이가 어떤 좋은 행동, 나쁜 행동을 했는지에 대해 기록하세요. 겉으로 드러나는 행동을 관찰하는 거예요. 하지만 사실 육아에서 이 부분은 크게 중요하지 않답니다. 행동에 초점을 맞추긴 해야 하지만, 가장 중요한 것은 그 행동을 보고 현재 아이에게 부족한 '능력' (그래서 이 부분을 '미해결 과제'라고 부르기도 합니다.) 을 양육자가 파악할 수 있어야 하거든요.

하트법칙에서 내가 계속 보고 싶은 행동인지(A) 보기싫은 행동인지(B)는 일단 **드러난 아이의 행동을 관찰하고 판단**합니다. 엄지 척, 엄지 다운으로 간단하게 생각하셔도 좋습니다.

저 행동은? 엄지 척 (좋은 행동)? 엄지 다운 (나쁜 행동)? 이렇게 단순하게 바로 판단해 구분합니다.

다음의 질문을 참조하여 아이가 보인 행동(=나타난 행동)을 관찰해보세요.

• (1층 뇌가 폭발하는 동안) 아이가 어떤 행동을 했나요?

- 엄지 다운👎 : 저 행동 보고 싶지 않은 행동이야! 옳지 않은 행동이야! 라면 (B 반응 요구됨)

• 올바른 행동, 엄지 척👍 - (A 반응 요구됨) 즉 '저 행동은 또 보고 싶어' '계속 보고 싶은 행동이야'의 상황일 수도 있습니다. (그렇다면 이 경우에도 선행조건을 또 다시 꼼꼼하게 체크해보세요)

만약 여러분이 '아이들의 문제 행동은 예측할 수 없는 것이다', '갑자기 표출되는 것이다' 라는 잘못된 믿음을 가지고 있었다면, 이 단락을 더 집중해서 읽어주세요. 문제 행동이 갑자기 표출되기 때문에 예측하기 힘들다고 생각하는 양육자는 평상시 아이의 행동을 지금 말씀드리고 있는 **3단계 분석 툴**에 의해 좀 더 세심히 관찰할 필요가 있습니다. 문제가 터진 후 수습하는 것보다는 가능하다면 문제 행동을 유발하는 상황들을 예측해서 문제가 발생하기 전에 미리 예방하여 해결하는 것이 좋긴 하니까요 (271, 275쪽, B 선행조건 실전 툴(Tool) 참조)

③ 후속 결과(=대처 액션, 결과값 주기)

아이의 행동을 보고 양육자는 어떤 반응을 보이고, 이떤 조치를 취했나요? 칭찬이나 긍정적인 경험을 주는 보상으로 A, **액셀**을 밟으며 격려해주었나요? 아니면, "그 길 아니야~" 하시면서 B, **브레이크** 반응, 핸들 틀어주기 반응을 주셨나요?

• 아이의 행동에 어떻게 반응하셨나요?

• 다음에는 다르게 대처할 수 있을까요?

아이에게 나타난 문제 행동을 바로 잡으려면, 양육자는 다음번에는 나쁜 행동으로 이끈 촉매제가 된 **'선행 조건'**을 없애고, 그 행동에 대한 **'후속 결과'**를 줄 때, 아이가 배울 수 있는 결과값으로 적절하게 선택해야 합니다.

'선행 조건'과 **'후속 결과'**를 어떻게 시뮬레이션하느냐에 따라 C-B Tool로 바로잡아야 할 아이의 행동은 점차 없어지고 아이는 발전하게 됩니다.

임신, 출산, 육아를 시작하기 전, 소싯적 여러분들이 일터에서 프로페셔널하게 근무하실 때를 생각해보세요. 회사에서 프로젝트를 진행할 때 보통 **사전 기획 업무**와 **분석 & 리뷰 업무**를 하는 것이 일반적인데, 훈육에서는 이것들을 동시에 진행한다고 보시면 됩니다.

• 해당 행동 이전에 있었던 어떤 사건이나 조건이 아이의 나쁜 혹은 좋은 행동에 영향을 미쳤는가? (선행 조건) → 사전 기획 파트!

• 해당 행동 이후 아이가 어떠한 양육자의 반응이나 결과를 경험했을 때, 아이의 나쁜 혹은 좋은 행동이 강화되거나 소거되었는가?
(후속 결과) → 분석 & 리뷰 파트!

보다 쉬운 이해를 돕기 위해 예를 들어보겠습니다. 민지는 친구 해나와 함께 30분 정도 즐겁게 주방놀이를 하고 있었습니다. 그런데 갑자기 민지가 해나가 가지고 놀던 냄비를 빼앗았고, 해나는 울면서 소리를 질렀습니다. 이윽고 민지의 엄마가 개입해 장난감 냄비를 다시 해나에게 돌려주게 했습니다. 이 상황을 앞에서 설명한 **'현 상황을 3단계로 분석하기'** Tool을 사용해 분석해보겠습니다.

- **선행 조건** 여아 둘이 주방 소꿉놀이를 하고 있었다.
- **나타난 행동** 민지가 해나의 장난감을 빼앗았다.
- **후속 결과** 양육자가 개입해 친구가 먼저 가지고 놀던 장난감을 빼앗으면 돌려줘야 한다는 사실을 알려주었다. 계속 이렇게 반복해서 가르치면 이번에 나타났던 민지의 행동은 점차 사라질 것이다.

그렇다면 이번에는 '후속 결과'값에 변화를 줘보도록 하겠습니다. 앞에서와 같은 상황이 벌어졌으나 민지의 엄마는 다툼이 일어난 것을 알아채지 못했고, 민지의 친구 해나가 울면서 소리 지르는 것도 듣지 못했습니다. 그리하여 양육자가 반응을 보이지 않은 상황입니다.

- **선행 조건** 동일
- **나타난 행동** 동일
- **후속 결과** 민지는 해나의 장난감을 빼앗았지만, 양육자의 이에 대한 반응은 아무것도 없었다. 이로 인해 자신이 원한다면 친구가 먼저 가지

고 놀던 장난감이나 물건을 빼앗을 수 있다는 사실을 민지는 알게 되었다. 따라서 다음에도 똑같은 행동을 할 수 있다.

이번에는 위의 예에서 '나타난 행동' 부분의 변화를 줘보도록 하겠습니다. 민지가 해나와 잘 놀고 있는 상황에서 양육자가 이렇게 말합니다. "민지야, 친구하고 정말 사이좋게 잘 놀고 있구나. 서로 양보하고 좋아하는 장난감을 나눠가면서 즐겁게 놀고 있네. 정말 잘했어"

- **선행 조건** 동일
- **나타난 행동** 민지가 친구 해나와 서로 양보하고 배려하며 즐겁게 놀고 있다. 중간 중간에 '**C-A Tool 타임 인**(189쪽 참조)'과 '**매의 눈으로 칭찬 기회 잡기**'전략으로 아이의 올바른 행동을 강화해주었기 때문에 민지가 해나가 가지고 놀던 장난감 냄비를 빼앗는 일은 벌어지지 않았다.
- **후속 결과** 민지는 친구와 함께 사이좋게 놀면 기분도 좋아지고, 게다가 엄마에게 제대로 된 칭찬과 인정을 받게 된다는 사실을 알게 되었다. 따라서 다음번에도 친구와 놀 때 서로 배려하며 사이좋게 놀 확률이 높아졌다.

물론 앞의 예시는 매우 간단한 예시입니다. 단 한 번의 후속 결과로 아이가 곧장 올바른 행동을 할 수는 없다는 사실을 우리는 꼭 기억해야 합니다. 적어도 100번은 반복 학습을 꾸준히 해야 아이가 못했던 행동을 올바르게 할 수 있습니다. 그렇게 계속 일관성을 가지고 반복해서 가르치다 보면 아이의 내면에서 그 능력이 싹을 틔우고 어느덧 탄탄하게 자리 잡게 됩니다.

여기서 중요한 것은, **선행 조건**과 **후속 결과**는 우리 양육자 선에서 어느 정도 통제할 수 있는 부분이라는 점입니다. 앞으로 살펴볼 하트법칙 B단계, 아이의 행동에 브레이크를 거는 여러 Tool들은 '선행 조건을 조절하는 방법'과, '후속 결과를 조절하는 방법' 두 가지 분류로 나누어서 설명드릴 거예요.

●● '선행 조건'이란 구체적으로 무엇인가?

실전 훈육에서 선행 조건을 조절하는 자세한 전략을 알아보기에 앞서, '선행 조건'을 이루고 있는 요소를 거시적으로 이해하는 것도 중요합니다. 선행 조건은 아이의 행동에 영향을 미치는 원인이 문제 행동 직전에 있었던 것인지, 혹은 과거의 어느 시점에 있었는지에 따라서 아래와 같이 분류할 수 있습니다.

① 단기적 선행 조건

'나타난 행동' 직전에 있었던 일을 가리킵니다.

② 장기적 선행 조건

직전이 아닌 과거의 어느 시점에서 있었던 일을 가리킵니다.

이번에는 선행 조건을 시점에 따른 구분이 아니라 그 내용에 근거하여 세 가지 항목으로 분류해보겠습니다.

(1) 실제 발생 환경(=외부적인 상황)

아이의 행동이 발생한 시점의 실제 환경을 말합니다. 바로 '그 순간'에 어땠는지 체크해봅니다.

- **유혹** 하지 말아야 할 행동을 하게끔 유혹하는 상황이 펼쳐진다면, 당연히 문제 행동이 발생할 수 있습니다.
- **사람** 특정인이 아이의 행동에 영향을 끼칠 수 있습니다. 친구가 잘못된 행동을 부추길 수도 있고, 엄격한 선생님이 계셔서 특정 행동을 하지 않을 수 있습니다.
- **상황** 현재 너무 바쁘게 스케줄이 바뀌고 있다거나, 새로운 활동을 많이 하게 될 경우 아이가 심신이 힘들고 정신이 없어서 문제 행동을 할 수 있습니다.

(2) 내적 특질

문제 행동은 아이의 기질이나 성격적인 부분과도 관련이 있습니다. 부모가 아이와 기질적인 부분에서 다르다면 이를 인지하지 못할 수 있습니다. 기질을 완전히 바꿀 수는 없기 때문에, 이 부분은 애초에 부모가 계속된 관찰을 통해 아이의 기질에 대해 어느 정도 파악하고 있어야 합니다.

- **기질** 아이의 성격을 만드는 데 일조하는 내적인 특질을 말합니다. (예민한 아이, 활발한 아이, 고집이 센 아이 등)
- **발달** 아이마다 인지능력, 감정 성숙도, 신체적인 발달, 상황 판단력 등에 있어 그 발달의 정도가 다를 수 있습니다. 현재 내적인 힘이 어느 정도냐에 따라 겉으로 보이는 행동도 달라지게 마련입니다.
- **자라온 훈육 환경** 양육자가 이때까지 부정적인 훈육만을 펼쳤거나 훈육에 대한 지식이 없이 일관성이 결여된 채로 육아를 해온 경우라면, 아이에게 '후속 결과값'으로 그 행동이 아니라고 피드백을 주어도 아이는 잘 반응하지 않게 됩니다. 하지만 이 부분은 꾸준한 노력으로 그동안의 갭을 메꿀 수 있으므로 이 책을 통해 잘 공부해나가도록 합시다.

(3) **부모의 상태**(=부모의 의식 수준)

아이의 문제 행동은 양육자인 부모 자신이 겪는 현재 문제와도 관련이 있습니다. 건강이 좋지 않다거나, 스트레스가 심하다거나, 직장 문제나 집안 문제로 당장에 짜증나는 일이 발생했다거나 하는 등 양육자를 힘들게 하는 상황들은 아이의 행동에도 영향을 미칩니다. 부모의 기질이나 성격 또한 관련이 있습니다.

- **부모의 기질** 아이의 행동은 양육자의 기질이나 기본적인 성격과도 관련이 있습니다. 부모에게 닥친 스트레스나 문제적 상황에 대해 부모가 어떻게 반응하는지 그 여부가 아이의 행동에 영향을 미칩니다.
- **접속도** 하트법칙 C전략에서 알아본 아이와의 접속률도 중요합니다.

평소에 아이와 어느 정도로 접속하고 있는지 점검해보세요.

♥ **지원** 양육자가 배우자나 다른 가족들에게서 받는 정신적인 지원, 육아를 할 때 주변에서 받는 지원도 영향을 미칩니다. 요즘은 핵가족 시대이다 보니 양육의 책임을 한 사람(주로 여성)이 맡는 소위 '독박육아'인 경우가 대다수입니다. 그러므로 만일 지금 독박육아로 힘들더라도 낙담하지 맙시다. 제가 여러분을 생각해서 이렇게 훈육의 비책을 남기고 있으니까요. (참고로 저도 '독박육아' 당사자입니다. 힘들지만 이걸 그저 우리가 해볼 수 있었다는 특권으로 조금 생각을 전환해보면 어떨까요? 105쪽 참조)

C-B 내공 키우기

이 툴을 구사하기 위한 내공 키우기

B(브레이크) 툴을 구사하기 위해서는 다음의 내용들을 양육자의 머릿속에 인지하고 있으면 큰 도움이 됩니다.

★ 아이가 보이는 대부분의 행동은 정상이다.

★ 아이가 일부러 부모를 골탕 먹이려고 해당 행동을 하는 것은 아니다.

부모의 멘탈을 뒤흔들어버리는, 아이의 지금 보여지는 그 행동은 사실 아이가 무언가를 배워나가는 과정에서 생기는 부산물일 뿐입니다. 이럴 때야말로 아는 것이 힘입니다. 하트법칙에 대해 알고 있으면 자신감 있게 대처할 수 있습니다. 아이는 수많은 시행착오를 통해 배워나갑니다.

★ 아이들은 자신의 능력으로 문제를 해결할 수 있을 때 비로소 잘한다.

하버드 의대 정신의학과 교수를 역임한 로즈 그린(Ross W. Green) 박사는 문제 행동을 하는 아이에 대한 과거의 잘못된 정보와 훈육 방법을 버리고 새로운 관점으로 아이의 문제 행동을 해결해야 한다고 말합니다. 문제 행동을 하는 아이들도 모두 **'잘하고 싶다'**는 마음을 가지고 있는데, 단지 **융통성, 적응력, 인내력, 문제해결 능력** 등의 역량이 아직 발달하지 않아 문제 행동을 일으킬 뿐이라는 것이지요.

이를 모르고 단순히 겉으로 드러난 아이의 문제 행동만을 두고 상벌 전략으로 접근한다면, 아이에게 부족한 능력을 가르쳐주지도, 문제 행동을 일으키는 원인을 해결해주지도 못하기 때문에 결과적으로 훈육의 효과가 없습니다. 따라서 양육자는 아이는 '안 하는 것'이 아니라 **'못하는 것'**이라는 관점을 지녀야 합니다.

지난 60여 년간 축적된 훈육과 관련된 연구 성과들을 한 문장으로 요약하면 다음과 같습니다.

'문제 행동을 하는 아이들은 일부러 그런 행동을 하는 것이 아니라, 아직 그 능력이 발달 되기 전이라서 그렇다.' 아이는 그저 그 문제행동을 하지 않는 방법을 모르기 때문에 그런 행동을 하는 것임을 이해해야 합니다. 즉, 훈육에서는 제대로 된 방법으로 알려주는 것이 중요합니다.

선행 조건 - 기본개념 Tool ❷

역할 모델 보여주기

- 내 모습, 행동으로 보여주기

아이의 행동에 브레이크를 걸어서 바로잡는 가장 효과적인 방법은 뭐니 뭐니 해도 양육자가 평소에 꾸준히 아이의 '**역할 모델**'로서 바람직한 행동을 몸소 보여주는 것입니다. 부모가 감정을 잘 다스리면 그 모습을 보면서 아이는 자기감정을 조절하는 방법을 자연스레 익힙니다.

평소에 아무리 육아를 잘하더라도 한 번 평정심을 잃고 '으어어어어~~~!' 괴물로 변신하면 그때까지 공들인 것이 말짱 도루묵이 되고 맙니다. 한 번의 타격이 엄청나니까요. 그러므로 양육자는 아이가 언제나 자신의 행동을 지켜보고 있다는 생각을 하면서 감정을 잘 다스리고 바람직한 역할 모델로서의 모습을 보여줘야 합니다. 우리부터 **우리의 감정 다스리기**를 잘 구사하고 롤모델로 아이 앞에서 평상시에 잘 보여준다면, 아이들도 잘할 수밖에 없어요.

소금을 앞에 두고 "이건 짠맛이야"라고 한들 짠맛이 뭔지 직접 먹어봐서 경험해보기 전에는 알 수 있을까요?

친구에게 "양보해야지~" 라고 말로 가르친들.. "양보"가 뭔지를 알아야 양보를 하겠죠. 친구에게 양보하기를 바란다면 '양보'라는 게 무엇인지, 아이 입에 양보를 넣어줘서 느낄 수 있게 해주세요. 마찬가지로 "다른 사람에게 '배려'해야지~" 이게 되려면, '배려'가 무엇인지, 평상시에 아이 입에 넣어줘서 맛을 보게 해줘야 합니다. 그걸 아이가 먼저 맛보고 그게 뭔지 그 느낌을 알 수 있게 해줘야 다른 사람 입에도 넣어주죠. 아이 본인이 그것이 무슨 맛인지 모르는데 그걸 어떻게 아이가 만들어서 다른 사람에게 느끼게 해줄 수 있을까요?

아이가 친구에게 **양보, 배려를 할 줄 아는 아이**로 성장하기를 바란다면 양보가 무엇인지, 배려가 무엇인지, 아이가 눈으로 보고 배우고 느낄 수 있게 해주세요. **행동**은 언제나 **말**보다 강력합니다.

C-B 내공 키우기

이 툴을 실행하기 위한 내공 키우기

체력적으로 힘들었던 어느 날 저녁, 아이들을 목욕시키는데 아이들의 장난이 이어지며 제 피로도가 급상승했고, 그러면 안 된다는 것을 머리로는 알면서도 저는 첫째 은교에게 수건을 휘두르며 위협하

는 행동을 해버리고 만 적이 있습니다. 저도 모르게 성질이 나서 그런 행동을 하게 된 것이었어요. '이건 아닌데'라고 생각하면서도 당시에는 너무 지쳤기 때문인지 행동이 컨트롤되지 않더라고요. (그런다고 아이들이 말을 잘 듣는 것도 아니고 오히려 상황은 안 좋게 끝나게 되는데 말이죠. 저도 사람인 이상 이런 오류를 범하기도 한답니다.)

그러고 나서 며칠 뒤 저는 깜짝 놀라고 말았습니다. 목욕 시간에 은교가 며칠 전 제가 했던 '그대로' 수건을 휘둘러 연우를 위협하는 장면을 목격했기 때문입니다. 마음속으로 아차 싶으면서 소스라치게 놀랐어요. 하지만 겉으로는 "은교야, 수건으로 동생한테 그러면 어떡하니!"라는 말이 자동으로 나왔지요. (은교는 아마도 "엄마도 저한테 그랬잖아요. 그럼 엄마는 왜 그랬어요?"라고 말하고 싶었겠죠?) 제가 생각해도, 아이러니컬한 상황이 벌어진 것이지요.

아이들은 '하라는 대로' 하지 않고 우리가 '하는 대로' 합니다.

사실 육아의 비법은 정말 간단합니다. 우리 자신이 훌륭한 사람이 되면 됩니다. 아이는 우리가 아무리 '말'로 어떻게 하라고 가르친들 그대로 하지 않습니다. 말만으로는 전혀 효과가 없습니다. 그저 몸소 보여주면 됩니다.

아무리 "우리 집에서는 음식은 항상 식탁에 앉아 제자리에서 먹는 거야"라고 알려주고 그것을 규칙으로 세웠다 한들, 어른인 우리가 피곤에 절어 실신하기 일보 직전으로 집에 돌아와서 옷을 아무 데나 벗어던지고 소파에 반은 누운 듯 기대어 TV를 보면서 그 자리에서 배달시킨 피자를 우걱우걱 먹는다면? 그리고 그 모습을 아이에게 들켰다……. 이 생각지 못하게 들킨 일상의 사건 하나만으로 아이는 바로 그걸 배워버립니다. 무서운 점은 육아는 가르친 것보다 들킨 것에 더 큰 영향을 받는다는 사실입니다. ('More is caught than taught') 아이도 다음부터는 그 모습을 그대로 따라할 것입니다.

그러므로 다시 한번 강조합니다. 평상시 아이에게 "이래라 저래라, 이렇게 해야지~" 하는 말들이 양육자의 행동이 수반되지 않으면 전혀 효과가 없는 것임을 명심합시다. 아무리 아이에게 "욕하면 안 된다". "고운 말을 써야지"라고 말한들 부모가 실생활에서 무심코 욕설을 내뱉거나 부모의 평상시 언어습관이 부정적이라면 아이는 그대로 영향을 받게 됩니다.

아이는 부모가 가르치려고 하는 '말'이 아닌 '행동'을 봅니다. '말'로 100번 가르쳐주려 하지 말고, '행동'으로 한 번 보여주세요. 아이들은 양육자가 보내는 '사념 에너지'까지 고스란히 따르고 배웁니다.

리 워터스(Lea Waters)의 《똑똑한 엄마는 강점 스위치를 켠다》에는 이런 문장이 나옵니다. "나는 서른한 살이 되면서 낙관론자가 되기로 결심했다." 저는 특히 이 대목이 뇌리에 남더라고요. 부모가 인생을 살아가는 태도나 생각의 주된 흐름부터 '나'란 사람에게서 뿜어져 나오는 진동수, 주파수, 세상을 바라보는 관점들까지 아이들이 그대로 고스란히 닮게 되기 때문에, 만일 스스로 지향하는 삶의 태도가 있다면, 그리고 자녀들이 그렇게 살기를 바란다면 우리 자신이 먼저 그 방향을 향해 삶의 태도를 바꾸는 것이 중요합니다. 그런 면에서 저는 부모가 되는 것이 삶의 귀중한 경험이자 인생의 터닝 포인트가 될 수 있다고 생각합니다. 결정적인 변화의 계기일 수밖에 없는 것이죠.

아이가 어떻게 인생을 살아나가기를 바라세요? 지금 답해보세요. 그렇다면 여러분이 먼저 그와 같은 인생을 살면서 그 모습을 보여주면 사실은 게임 끝이에요. 그것이 훈육의 전부이자 핵심입니다.

아이들은
우리가 하라는 대로 하지 않고
우리가 하는대로 한다

ⓒ 똑게육아

♥ 로리의 노트필기 스케치

TOOL BOX

C-B 실전 적용 TOOL

Tool ❶ 아이의 감정 폭발 패턴 파악하기

Tool ❷ 떼 트랙커 체크하기

Tool ❸ '그래' 환경 조성하기

Tool ❹ 나(양육자)의 기대치를 바꾸기

Tool ❺ When → Then 전략 적용하기

선행 조건 - 실전적용 Tool ❶

아이의 감정 폭발 패턴 파악하기

아이가 떼를 쓰거나 짜증을 내는 등 감정이 폭발할 때마다 그 패턴을 유심히 관찰해 기록을 해두면 아이가 화내는 패턴이 파악되고 그 원인이 보입니다. 원인이 파악되었다면, 그 원인을 사전에 제거해줘서 아이의 감정이 폭발하는 것을 미연에 막을 수 있습니다.

아이의 감정 폭발 패턴을 파악하는 방법은 여러 가지가 있는데, 그중에서도 제가 추천하는 방법은 '아이의 화 기분 컬러존 기록장'을 활용하는 것입니다. 다음의 그림을 참고해서 기록장을 만들어 기록해두면 떼쓰기가 유독 잘 발동하는 특정 장소와 지속 시간, 그때 아이의 행동, 그에 따른 부모의 대처 결과 등이 일목요연하게 파악됩니다.

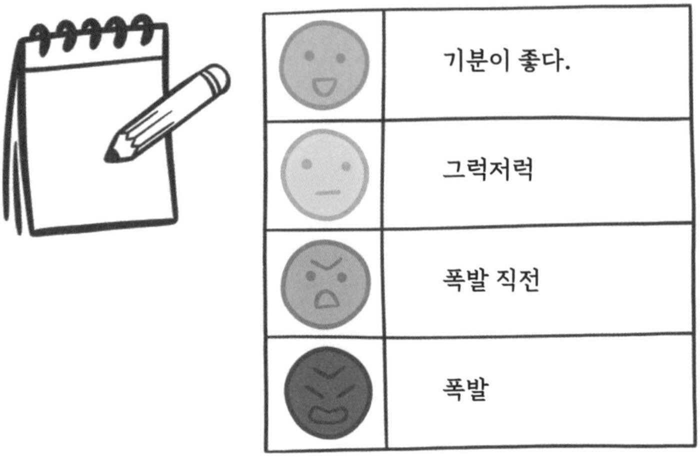

기록해가며 폭발패턴 파악하기

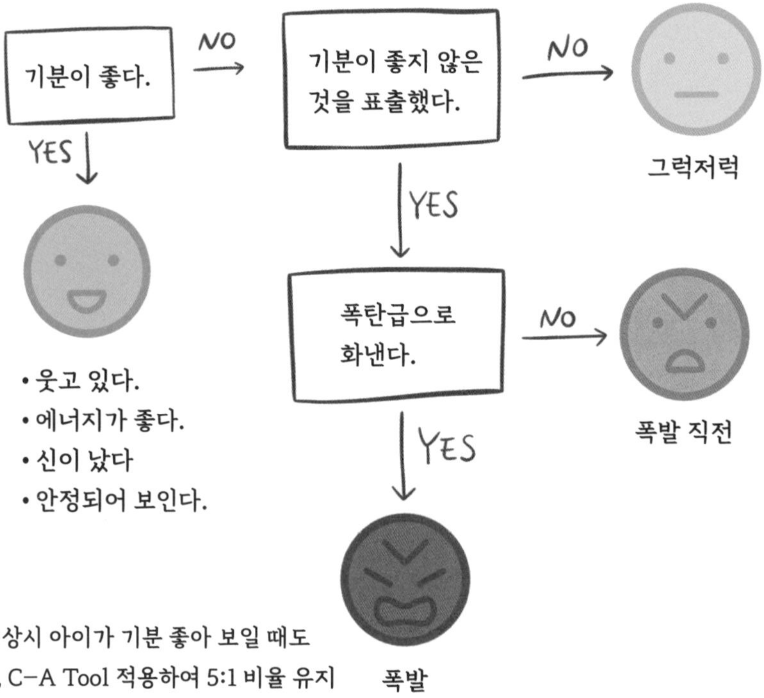

★ 평상시 아이가 기분 좋아 보일 때도
C, C–A Tool 적용하여 5:1 비율 유지

- 아이의 화 기분 컬러존

- 시작 날짜와 시간 10월 19일 2시 40분 AM/PM
- 종료 날짜와 시간 10월 19일 3시 5분 AM/PM

- 발생 장소 집
- 겉으로 드러난 아이의 행동 화를 내며 주변 가구를 내리침
- 당시 나의 반응(후속 결과) 말로 경고하고 주의를 줌
- 아이의 행동을 촉진한 선행 원인

  선호하지 않는 활동을 해서 기분이 안 좋아짐

  자신의 뜻대로 되지 않음

- 아이의 행동을 완화시킨 전략:

  C / C–A / C–B / C–A–B / C–B–A

나타난 행동	신체적 폭력, 거친 말, 공격적인 행동, 도망가기, 자해, 소리 지르기, 짜증 내기, 징징대기, 거절하며 무시하기 등
장소	집, 레스토랑, 시댁, 친정집, 공공장소, 누나 친구 생일파티, 친구와 플레이 데이트한 장소, 키즈카페, 놀이터 등
나의 후속반응	양육자인 내가 그 당시 어떻게 반응했는지
촉진 요인	그 행동이 나타나게 된 촉매제 ex) 하기 싫은 일, 갑작스런 변환, 들쭉날쭉 스케줄, 호르몬 과자극, 음식, 사고 싶었던 것을 못 샀을 때, 인정을 못 받았을 때, 숙제하다 스트레스, 질투, 특권을 빼앗겼을 때, 걱정, 밤 수면의식 등
진정 요인 해결 요인	똑게육아 하트법칙 Tool들

기록, 패턴 파악을 통한 예방

• 기여 요인 / 선행 조건	촉매제
나타난 행동	문제 행동
• 나의 후속 반응	뒤따른 내 반응

*선행 조건 *나의 후속 반응

다음번엔 어떻게 해볼까? 리뷰 ♥

이 기록장을 꾸준히 쓰다 보면 꼭 아이의 문제 행동에 대해서 뿐만 아니라 내 아이에 대해 전반적으로 잘 이해할 수 있게 됩니다. 또한 생각지도 못했던, 아이의 감정을 자극하는 원인을 발견하는 것이 가능해집니다. 예를 들어, 아이가 평소에는 괜찮다가 병원에만 가면 짜증을 부려서 난감해질 때가 많았다면 구체적으로 병원에서 어떨 때 짜증을 내는지 기록해 보는 겁니다. 그 결과, 병원 대기실에 오래 앉아 있는 것이 떼쓰기의 원인으로 작용했다는 사실이 파악되었다면, 다음번에 병원에 갈 때는 아이가 평소에 좋아하는 책이나 그림을 그릴 수 있는 크레용 등을 챙겨가는 식으로 선행 조건에서 변화를 주는 겁니다.

선행 조건 - 실전적용 Tool ❷

떼 트랙커 체크하기

선행 조건을 변화시키는 두 번째 실전 전략을 이야기하기 전, 꼭 기억해두고 있어야 하는 훈육의 대명제 하나를 알려드리겠습니다.

기분이 좋지 않은 아이는 올바르게 행동하지 못한다.

사실 기분이 좋지 않으면 올바르게 행동하기 어려운 것은 어른도 마찬가지이긴 합니다. 차이가 있다면, 어른들은 자기 기분이 좋지 않은 이유를 파악할 수 있지만, 아직 어린 아이들은 자기 기분이 왜 나쁜지 알아채지 못할 수도 있다는 점입니다. 그러므로 나쁜 행동이 발생하게끔 만드는 원인을 최소화함으로써 아이의 떼쓰기를 줄이거나 방지할 수 있는 것이지요.

예를 들어보겠습니다. 전날 밤 잠을 잘 못 잔 상태의 연우를 은교 친구의 생일파티에 같이 데려갔다고 가정해볼게요. 저녁 7시쯤이 되자 연우는 갑자기 즐거운 생일파티 자리에서 울면서 짜증을 내기도 하고 1층 뇌를 풀가동하기 시작합니다. 이럴 때 양육자는 상황 파악을 잘하셔야 합니다. 단순히 아이가 떼를 부린다고 해서 아이를 잡을 것이 아니라, 왜 떼를 부리는지 파악을 해야 하는 것이 우선입니다. 즉, 앞에서 제시했던 **'현 상황 3단계로 분석하기'** Tool에 넣어 상황을 파악한 뒤, 아래에 제가 정리해둔 **'떼 트래커'**들을 점검해서 대처해주세요.

또한 아이마다 어떤 '특정 장소'에 가면 떼를 쓰는 상황이 발생하는 경우가 있습니다. 예를 들자면, 저는 특정 시기에는 아이와 대형 서점을 가더라도 장난감들이 즐비한 구역으로는 발을 들이지 않으려고 부단히 노력했던 시기가 있었습니다.

아이가 떼를 부릴 때 하나 더 생각해봐야 할 부분은 **'몸/컨디션이 좋지 않은지 여부'**입니다. 육아에 고도의 능력이 요구되는 이유는 이처럼 내 아이를 향해 예민하게 촉을 세우고 섬세하게 다가가야 하기 때문이지요. 섬세한 관찰을 통해 **아이의 감정 폭발 패턴**을 파악했다면 그 원인을 미리 알고 예방할 수 있을 것입니다.

나음은 아이의 1층 뇌를 더 쉽게 폭발시키는 '떼 트래커'들을 정리해 본 것입니다.

☑ 피로

아이가 낮잠을 빼먹거나 밤잠을 설쳤다면 짜증이 쉽게 나요. 사실 '배고픔'과 함께 '잠의 부족' 같은 기본적인 욕구 불만족만으로도 모든 연령대 아이들의 많은 떼쓰기 원인이 설명됩니다. 배고픔의 경우에는 비상용 간식으로 아이의 1층 뇌 풀가동 상태를 방지할 수 있지만, 낮잠의 경우에는 바로 재워서 잠영양분을 채워주지 못하는 상황도 많습니다. 아이가 괴물처럼 포효하다가 잠든다면 '잠이 부족해서 피곤했구나'라고 생각할 수 있겠지요. 만일 오늘 아이의 수면패턴이 평소 수면 패턴과 어긋났다면 다음날에는 활동을 줄이고 평소에 설정해뒀던 수면 규칙을 따라주는 것이 좋습니다. 아니면 '내가 무리하게 아이를 끌고 다녀서 떼를 쓸만한 상황을 만든 건 아닐까?'도 생각해보세요.

☑ 배고픔

어떤 아이들은 식사가 30분만 늦어져도 혈당이 떨어져 신경이 날카로워져요. 허기에 예민한 아이라면 부모가 항상 가방에 건강한 간식류를 챙겨 다니는 것이 좋아요

☑ 안 좋은 몸 컨디션

몸이 좋지 않으면 아이는 평소와 다르게 행동합니다. 은교는 보통은 참 쾌활한 편인데 초등학교 2학년 겨울방학을 기념하기 위해 저와 단둘이 데이트했던 그날엔 유독 피곤해하고 힘들어하는 기색이 역력했어요. 아니나 다를까, 그날 밤부터 은교가 열이 나기 시작하면서 감기가 시작됐어

요. 이렇게 아이의 반응이 유난하다면 감기 등의 잠복기일지도 몰라요. 겉으로 증상이 나타나면 그제서야 전날 아이가 했던 행동들이 이해되는 것이죠.

☑ 카페인과 자극적인 음식

수면에 대해 심층적으로 배울 때, 모든 방법을 잘 적용했고 큰 문제가 없는데도 아이가 잠을 잘 이루지 못한다면 늘 음식(카페인, 설탕)이 문제였어요. 아이가 잠자기 직전에 설탕을 과하게 섭취했다면 쉽게 잠들지 못하거든요. 또한 아이들은 콜라, 아이스티, 초콜릿 우유같이 카페인이 들어 있는 음료를 마시면 잘 흥분해요(아이가 콜라 1캔을 마시는 것은 성인이 커피 4잔을 마시는 것과 같습니다). 이런 음식들은 아이를 괴물로 만들 수 있어요!

☑ 바깥 놀이 부족

집에 갇힌 채 뒤뜰이나 공원 같은 곳에서 뛰어놀지 못하면 아이는 큰 스트레스를 받아요. 하루에 두세 번 활동적으로 집 밖에서 몸을 움직여줘야 해요.

☑ 접속 에너지가 바닥일 때

아이의 관심 양동이와 파워 양동이를 체크하여 'C'와 'C-A전략'으로 적절하게 채워주지 않으면 아이는 폭발하게 될 거예요.

☑ 환경의 유혹

예를 들어 집에 깨지기 쉬운 물건이 많다면 어떨까요? 아이는 충동을 억제하는 능력이 굉장히 부족해요. 아이에게 안전한 환경을 조성해주는 것이 중요합니다.

☑ 예상치 못한 변화

신중한 기질인 아이는 잦은 변화에 평정을 잃을 수 있어요. 아이에게 변화가 생길 예정이라면 앞으로의 계획을 시각화하여 미리 얘기해주면 훨씬 좋아집니다. 예상이 불가능한 들쭉날쭉한 일과도 좋지 않아요.

☑ 가정의 불화

화목하지 못한 집안 분위기에 아이는 잔뜩 긴장합니다. 집에서 부모가 서로 존중하지 않는 말투로 싸우는 모습을 많이 본 아이는 그걸 배우게 될 수밖에 없겠죠.

☑ 학교에서 생긴 나쁜 일

'학교에서 나쁜 일이 있었나?'도 확인해봐야 합니다. 초등학교 2학년이었던 첫째 조카가 할머니에게 평소와 달리 버릇없이 구는 광경을 목격한 적이 있어요. 원래 예의 바른 아이여서 그런 모습이 굉장히 낯설었는데, 그날 학교에서 조카에게 나쁜 일이 있었던 데다가 운동장에서 넘어져 손바닥에 생채기가 났더라고요.

C-B 내공 키우기

C-B 툴을 구사하기 위한 내공 키우기

아이가 스트레스를 받았을 때는 분노, 공포, 좌절 등에서 회복할 시간을 주는 것이 중요합니다. 아이가 단번에 부정적인 감정을 떨쳐버릴 수 있으리라고 기대해서는 안 됩니다. 더불어서 양육자인 우리 자신에게도 회복할 시간을 줘야 합니다. 어른에게도 부정적인 감정을 겪었을 때 충분한 회복 시간이 필요하다는 사실을 잊지 마세요. 침착함을 유지하기 어려울 때는 억지로 침착한 척하느라 애쓰기보다는 아이에게 자신의 상태를 솔직하게 알려주는 편이 더 좋습니다.

선행 조건 - 실전적용 Tool ③

'그래' 환경 조성하기

아이가 아닌 환경 관리하기

지금껏 한 번이라도 아이가 되어보는 경험을 시도해보신 적이 있으신가요? 저는 아이의 키에 맞춰 쪼그려 앉아 잠시 생활해본 적이 있습니다. 그러자 '아이의 키에서는 세상이 이렇게 보이겠구나' 싶더라고요. 어른의 얼굴을 쳐다보려면 고개를 들어 올리면서 몸을 뒤로 젖혀야 하고, 물 한 잔 마시려고 해도 탁자 위의 컵에 손이 쉽사리 닿지 않았지요. 보이는 것이라고는 어른의 다리 뿐이었고, 혼자 할 수 있는 일이 거의 없어서 좌절감이 느껴지더라고요.

그런 경험이 있고 얼마 뒤, 연우가 "엄마, 물 줘", "엄마, 우유 줘"라고 청하는데 제가 정신없이 바빠서 아이의 요구에 매번 응할 수 없을지도 모르니 물이나 우유 정도는 아이 스스로 냉장고에서 꺼내어 컵에 따라 마시는 법을 알려줘야겠다고 생각했습니다. 이윽고 컵을 두는 장소는 연우의 손이 쉽게 닿을 만한 곳으로 바꿨습니다. 물이나 우유도 연우가 꺼낼 때 너무 무겁지 않도록 적당한 크기의 병에 담아서 냉장고 안에서도 연우의 손이 쉽게 닿는 곳에 넣어뒀습니다. 그러고는 냉장고에서 물이나 우유를 꺼내 컵에 따르는 방법을 한 번 알려주고 이후 몇 번의 연습을 거쳤더니 그 이후로 연우는 저한테 부탁하지 않고, 목이 마르면 스스로 냉장고를 열어서 자기가 마실 물과 우유가 담긴 병을 꺼내고 컵에 따라 마시더라고요.

이렇게 아이 스스로 해낼 수 있는 환경을 조성해주는 것은 의외로 양육자들이 쉽게 간과하는 부분입니다. 실제로 아이들은 스스로 할 수 있게끔 환경을 조성해주면 어른들의 생각과는 달리 정말 잘 해내는 경우가 많습니다.

그러므로 우리 어른들은 늘 '내가 아이의 입장이라면?' 하고 스스로에게 질문을 던지고, 아이가 살아가는 세계의 물리적 특성을 이해하는 자세

아이가 살아가는 세계를 이해하기

- 아이가 물리적 환경의 제약으로 하고 싶은 일을 자기 마음대로 할 수 없는 상황일 수도 있음을 이해하는 것.
- 아이는 실제로 엄마, 아빠를 돕고 싶지만, 신체적 제약을 비롯해 해당 능력이 덜 발달한 상태이기 때문에 계속해서 해당 스킬을 배워나가야 한다는 것.

가 필요합니다. 그리고 그것을 바탕으로 아이가 처한 상황을 들여다보고, 아이가 자신의 능력을 펼칠 수 있도록 적절한 환경을 조성해줘야 합니다.

아이의 입장에서 아이가 실제로 실행하는 것이 가능하도록 안전한 환경을 만들어주면 정말 잘 해내는 일도 많습니다. 이러한 부분들을 제대로 이해한 뒤 아이에게 '긍정적인 배움'이 일어날 수 있도록 그 환경을 조성해주는 것은 또 우리 부모의 몫인 것이지요.

그렇다면 어떤 것들을 아이 혼자 해낼 수 있도록 환경을 만들어 허용을 해주고, 어떤 것은 아직 위험하므로 더 적절한 때를 기다려야 할까요? 이에 대해서 이해를 돕고자 몇 가지 상황을 예로 들어 알려드려볼게요.

▶ 부엌에서 칼을 사용해보고 싶어할 때

위험하다고 여겨서 무조건 "안 돼!"라고 하지 말고 "그래"라고 말해보세요. 다만 큰 식칼을 사용하는 것은 안 됩니다. 아이의 안전을 위해, 채소를 썰 때 주로 사용하는 물결칼이나 샐러드용 플라스틱 칼을 주세요. 아이가 사용할 도마와 그릇도 따로 주시고요. 이런 도구들은 아이가 직접 꺼낼 수 있도록 낮은 곳에 둬야 합니다.

▶ 튼튼한 발판을 활용하여 주방 조리대에 오르기

주방의 조리대 높이에 닿을 수 있도록 튼튼하게 만들어진 발판 의자 등을 마련해두면 아이가 주방에서 더욱 소속감을 느낄 거예요. 물론 사전에 아이에게 발판 의자 등에 올라가는 연습을 충분히 시켜야 합니다. 놀이터에 있는 놀이 기구가 이런 연습을 하기에 좋습니다. 아이가 그런 기구에 혼자서 올라가지 못한다면 아직은 발판에 올라가는 것이 안전하지 않을 수 있습니다. 연습 시에는 아이가 기구에 올라갈 때, 몸을 받쳐주고 발은 어디를 딛어야 하는지 알려주세요.

▶ 가스레인지나 오븐을 조작하고 싶어할 때 → 접근 불허

언젠가는 아이가 성장해서 혼자서도 가스레인지나 오븐을 사용해도 되는 날이 오긴 하겠지만, 10대 이전에는 안전을 위해 가스레인지나 오븐 손잡이를 아이가 돌리려 할 때 "응~", "그래"라고 대답하지 마세요. 아이가 가스레인지나 오븐을 조작하려고 하면, 다른 활동으로 방향과 주의를 전환하거나 아예 주방에서 나가게 하는 식으로 대처해야 합니다. 아이가 주방에 있을 때는 절대적인 위험 요소는 피할 수 있도록 계속 아이를 주시하세요.

▶ 높은 곳에서 뛰어내리고 싶어할 때

예를 들어, 다섯 번째 높이의 계단에서는 아이가 바닥으로 뛰어내리기에 너무 높고 멀다는 것을 부모는 알지만 아이는 그 차이를 알지 못하고 그저 해보고 싶어 합니다. 이런 경우, 여러분이 관찰했을 때 별로 위험하지 않다고 느껴진다면 부모가 도와줄 때에 한해 아이가 뛰어내리게 할 수 있습니다. 이때 아이가 뛰어내리려는 곳에 위험한 것은 없는지 샅샅이 살펴주세요.

뛰어도 되는 곳과 뛰면 위험한 곳에 대한 기준과 규칙을 확고하게 세워야 합니다. 아이가 뛰어내리고 구르는 것을 좋아한다면 거실에 베

개 등을 활용해 장애물 코스를 만들어 아이가 뛰어내리고 밑으로 기어가고 뛰어넘을 수 있게 해주세요. 낮은 높이에서 안전하게 뛰어내리는 연습을 더 많이 할수록 어떤 것이 안전한지 아이 스스로 더 정확히 판단할 수 있게 됩니다.

선행 조건 - 실전적용 Tool ④

나(양육자)의 기대치를 바꾸기

자신이 가진 아이에 대한 기대치를 다시 점검해봅니다. 그 결과, 아이가 아직 자신과 타인에게 안전한 방식으로 행동할 만한 수준에 이르지 않았다는 판단이 들면, 이때도 역시 '환경을 관리하는 방법'으로 돌아가야 합니다.

우리는 아기가 전기 콘센트의 위험성을 알 것이라고 기대하지 않기 때문에(=기대치가 낮기 때문에) 미리 콘센트를 막아놓습니다. 대로변에 있는 놀이터에서 아이들이 굴리가는 공을 쫓아서 길로 뛰어들지 않으리라는 보장이 없으니 이를 막기 위해 놀이터 둘레에 울타리를 치는 것도 같은 맥락입니다. 초콜릿을 잔뜩 담은 그릇을 탁자에 올려놓고는 그걸 본 유치원생이 딱 한 개만 먹으리라고 기대하는 것 역시 무리입니다. (사실 어른도 하나만 먹고 말기는 어렵잖아요!) 한 명당 한 개씩 나눠주고 나머지는 보이지 않는 곳에 치워야 합니다. 아끼는 아이섀도우가 있는데 아이의 손이 닿는 곳에 놓았다? 어느 순간 바닥으로 낙하해 와장창 깨질 수도 있음을 각오해야 합니다.

저는 제가 잠깐 한눈을 판 사이에 아기 은교가 찐득찐득한 바셀린을 온몸과 옷을 비롯해 방 안 이곳저곳에 묻혀가며 놀던 사건을 아직도 잊지 못합니다. 사실 이것은 아이의 잘못이 아니에요. 아이들은 무엇을 가지고 놀아도 되는지, 무엇은 가지고 놀면 안 되는지 각종 사물에 대한 판단력이 아직 부족합니다. 물건을 아이의 손이 닿는 위치에 둔 것 자체가 아이 입장에서는 부모가 그 사물을 가지고 놀아도 된다고 허락한 것이나 다를 바 없습니다. 그러므로 아이가 알아서 잘 판단하리라는 기대를 접고, 아이가 가지고 놀면 안 되는 것들은 아이의 손이 닿지 않도록 미리 치워주세요. 사고(?)가 터진 이후에 뒤늦게 아이에게 윽박지른다거나 왜 그랬냐고 타박하지 마시고, 애초에 사고가 터지지 않도록 환경을 관리해주시면 됩니다. 내 아이의 현재 수준에 맞춰 환경을 세팅하는 것이죠. 만일 아이가 어떤 문제 행동을 일으켰다면 아이가 그 행동을 컨트롤할 만큼의 발달 단계에 이르지 못했을 가능성이 큽니다.

이처럼 아이를 바꾸려 하지 않고, 자신의 기대를 바꾸는 쪽으로 생각을 전환하면, 양육자 자신과 아이 모두의 삶이 더 편안해지는 수많은 방법을 찾아낼 수 있습니다. 평상시 아이를 잘 관찰해보세요. 시끄럽고 붐비는 곳에서 열리는 파티는 피하고, 자기가 좋아하는 같은 나이대 친구 몇 명만 모여 생일을 축하하는 것이 아이에게 맞을 수 있습니다. 디즈니 공주가 신는 것처럼 예쁘고 비싼 구두라도, 예민한 아이라면, 편안한 신발을 신겨 약속에 같이 가는 게 좋은 것처럼요. (이것도 시기마다 좋아하는 부분이 바뀐답니다. 평상시 아이와 접속을 자주하여 아이의 속마음을 알아채주면 좋아요.)

'나'의 기대치를 바꿔 현명하게 대처하는 방법의 또 다른 예를 들어볼게요. 엄마들과 플레이 데이트 약속을 했는데, 아이들이 서로 밀치면서 놀아요. "엄마는 서로 다칠 수도 있는 미는 놀이는 좋아하지 않아. 오늘 민규랑 노는 건 여기까지 해야겠다" 이렇게 말한 뒤, 그냥 아이를 데리고 집으로 갈 수 있습니다. 아이들이 노는 패턴을 섬세하게 관찰해보고, 함께 노는 시간은 1시간이 적당하다고 판단했다면 사전에 그 부분을 관리해줘서 문제가 발생하지 않도록 조절해주는 것이지요.

B

C

선행 조건 - 실전적용 Tool ❺

'When → Then' 전략 적용하기

이 전략은 특정한 활동을 하고 난 뒤에 바로 뒤따라 또 다른 특정한 활동을 하는 것을 루틴화/습관화 하는 전략입니다. 이 전략이 일상에 자리를 잡으면 아이와 다툴 일이 없어집니다. 예를 들자면 다음과 같습니다.

이 전략을 사용할 때 아이와 소통하면서 다음과 같은 부분을 유의해야 합니다. 바로 "○○하지 않으면 ㅁㅁ할거야"와 같이 보상 대신 벌을 주는 식의 말을 하지 않는 것입니다. (주로 "○○하지 않으면, ㅁㅁ할거야"에서 ㅁㅁ에는 '벌'이나 '협박'이 들어가지요.) 대신 특정한 활동을 하고 난 뒤 아이가 좋아하고 즐거워할 만한 활동을 넣어주는 전략을 쓰도록 합니다.

이런 식으로 부정적인 표현을 긍정적인 'When-Then' 전략 문장으로 바꿔서 말해주세요. 아이들로부터 긍정적인 행동을 이끌어 내기 위해서

장난감을 가지고 논 뒤

정리를 한다.

숙제를 하고 난 뒤

맛있는 저녁 식사를 한다.

는 '이 일을 끝내고 나면, 좋은 일이 생긴다/기쁜 일이 기다리고 있다'라는 기대감을 아이에게 주는 것이 좋습니다. 다시 한번 강조하지만, **안 좋은 일을 사전 예고하는 방식**보다 **좋은 일을 사전 예고하는 방식**으로 소통하세요. 어떻게 해야 아이 스스로 하고자 하는 마음이 들 수 있을지가 포인트입니다. 여기서 여러분이 훈육을 잘 하고 있는지 그렇지 아닌지가 판가름 납니다.

♥ "정리를 제대로 하지 않으면, □□에 안 데려갈 거야!" (✕)

→ "정리를 다 하고 나면, 이제 은교 가고 싶었던 곳으로 데이트 가자!" (O)

♥ "계속 유튜브만 보고 있으면, 저녁밥 없어!" (✕)

→ "연우가 유튜브를 스스로 끄고 나면, 맛있는 저녁 먹자~!" (O)

후속 결과 편

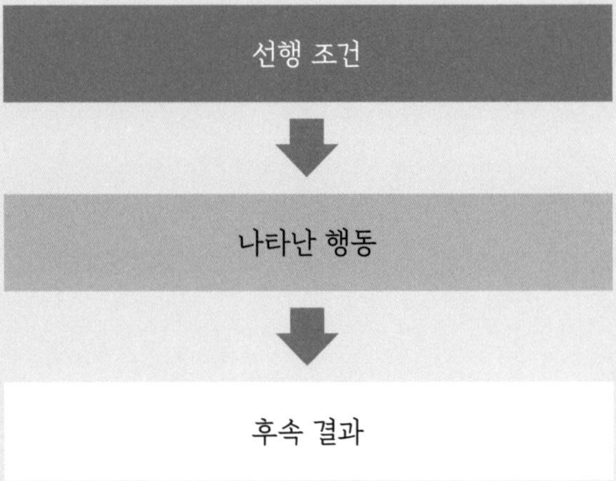

B Tool은 크게 '선행 조건'과 '후속 결과'로 나뉘어집니다.

지금까지 선행 조건 편을 살펴보았습니다.

지금부터는 후속 결과 편의 Tool들을 살펴보겠습니다.

후속 결과 편에서는 강기어/약기어 Tool로 나누어 설명합니다.

하트법칙

B 마스터

후속 결과 편

TOOL BOX

기본 개념 TOOL

후속 결과

Tool ❶ 결과값으로 알려줄 때의 느낌

'모두를 보호하기 위한 목적'임이 느껴지도록 행하기

Tool ❷ '하면 안 되는 일' 대신에
'해도 되는 일' 말해주기

Tool ❸ 위협, 명령조, 비난조의 훈육 하지 않기

나한테 누가 그런 식으로 말한다고 입장 바꿔 생각해보기

후속 결과 - 기본개념 Tool ❶

결과값으로 알려줄 때의 느낌

- '모두를 보호하기 위한 목적'임이 느껴지도록 행하기

아이가 보인 행동에 대해 양육자가 '결과값을 제공' (다른 말로는 대가 치르기 라고도 해요) 할 때, 징벌하는 느낌을 주어서는 안 됩니다. 그 대신 아이를 비롯해서 그 자리에 있는 모두를 보호하기 위해 양육자가 그러한 후속 결과를 취한다는 느낌을 주는 것이 중요합니다. 실제로도 아이를 다치지 않도록 보호하고 다른 사람들이 신체적, 감정적 피해를 입지 않도록 보호하고, 주변 환경을 보호하고, 또 양육자인 우리 자신의 감정을 보호하는 것이 이 C-B tool 훈육의 목적입니다.

예컨대 "네가 어제 식당에서 못되게 굴었으니까, 이제 식당에는 안 데려가" 하는 식이 아닙니다. 이런 피드백은 징벌의 느낌이 강하죠. 또 다른 예를 들어볼까요? 인도가 따로 없는 거리에서 아이가 차에 치이지 않게 보호하려면 아이의 몸을 재빨리 잡아끌거나 붙잡아야겠죠. 아이가 어릴 때는 유모차를 활용할 수도 있을 거예요. "연우야, 여기에서는 네가 차에 부딪칠까 봐 엄마가 걱정돼. 그래서 이제부터는 너를 유모차에 태울 거야. 지금 연우가 유모차를 타기 싫어하는 걸 알지만 어쩔 수 없어. 위험한 곳만 지나가면 바로 내려줄게." 이렇게 '너를 보호하기 위해 그러는 것'이라는 느낌을 줘야 합니다.

어떤 장소에서 아이가 자꾸만 난폭한 행동을 한다면 양육자는 그곳에서 아이를 데리고 나와버릴 수 있습니다. 이때 이렇게 말하면서 데리고 나오는 겁니다. "지우야, 우리 다른 곳으로 옮기자. 다른 아이들도 위험하고, 너도 위험해. 서로 밀어서 넘어지지 않도록 신나게 뛸 수 있는 곳을 찾아보자."

만일 아이가 유리컵을 가지고 논다면 다른 놀 거리를 제안해줍니다. "윤슬아, 유리컵은 깨질 수 있으니까 바로 부엌에 가져다 놓을게. 네가 가지고 놀아도 괜찮은 것을 같이 찾아보자. 이 말랑말랑한 공은 어때? 이건 괜찮아." 두 사례 모두 아이를 무작정 혼내는 것이 아니라 아이의 행동이 위험함을 환기시켜주면서 다른 대안을 제시하여 주의를 돌리는 전략입니다. 이런 세부 전략 Tool은 뒤에서 또 자세히 알아보겠지만, 중요한 것은 이것을 구사하실 때 전체적으로 깔려있는 느낌입니다. 그래서 기본개념 부분에서 이 느낌을 잡고 가야합니다. 모두를 보호하는 느낌을 전달해주면서 아이가 결과값을 경험하게 해야 합니다.

또한 아이가 어떤 공간에만 가면 떼쓰기 시작해 부모가 스트레스를 받는다면 부모 자신을 보호하는 것도 중요합니다. 아이의 떼쓰기에 대처할 플랜을 제대로 세우기 전까지는 그 공간에 출입하지 않는 것도 좋습니다.

"지난번에 그 구역에 가니까 ○○가 자꾸 장난감을 사달라고 심하게 떼쓰고 해서… 엄마는 앞으로 당분간 거기에는 가지 않을 생각이야. 엄마는 또 화내면서 ○○한테 소리 지르고 싶지 않거든. 좋은 방법이 떠오를 때까지는 그게 최선인 것 같아."

"당분간 누나 친구의 생일 파티에는 가지 않는 게 좋겠어. 엄마가 너무 마음을 졸이기도 하고, 네가 돌발적으로 하는 행동에 엄마는 아직 준비가 안 된 것 같아. 신경이 많이 쓰여."

이 밖에도 다양한 상황에서 다음의 기조를 유지하며 아이의 행동에 대해 말해주세요. 아이를 '처벌'하기 위함이 아니라 모두를 '보호'하기 위해 행동한다는 점이 아이에게도 느껴지도록 소통하는 것을 잊지 마세요.

① 물리적인 안전 ② 영혼의 평화

를 위해 행해야 하고 동시에 ↴

③ 문제를 해결할 방법 찾아보기

자세로!

- "블록은 저 옆에 치워둘게. 엄마는 네가 블록을 던지는 걸 허락할 수 없어. 창문이 깨질까봐 걱정되거든."
- "너하고 동생을 떼어놔야겠다. 둘 다 너무 화가 났어. 아빠는 너희 둘 중 하나라도 다치는 건 보고 싶지 않아."
- "도서관에서 이제 그만 나가야겠다. 여기에서 이토록 시끄럽게 소란을 피울 수는 없어."
- "이제 음식은 치울게. 밥은 그만 먹는 게 좋겠어. 연우는 배고프지 않은 것 같고, 엄마는 식사도 안 끝났는데 네가 왔다 갔다 하는 걸 보고 싶지 않아."

이제 이 기본 개념 Tool을 활용할 때, 꼭 기억해야 할 중요한 두 가지 사항을 다시 한번 짚고 넘어가겠습니다.

★C-B Tool을 활용할 때는 '벌'의 형태로 아이에게 고통을 가하려는 것이 아니라 앞에서 제시한 예시들처럼 '아이를 포함해 모두를 보호하기 위함이다'라는 느낌이 진심으로 전해져야 합니다. 이 느낌과 함께 아이에게 행동에 있어서의 한계선을 알려주고 단호하게 행동하실 수 있다면, 그 자체가 아이의 인생에 중요한 능력을 선물해주는 셈이랍니다.

예를 들어 아이의 친구가 색연필 등을 빌려간 뒤 돌려주는 것을 잊고 자꾸만 자기 사물함에 넣어두는 일이 반복되어 정작 수업 시간에 내 아이가 낭패를 보게 됐다고 가정해볼게요. 이런 상황에서 여러분은 내 아이가 그 친구에게 어떻게 대응하길 원하나요? 그 아이에게 고통을 가하길 바라나요?

"네가 내 색연필을 제때 돌려주지 않았으니까 나는 네 등짝 스매싱을 할게. 자, 등을 대봐!" → 이건 폭행이지요.

"네가 이랬으니까 나도 네 것을 빼앗을 거야." → 이건 절도입니다.

"네가 이랬으니까 여기서 당장 꺼져. 너 나가서 독방에 있어!" → 감금과 욕(비속어)을 썼네요.

아이는 부모가 행동한 대로 고스란히 배운다고 말씀드렸습니다. 양육자가 아이를 올바른 방식으로 훈육을 하면 아이는 그 방식을 그대로 따라 하여 친구 사이에서 벌어지는 문제 상황도 비슷한 양식으로 대응하고 해결합니다. 이 점을 꼭 기억하세요.

★ 우리가 원하는 것은 내 아이가 품위를 지키면서 자기 권리를 제대로 보호할 수 있는 방법을 구사하는 것입니다. 아이가 교양 있는 어른으로 자라길 바라잖아요. 그러기 위해서는 타인이 자신을 함부로 얕보지 않도록 격이 다른 묵직한 한 방을 건넬 줄 아는 것이 좋겠지요.

앞에서 든 예를 다시 가져와 보겠습니다. 같은 상황에서 아이가 친구에게 품위를 지키면서도 자기 권리를 보호하는 대응은 아마 이런 반응일 것입니다. "앞으로 너한테 색연필을 빌려주는 건 힘들겠어. 색연필이 없어서 내가 활동할 때 애먹었거든. 많이 찾았는데 네 사물함 안에 있더라."

상대가 나의 권리를 침해했을 때는 이런 식으로 알려주는 게 중요합니다. 감정적인 폭발 없이 나의 한계선을 알려주고, 상대가 그 한계선을 넘은 행동을 했다는 걸 제대로 알려준 셈이니까요.

또한 이런 반응은 마찰이나 갈등 대신 선순환을 일으킵니다. 아이의 친구는 앞으로 또 아이의 물건을 빌리려면 자기 행동을 고쳐야 한다는 교훈을 얻게 될 것입니다. 그러므로 아이가 학교생활을 하면서 발생하는 문제 상황에 이와 같이 대처할 수 있으려면 부모인 우리부터가, 아이에게 고통을 가해서 문제를 해결할 것이 아니라, 자신을 비롯해 모두를 보호해주는 **행동의 한계선**을 제대로 알려준 뒤, 단호하게 행동하면 됩니다. 아이는 부모가 자신에게 하는 대로 배웁니다.

후속 결과 - 기본개념 Tool ❷

'하면 안 되는 일' 대신에 '해도 되는 일' 말해주기

- 'Can Do'로 변환하기

아이들은 어른이 하는 말 한마디 한 마디는 이해해도 그것들을 모아놓은 전체 문장의 의미와 그 이면의 의도는 파악하지 못할 수도 있습니다. 아이들은 겉으로 표현된 말을 곧이곧대로 해석하는 경향이 있고, 이것이 아이와 양육자 사이의 오해로 이어지기 쉽거든요. 동일한 맥락에서 아이에게 '무엇을 하지 말라'고 얘기하면 아이는 '그래서 어떻게 하라는 거지? 무엇을 하라는 거지?'하면서 혼란에 빠질 수 있습니다. 양육자가 어떤 행동을 금지했을 때, 아이가 그 말을 듣고, 그 행동 대신 무엇을 해야 하는지도 알아낼 수 있으리라고 기대해서는 안 됩니다.

따라서 아이의 특정 행동을 제지할 때는 단순히 그 행동을 '하면 안 돼'라고 말하지 말고, 그 행동 대신 해도 되는 일, 지금 이 상황에서 대안으로

Can't do → Can do로 바꿔 말하기

하면 안 돼 / 하지마!! (Can't do)		이렇게는 해도 돼 (Can do)
"아기, 깨우지 마."	→	"우리 속삭이는 소리로 말하자!"
"돌아다니지 마."	→	"식당에서는 자리에 앉아 있자."
"길거리에서 뛰지 마."	→	"천천히 걸어 다니자."
"만지지 마."	→	"손을 내리자."
"고양이 꼬리를 잡아당기면 안 돼."	→	"고양이는 부드럽게 만지렴."
"엄마 옆에서 떨어지면 안 돼."	→	"엄마 옆에서 손을 꼭 잡고 다니자."
"동생을 때리면 안 돼."	→	"동생을 살살 어루만지렴."
"소리치지 마."	→	"조용히 말하자."
"벽에 낙서하지 마."	→	"그림은 종이에 그리자."
"던지지 마."	→	"그거 손에 들고 있자."

할 수 있는 일이 무엇인지를 알려주세요. 여러분이 기대하는 바를 말해주면 됩니다. 우리, 대안 제시의 달인이 되어보자고요!

그런데 "식당에서는 '얌전히' 있는 거야"라고 아이에게 말해줘도 아이의 연령에 따라 '얌전히'라는 단어 자체를 모르는 시기가 있습니다. 이처럼 말귀를 못 알아듣는 단계의 어린 유아에게는 '할 수 있는 일'을 신체 언어나 그림을 활용한 YES/NO 가이드 카드로 알려주면 효과적이에요. 그렇다고 '얌전히'라는 말을 아예 들려주지 않는다면, 아이가 그 단어를 배우기 힘들겠지요? 언어라는 것은 일상생활에서 상호작용하면서 습득하는 것입니다. 그러므로 아이의 연령대에 따라 양육자가 적절하게 반응해주면 됩니다. 말귀를 못 알아듣는 유아에게는 좀 더 알아듣기 쉽게, (그림 등을 곁들여) 비언어적인 부분에 집중해 응답해주세요. 동시에 언어 자극도 적절하게 주시면 좋습니다. 아이가 더 자랐을 때, 활용할 수 있는 어구들을 이때부터 들려주며 연습해보세요.

●● YES/NO 가이드 카드 만들기

YES/NO 가이드 카드는 아이가 **'해도 되는 행동'**과 **'해서는 안 되는 행동'**을 그림과 글자 등을 이용해 카드 형태로 만든 것입니다. '해도 되는 행동'과 '해서는 안 되는 행동'에 대해 아이와 이야기를 나누고 직접 만들어보세요. 아이가 그림으로 얼기설기하게라도 표현할 수 있는 나이라면 직접 그려보게 하면 좋습니다. 그렇지 않다면 아이가 보는 앞에서 부모가 대신 그려주거나 인터넷 자료를 활용하면 됩니다. 해도 되는 올바른 행동인 Yes에 대해서는 같이 카드를 보고 복습하며 해당 행동을 강화시켜보세요. 해서는 안 되는 행동인 No에 해당하는 행동들에 대해서도 시각적으로 카드를 함께 보며 사전에 해서는 안되는 행동임을 알려주고, 아이가 잘못된 행동을 했을 때에도 반복적으로 가르쳐주며 해서는 안 되는 행동임을 숙지시켜주세요.

Yes No 카드

Yes 행동 (O)

No 행동 (X)

후속 결과 - 기본개념 Tool ❸

위협, 명령조, 비난조의 훈육 하지 않기

- 나한테 누가 그런 식으로 말한다고 입장 바꿔 생각해보기

'떼 트랙커 체크하기'에서 훈육의 대명제로 언급했던 문장, 기억하시죠? '기분이 좋아지면 행동도 좋아진다'는 대명제요. 어른인 우리도 좋아하지 않는 방식은 이제 버리세요. 특히 아이가 올바르지 않은 행동을 했을 때 취해야할 전략인 **B tool 후속 결과 값 주기 파트**에서는 더더욱 이런 역지사지의 자세를 중요한 기본 개념으로 탑재하고 계셔야 합니다. 어른이든 아이든 **명령**과 **부정적인 훈계**를 좋아하는 사람은 아무도 없습니다.

만약 제가 똑게육아 클래스에서 수강생분 중 한 분에게 "○○씨, 의자를 그렇게 아무렇게나 놓고 가면 어떡해요? 쓰레기는 왜 그렇게 아무렇게나 버려둔거죠?" 혹은 "○○씨, 가방을 좀 제대로 놓으세요"와 같은 식의 명령조로 말한다면, 그 말을 들은 분은 어떤 느낌이 들까요? 가정에서도 마찬가지입니다. 남편이 아내에게 "아니, 지금껏 설거지도 안 하고 뭐했냐? 당장 설거지 해!"라고 말한다면… 어디 하고 싶던가요? 내가 하려 했는데 그렇게 말하면 더더군다나 오히려 아예 안 하죠. 그 하라는 행동 말이에요. 상대방이 시키고 명령하면 오히려 더 안 해요. 아니 하기 싫어져요.

이제 아래의 방식을 읽어보며 누가 나에게 이런 방식으로 소통한다면 어떤 느낌이 들지 생각해보세요.

- 명령

"빨리 가방 들어! 빨리 장난감 정리해! 당장 손 씻어!"

→ 이런 건 정말 노노! 조심하세요. 잘못을 탓하고 비난하지 않는 것이 중요해요. 질문을 가장한 비난도 조심해야 해요. 역지사지! 누가 여러분에게 이렇게 말한다고 생각해보세요. "왜 그렇게 정리를 안 하세요?"라고… 정말 듣기 싫죠. 이렇게 아이에게 말하고 있진 않나 되돌아보세요.

- 질문을 가장한 비난

"왜 하지 말라는데도 자꾸 하는 거야? 네가 해야 할 일이야? 그게? 대체 왜 그래??"

- 탓하고 비난하기

"야야~! 우유 뚜껑을 닫았으면 쏟아지지 않았잖아!"

- 모욕이나 창피주기

"좀 치워라. 넌 왜 그렇게 게으르냐? 너 그러다 게으름뱅이 소 된다. 너 같이 더러운 애는 인간도 아니야. 곧 소로 변신할 거야"

"네가 연우 때리는 거 봤어. 참 못됐네."

- 비아냥거리기

"책가방을 어디에 둔 거야? 왜 이렇게 네 물건을 안 챙겨? 도대체 누굴 닮아서…"

- 감정 부정하기

"그러지 마. 이건 재미있는 거잖아. 이제 불평은 그만 좀 해."

어떠세요? 혹시 거의 위와 같이 구사하고 계시지는 않으셨나요? 괜찮습니다. 저도 하루하루 노력하면서 하트법칙의 각각의 tool들을 적용해 나갔어요. 같이 이렇게 외칩시다. "우리가 말하는 방식은 글러 먹었어!!^^; 다시 배우자~!"

여러분, C-B 전략 툴을 꼭 익히셔서 지금껏 손에 익었던 무기들을 버리고 다시 태어나 보세요!!

이제 구체적인 C-B 실전적용 Tool로 들어가보겠습니다.

TOOL BOX

약기어 실전적용 TOOL

후속 결과

Tool ❶ 유머 코드 집어넣기

Tool ❷ 선택안 제시하기

Tool ❸ 정보 제공하기

Tool ❹ 잔소리나 설교 대신 '한 단어'로 말하기

Tool ❺ 있는 그대로 서술하기

Tool ❻ 나 화법(I-message)을 활용해 양육자의 감정 표현하기

Tool ❼ 말 대신 다른 표현으로 정보 전달하기

Tool ❽ 아이와 상황극 시나리오 쓰기

Tool ❾ 주의 전환시키기

❤❤❤

앞에서 후속 결과를 조절하여 아이의 행동에 브레이크를 거는 방법은 두 가지로 나뉜다고 말씀을 드렸던 것 기억하시지요? 그중에서도 이번 장에서는 '약기어로 브레이크를 걸어주는 경우'에 사용하는 Tool을 알려드리고자 합니다.

'약기어로 브레이크를 걸어주는 경우'는 아이가 잘못된 방향으로 행동할 때, 살짝 방향만 틀면서 '이쪽으로 가봐~'해주는 느낌으로 브레이크를 밟으며 후속 결과값을 주는 것입니다.

· 약기어로 브레이크를 걸어줄 때 - '이쪽 길로 가봐~'
  아이가 스스로 운전해나갈 수 있는 정도, 핸들만 살짝 틀어주기
  완전 ×는 아니고 △정도의 행동을 보았을 때 약기어 B 실전전략 툴을 활용합니다.

'강기어로 브레이크를 걸어주는 경우'는 아이가 잘못된 행동을 했을 때, 강한 후속 결과값을 주면서 지금 그 행동은 절대 해서는 안 되는 것이라고 알려주는 전략입니다. 쉽게 말해, 전자(약기어)가 부드럽게 협력을 이끄는 훈육이라면, 후자(강기어)는 강력하게 제지를 하는 훈육입니다.

후속 결과 - 약기어 B 실전적용 Tool ❶

유머/재미 코드 집어넣기

지루한 의무 → 즐거운 활동

지루한 '의무'로 느껴지는 일들에 유머나 재미를 가미해주면 아이는 즐겁고 신나는 활동으로 받아들여 협조적인 태도를 보여줍니다. 하기 싫다는 일을 억지로 강요했다가 돌아오는 아이의 반항, 통곡 소리, 집안의 비극을 감당하는 것보다는 이게 '똑(똑하고) 게(으르게)' 육아하는 길이랍니다. 유머 코드를 넣어 이야기하는 방법에는 다음과 같은 것들이 있습니다.

① 무생물 화법

다음과 같은 상황에서 무생물이 말하는 것처럼 '의인화'해보세요.

- 아이가 스스로 신발을 신기 싫어할 때, 신발이 말하는 것처럼 이야기해보기

→ "○○야, 나 좀 신어줘, 신어줘. 네 발이 내 몸에 착! 들어왔으면 좋겠어. 우리 밖에서 신나게 걸어보자!"

- 아이가 신발을 제멋대로 벗어놓았을 때, 신발이 말하는 것처럼 이야기해보기

→ "○○야, 나를 제자리에 가지런히 놓아줄래?"

- 아이가 브로콜리를 먹기 싫어할 때, 브로콜리가 말하는 것처럼 이야기해보기

→ "나는 ○○의 입속으로 들어가고 싶어. ○○의 목을 지나 장기로 쏘옥~! 이야, 좋아~ 드디어 ○○의 몸속으로 들어왔어."

아이에게 그려서 같이 보여준 그림

② 목소리 변조

무생물 화법에 꽥꽥 오리와 같은 동물이나 로봇, 스포츠 해설자, 아이가 좋아하는 캐릭터의 목소리 등을 따라 하는 식으로 **목소리를 변조**하는 전략을 더하면, 그 효과가 더 좋습니다.

③ 도전 과제나 게임으로 바꾸기

옷 입기 시합하기, 셔틀 버스와 누가 이기나 내기하기(누가 먼저 셔틀버스 장소에 도착하나를 게임화 하면 등원 준비에 용이), 시계와 경주하기 등 아이가 해야 하는 일을 게임으로 탈바꿈시키면 아이는 더 집중하고 재미있게 몰입할 수 있습니다.

후속 결과 - 약기어 B 실전적용 Tool ❷

선택안
제시하기

아이에게 선택안을 주는 것은 아이의 '파워 양동이'를 채워줄 수 있는 좋은 방법입니다. 여러분도 자유의지로 선택하고 결정하지 못하게 되고, 주위 상황에 따라 그저 수동적으로 끌려가며 육아를 하게 된다면…… 자기 존재의 의미가 없어지는 것만 같고 삶 자체가 무기력해져 기분이 좋지 않잖아요?

아래의 예시 문장을 참조하여, 아이에게 두 가지 정도 가능한 대안을 제시하면서 아이가 그중 자신이 원하는 방향의 행동을 선택할 수 있게 해보세요. 양육자는 아이가 해야 하는 한계선 안의 행동 범위에 속하는 선택안들을 아이에게 제시할 수 있고, 아이는 그 안에서 자신의 자유의지에 따라 행동을 결정할 수 있으므로, 모두에게 만족스러운 결과로 이어지는 전략입니다.

- "지금 당장 숙제해!"

→ "선택안① 숙제를 지금 끝내버리고 엄마랑 스페셜 타임을 가질까? vs 선택안② 간식을 먼저 먹고 숙제를 할래?"

- "엄마는 지금부터 저녁 준비로 바쁜데 당장 숙제 안 하니?"

→ "엄마는 저녁 준비하러 주방에 갈 건데, 선택안① 은교는 마루에서 숙제할래? vs 선택안② 은교 방에서 할래?"

선택을 위협으로 바꾸면 안 됩니다!

선택할 기회를 줄 때는 기분 좋은 선택지 두 가지를 제시해야 합니다. 이 전략의 포인트는 아이에게 주도권을 줘보는 거예요. 선택안을 주면 아이는 주도권을 가진 느낌으로 기분이 좋아져, 더 적절한 활동으로 쉽게 넘어갈 수 있습니다.

- "미끄럼틀 좀 그만 타!"

→ "이제 미끄럼틀은 잠깐 쉬라고 하자. 무생물 화법 지금은 미끄럼틀도 지쳐서 네 차례를 기다려줄 기분이 아닌 것 같아."

→ "그네를 타도 되고, 선택안① vs 모래밭에 커다란 구덩이를 파도 돼. 선택안② 네가 정해." 선택안 제시하기

후속 결과 - 약기어 B 실전적용 Tool ❸

정보 제공하기

단순히 그만두게 하는 것이 아니라 정보 제공해주기

○○야, 키보드 쾅쾅 두드리지마~! 망가지겠다. (✗)

→ ○○야, 키보드는 망가지기 쉬워. 그러니 아주 살살 다루는 것이 좋아. (O)

아이는 아직 세상에 대해 모르는 것이 대단히 많을 수밖에 없고, 당연히 많은 실수를 하며 배우는 과정에 놓여 있습니다. 양육자는 아이에게 세상에 대한 실질적인 교훈과 정보를 제대로 전달하기 위해 이를 가르치기에 적당한 시간을 골라야 합니다. 만일 아이가 하고 있는 특정한 행동을 부모가 멈추게 하면 아이는 부모가 하는 말을 듣기보다는 감정이 안 좋아지며, 자신이 재미있어 하는 일을 부모가 계속하지 못하게 한다는 사실만을 더 걱정하게 됩니다.

예를 들어 아이가 가위를 펼쳐 잡은 채 방을 가로질러 뛰어가면 부모는 아이에게 그것이 위험한 행동임을 가르쳐주고, 그 행동을 그만두게 해야 한다고 생각합니다. 그래서 아이에게 "가위를 가지고 뛰어다니면 안 돼"라고 알려주는 데에만 신경을 씁니다. 하지만 아이가 빨리 색종이를 가지러 가야겠다는 자신의 목적에 집중하고 있는 상황이라면, 아이는 이 가르침을 기억하기 어렵습니다. 따라서 이럴 때는 아이가 목적으로 삼은 일을 우선 달성하도록 차분하게 도와준 다음, 아이가 꼭 알아야 할 정보를 어떻게 가르쳐주면 좋을지 계획을 세워야 합니다.

앞의 사례를 가지고 이야기한다면, 아이가 가위를 다시 사용하기 전이나 지금 하는 일을 끝마친 후에 잠시 아이와 함께 앉아 집중하는 분위기에서 아이에게 필요한 정보를 줘보세요. 이때 아이는 가위가 날카롭다는 사실을 인지하고, 가위를 잡는 바른 방법을 알아야 합니다. 또한 가위를 제대로 잡을 수 있다는 걸 양육자에게 보여줘야 합니다. 또 가위를 위험한 방법으로 사용하면 어떤 일이 일어날 수 있는지도 알아야 하지요.

이렇게 양육자가 적절한 타이밍을 잡아 아이에게 새로운 정보를 주고 나면, 아이가 다음에 가위를 사용하고 싶어할 때 이 모든 정보가 모여 제대로 된 결정을 내리는 데 도움을 주게 됩니다. 만 3세 정도 되었나면, 아이와 함께 이야기한 내용을 나중에 상기시키며 제대로 알아들었는지 다시 한번 확인해봐야 합니다. 아이에게 정보를 줄 때는 아이가 주의 깊게 들을 수 있도록 차분한 시간을 찾는 것이 관건입니다.

★ 이 기술의 장점

이 기술의 장점은 정보로 알려주며 아이에게 했던 요구가 즉시 아이들에게 받아들여지지 않더라도, 우리 자신이 그렇게까지 짜증이 나지는 않는다는 것입니다. 아이에게 "당장 안전벨트 해!"라고 직접적으로 명령을 했을 때, 아이가 따르지 않으면 화가 치밀 수 있습니다. 하지만 정보를 주는 식으로 접근하면, 아이가 그에 맞춰 행동하지 않더라도 기분 상하는 일이 없게 됩니다. 우리 자신에게 한층 여유가 생기거든요. 그렇기에 내 눈앞에서 바로 안 통하더라도 지속적으로 알려줄 수도 있고, 상황에 따라 다른 방법을 시도할 수도 있게 됩니다. '정보 제공하기 Tool'은 우리의 기분보호를 위해서라도 아주 훌륭한 방법이라고 할 수 있습니다!

똑게 회화

입에 착~! 붙이면 좋은 똑게 어구

아이에게 정보를 줄 때는 아이가 주의 깊게 들을 수 있도록 차분한 시간을 찾아야 해요. 그러고 나서 다음과 같은 말로 대화를 시작해보세요.

"~에 대해 네가 알아야 할 게 있어."

후속 결과 - 약기어 B 실전적용 Tool ④

잔소리나 설교 대신 한 단어로 말하기

여유가 있을 때도 화가 날 때도 상관없이 쓸 수 있는 기술입니다. 짧게 말하면 길게 말할 때 부지불식간에 섞이기도 하는 아이에 대한 인격적 모욕, 무시, 위협 등을 피할 수 있습니다. 이런 것들이 섞이면 아이의 마음속에 오래 남는 상처를 줄 수 있거든요. '한 단어로 말하기'방법으로 아이의 잘못된 행동을 지적하면 그러한 부분을 피해갈 수 있습니다. 또한, 부모의 말이 길어질수록 아이의 뇌 속에서는 "어쩌고저쩌고 어쩌고저쩌고…"로 들리는 것. 알고 계셨나요? 짧게 이야기한다면 아이의 뇌에 입력도 심플하게 되어 오히려 더 효과적이기도 합니다.

- "은교야! 왜 숙제를 시작도 안 하고 그렇게 멀뚱하게 있니?
그러면 밥이 나와, 쌀이 나와? 시작이라도 좀 해봐.
왜 숙제를 꼭 내야 하는 그 끝자락까지 미루고 버티다 제대로 하지 않는거니?
→ "은교야, 숙.제.~~~!"

- "화장실 불을 또 안 껐네. 너희는 도대체 맨날 왜 그러니?
몇 번을 말해야 알아들어? 너희 때문에 엄마가 못 살겠다."
→ "얘들아, 화장실 불~!"

- "양말 좀 제~~발 빨래통에 가져다 넣으라고 몇 번을 얘기했니?
어쩌고저쩌고 어쩌고저쩌고~"
→ "양~~말!!"

- "아니 누가 여기다가 귤껍질을 그대로 놓은 거야?
귤을 먹었으면 귤껍질은 치워야지. 이런 것까지 계속 엄마가 치워줘야 되니? 엄마 할 일 많은 거 안 보여~~!!!
엄마도 사람이야!!!!"
→ "귤. 껍. 질~~~!!"

후속 결과 - 약기어 B 실전적용 Tool ❺

(감정을 싣지 말고) 있는 그대로 서술하기

이 전략은 아이와 접속하는 C단계에서도, 아이의 행동을 칭찬하는 A단계에서도, 아이가 행동하는 방향을 바꿔주는 B단계에서도 모두 통하는 방법입니다. 아이의 짜증이 돋도록 명령하거나 감정을 실어 비난하지 말고, 눈앞의 상황을 있는 그대로 서술하는 데 집중합니다. 그것만으로도 아이가 해야 할 일을 상기시켜줘서 아이의 협조를 이끌어낼 수 있습니다.

- "바닥에다 옷을 그대로 벗어두면 어떡해. 엄마가 무슨 노예인 줄 아니? 네 시녀야?"

  → "옷이 바닥에 있네."

- "슬라임으로 완전히 난장판을 만들어놨구나. 이거 다 안 치우면 다시는 집에서 슬라임을 못 할 줄 알아!"

  → "바닥에 슬라임이 많이 묻었네."

긍정적인 면을 먼저 언급하세요!

'있는 그대로 서술하기'를 브레이크(Brake) B tool에 접목 시에는 이미 되어 있는 일을 긍정적으로 언급한 다음, 남아있는 일을 서술해주세요. 부정적인 면에 초점을 맞추기 보다는 긍정적인 면을 먼저 언급하는 것이 좋습니다.

- "아직도 정리를 다 끝내지 못했구나!"

  → "자동차랑 로봇은 거의 다 치웠네! 이제는 레고 조각들만 몇 개 치우면 되겠구나!"

후속 결과 - 약기어 B 실전적용 Tool ❻

'나 화법'을 활용해 양육자의 감정 표현하기

아이가 문제 행동을 벌이면 부모도 사람인 이상 화가 나거나 짜증이 치밉니다. 이럴 때 '나 화법(I-message)'으로 아이가 그렇게 행동하면 부모인 '내'가 어떻게 느끼는지 알려줌으로써 아이의 행동을 완화할 수 있습니다. 부모인 '내'가 어떻게 느끼는지 알려줌으로써 감정을 여과 없이 아이에게 퍼부어서는 안 되지만, 그렇다고 무조건 억누르기만 하면 그것 역시 거시적인 관점에서는 좋은 방법의 훈육은 아닙니다.

강한 분노는 절제해서 표현하세요!

'나 화법'으로 양육자의 감정을 전달할 때, 강한 분노는 완화해서 표현해야 합니다. 자칫하면 아이에게 공격적으로 느껴질 수 있기 때문입니다.

- 화난다. 신경질 난다. (×)
- 속상하다. 곤란하다. 마음에 들지 않는다. (o)

'화가 난다', '신경질이 난다'와 같은 표현은 아이가 받아들이기 힘든 부정적인 감정표현이 될 수 있어요. 아이가 공격을 받는다는 느낌을 주기 때문이에요.

'화가 난다', '신경질이 난다'와 같은 직접적이고 공격적인 표현보다는 아이의 행동으로 인해 '속상했다', '곤란했다', '마음에 들지 않았다' 등으로 우회해서 표현하는 것이 좋습니다. 상황에 따라서는 긴 설명을 할 필요 없이, "엄마는 ○○한 행동을 보고 싶지 않아" 정도로만 말해도 충분합니다.

똑게 회화

입에 착~! 붙이면 좋은 똑게 어구

"네가 ~하면 엄마가 속상하다, 곤란하다, 마음에 들지 않는다, 엄마는 ~을 보고 싶지 않다."

- "엄마는 누가 나한테 소리치면 기분이 나빠. 그러면 도와주고 싶은 마음이 안 들어. '엄마 우유 좀 주실 수 있나요?'가 훨씬 듣기 좋아."

"엄마는 아직도 많이 속상해."

- "엄마는 아직도 많이 속상해. 기분이 나아지려면 시간이 좀 필요해. 조금 더 있어야 은교를 도와줄 수 있을 것 같아."

"엄마는 ~~ 보고 싶지 않아."

- "마룻바닥에 비누거품이 묻는 건 보고 싶지 않아."
- "사람 눈에 모래가 들어가는 건 보고 싶지 않아."

후속 결과 - 약기어 B 실전적용 Tool ❼

말 대신 다른 표현으로 정보 전달하기

어떤 경우에는 백 마디 말보다 다음과 같은 창의적인 방식이 아이의 흥미를 유발하여 아이의 행동을 바꾸는 데 훨씬 효과적일 수 있습니다. 앞서 살펴본 툴(Tool)들 중 '유머 코드 집어넣기(310쪽 참조)'를 접목하거나 '정보 제공하기(315쪽 참조)'에 활용하기도 좋답니다.

① 글씨로 직접 써서 알려줘보기, 그림을 활용

아이가 글을 완전히 읽지 못해도 정보를 전달할 수 있는 효과적인 방법입니다. 실전에 적용할 때는 '유머 코드 집어넣기'와 '정보 제공하기' Tool을 합친 형태로 활용할 수 있습니다. 가령 아이가 목욕하기를 싫어한다면 목욕 시간을 미리 공지하는 '목욕 서비스 예약 카드(6시 목욕을 예약하신 손

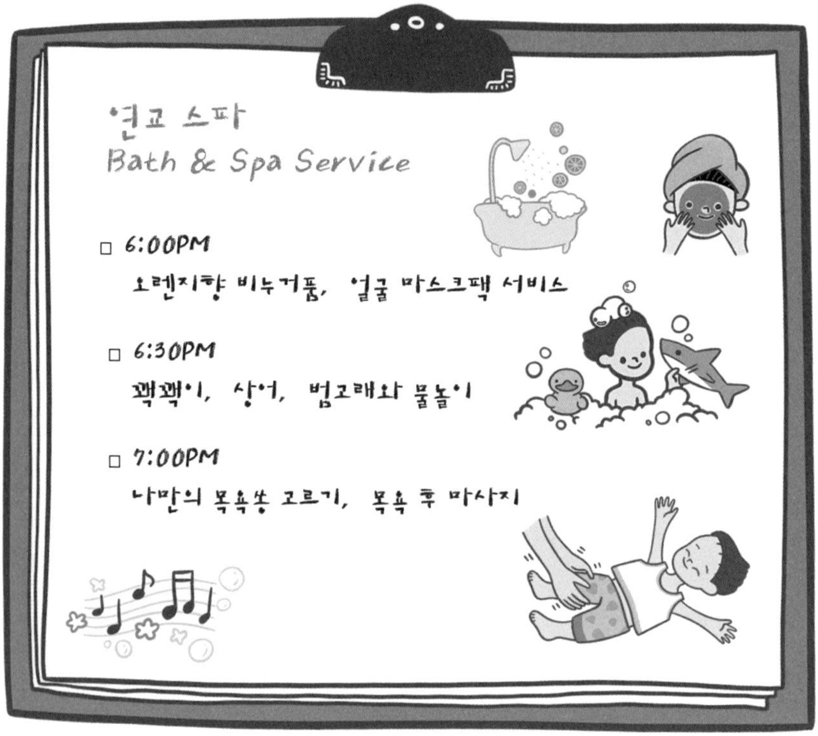

님 들어오세요~)를 만들어 욕실 문에 붙여둡니다.

이는 식사 훈육에도 적용할 수 있습니다. 실제로 식탁에 '연교(연우+은교) 레스토랑'이라고 이름을 붙여주고 '오픈 카드(연교 식당은 6시에 열립니다!)'를 붙여놓았더니 아이들이 식사 시간에 더욱 관심을 가졌습니다.

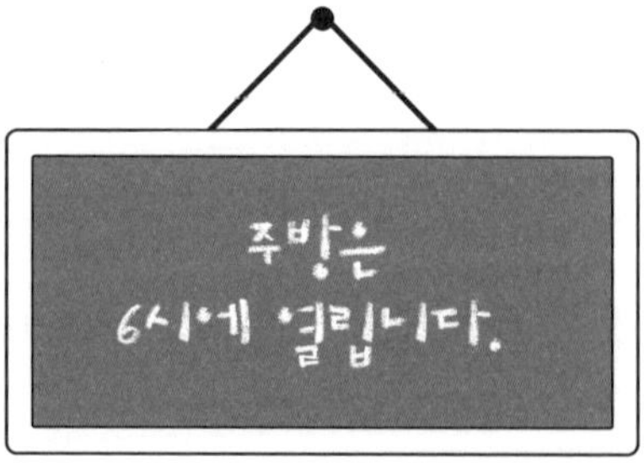

또한 제 작업에 집중해야 할 때도 "엄마는 지금부터 글을 씁니다" 혹은 "지금부터 엄마는 똑게육아 작업"이라고 적은 카드를 내겁니다. 이때 각각의 경우에 어울리는 그림도 활용하면 좋습니다.

이렇게 걸어두거나, 스카치 테이프로 붙여두면, 아이가 '이게 뭔가~~' 하고 관심을 보일 거예요.

"연우야, 표지판 보이니?"

"엄마, 나는 글자 못 읽잖아"

"엄마가 읽어줄까?"

"응"

아이가 글자를 읽지 못해도 괜찮아요. "엄마가 읽어줄까?" 하고 대신 읽어주면 돼요.

아이에게 어떤 루틴을 수행해야 하는 시간과 그 순서를 알려줄 때도 이 방식을 사용하면 효과적입니다. 아날로그시계에 해당 시각을 표시하여 아이에게 시각적으로 이해하기 쉽게 딱 보여주세요. 이 방법은 아이에게 시계보는 법을 알려줄 수 있을 뿐만 아니라, 아이가 기다려야 할 일이 있다면 인내심을 가지고 훨씬 잘 기다릴 수 있게 해줍니다.

(아날로그시계 보는 법을 교육하려 하신다면, 똑게닷컴(ddoke.com)과 똑게빌리지의 멤버십을 구매하여 시계보는 법 시트지들을 참조해주세요)

② 그 밖의 창의적인 방법

표 그리기, 노래로 지시 사항 전달하기, 그림을 넣은 체크리스트 만들기 등의 말로 전달하는 방식 외에 창의적인 정보 전달 방식은 무궁무진합니다. 해야 할 일의 목록을 시각화해서 볼 수 있도록 그림으로 그려서 잘 보이는 곳에 게시해둘 때, 여건이 된다면 가급적 코팅해서 부착해두면 더 좋습니다.

●● 생활 속 아이디어
비주얼 카드

알아서 어떤 일들을 하도록 아이가 행동하게 만들려면 각 행동을 단계별로 쪼개어 하나씩 하도록 도와주고 그 성취감을 맛보여줘야 합니다.

what's next? ➡

다음에 해야 할 일이 뭘까?를 아이가 대답할 수 있을까요?

아이가 "다음에 무슨 일을 해야 할까?"에 대답할 수 있을지 한번 생각해 보세요.

우리가 제대로 환경을 조성해준다면 저 질문에 아이가 스스로 대답할 수 있게 됩니다.

다음에 해야 할 일이 뭘지, 아이 자신의 뇌 속에서 정리되게끔 기회를 주는 거예요. 스스로 연습을 계속 해봐야해요. 그래야 나중에 혼자서 체계적으로 일들을 이끌어가고 해야할 일들을 제대로 완수할 수 있는 것이죠.

각 단계들에 소요되는 시간들을 적어보세요. 그리고 그 각 단계들 중 잘 안 되는 부분들을 캐치해내고, 그걸 아이가 해내기 위해서는 내(양육자)가 어떻게 환경을 조성해줄 수 있는 지를 생각해보세요. → 아이 스스로 할 수 있는 스킬들을 배가시켜주기!

이때, 아이가 지금 무엇을 해야 하는지를 시각적으로 보여주는 것이 효과가 있어요. 숙제하기, 이 닦기, 옷 입기 등 아이가 일상에서 규칙적으로 해야 하는 일들을 비주얼 카드로 만들어서 곳곳의 해당 장소에 붙여놓으세요. 아래는 제가 만들었던 아침과 저녁 루틴 비주얼 카드 중 하나입니다. (똑게닷컴(ddoke.com)과 똑게빌리지에서 멤버십을 구매하시면 여러 타입의 시트지들을 다운받을 수 있습니다.)

아침루틴

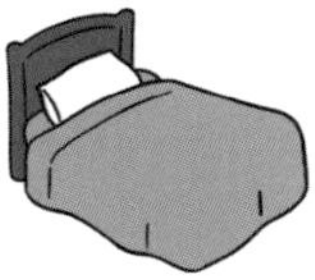

침대 정리

아침식사

양치질하기

세수하기

옷 입기

가방 챙기기

저녁(밤잠 자기전) 루틴

저녁식사

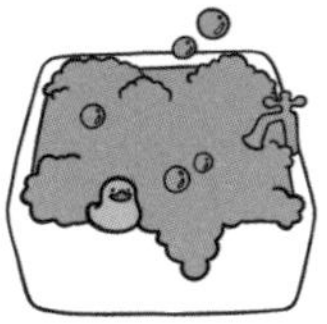

목욕

잠옷
갈아입기

양치질하기

책 읽기

잠자기

후속 결과 - 약기어 B 실전적용 Tool ⑧

아이와 상황극 시나리오 쓰기

책 만들기, 상황극 재연하기/리허설하기, 롤플레잉

특정 상황에서 유독 아이가 바람직하게 행동하기 어려워한다면, 그럴 때는 어떻게 행동하면 좋을지에 대해 아이와 함께 가상의 상황극 시나리오를 써서 역할극을 해볼 수도 있습니다. 스케치북, A4 용지, 종합장 등을 사용해서 해당 상황과 관련된 이야기를 만드세요. 그것을 모아서 책처럼 만들어둬도 좋습니다.

가령 아이들은 치과에 가는 것을 무서워하는데요. 저는 연우가 치과에서 의연하게 치료받을 수 있길 바라며 아이와 함께 그 상황을 시나리오로 써봤습니다. 의사 역할은 연우가, 연우 역할은 제가 맡아서 역할극도 했지요. 이후 스페셜 타임이나 아이의 컨디션이 좋을 때 반복해 읽어주기도 했고요. 그러고 나니까 치과에 가는 것을 조금 덜 겁내더군요. 상황극 시나리오 쓰기를 해보면 아이가 특정 상황에서 해야 하는 행동/해서는 안 되는 행동을 자연스럽게 배울 수 있는 것은 물론이고 가상의 리허설 경험까지 할 수 있게 됩니다.

- 양보하기 관련 롤플레잉 예시
  → "연우야, 저 팽이 장난감, 네가 놀이 끝나면 내가 가지고 놀고 싶어."
- 식사 시간 관련 롤플레잉 예시
  → "은교야, 애호박 볶음 접시 좀 나한테 가까이 줄 수 있어?"
- 정리 시간 관련 롤플레잉 예시
  → "연우야, 이제 장난감을 치울 시간이야."

아이들은 상황극을 정말 좋아하고 즐기는데요. 평상시의 롤을 바꿔서 여러분이 아이 역할을 맡으면 더 효과가 좋습니다. 어떻게 행동하는 것이 좋은지 우리가 직접 보여줄 수 있기 때문입니다.

가상의 상황과 시나리오 안에서 다음 페이지의 그림처럼 롤을 배정하고 또 바꿔가며 상황극을 즐겨보세요.

상황극 시나리오 쓰기 전략은 앞에서 이야기한 병원 가기 이외에 양보하기, 식사하기, 물건 정리하기 등 다양한 상황을 주제로 시도해볼 수 있습

상황극 즐기기

선생님 role 부모 role – 아이	아이 role – 부모
아이 친구 role – 아이	아이 role – 부모
아이 친구 role – 부모	아이 role – 아이

니다. 저는 아이들이 지혜롭게 거절하는 법, 친구와의 갈등 상황 등의 주제로도 상황극을 가진답니다. 학교에서 아이가 친구에게 하고 싶었던 말이 있었는데 하지 못한 경우라면 더더욱 집에서 같은 상황을 연출한 상황극을 해보면서 그 말을 실제 상황에서 머뭇대지 않고 할 수 있도록 자연스럽게 연습시키기도 하지요. 이런 시간을 가지게 되면 추후 유사한 상황이 또 생겼을 때, 그동안 연습해왔던 적절한 자세와 대사들을 자연스럽게 표현함으로써 아이가 해당 상황에 잘 대처할 수 있게 됩니다. 특히 'No!'를 잘 못 하는 아이의 경우에 효과가 크답니다.

후속 결과 - 약기어 B 실전적용 Tool ⑨

주의/방향 전환시키기

돌 무렵이 되면 아이들은 '대상 영속성'개념을 온전히 이해하게 됩니다. 다시 말해 숨겨진 물건이나 잠시 사라진 사람이 당장 자신의 눈앞에 보이지 않더라도 실제로 사라진 것이 아님을 아는 것이지요. 그렇다고 해도 아이는 두 돌이 될 때까지는 '까꿍놀이'와 '좋아하는 장난감 찾기 놀이'를 계속 재미있어 합니다.

1세 아이는 2세 이상의 아이들에 비하면 주의가 매우 쉽게 분산되고 집중력이 낮습니다. 우리는 아이의 이런 특성을 아이가 위험한 행동을 하거나 양육자가 받아들일 수 없는 행동을 할 때 유리하게 이용할 수 있습니다. 적절하게 사용한다면 '주의 돌리기'와 '방향 전환'은 유아를 존중하면서 훈육하는 방법이 될 수 있습니다.

차분한 어조와 나지막한 목소리로 아이가 지금 하는 행동의 문제점을 간략하게 설명해주세요. 조금 전에 한 행동에 대해 정한 제한선을 아이가 이해할 수 있을 때까지 잠깐 기다려주세요. 아마 이때 아이는 울거나 여러분을 밀거나 무시하거나 떼를 쓸 수도 있어요. 우리는 아이가 제한선에 대해서 자신의 감정대로 반응하도록 놔두고, 감정을 표현하고자 하는 아이의 욕구를 받아들여야 해요. 하지만 여기서 아이를 너무 오래 내버려두지는 마시고 곧바로 새로운 활동을 제시해보는 겁니다.

여기서 '새로운 활동'이란 위에서 살펴본 '해도 되는 일 알려주기(=Can Do)', '대안 제시하기'의 맥락을 적용한 활동들입니다. 예컨대 깨질 만한 물건을 가지고 노는 아이에게 말랑말랑한 공을 주며 이것으로 놀아보자고 하는 것일 수도 있고, 완전히 다른 활동을 제시할 수도 있는 것이지요. '관심 돌리기' 기법은 연령대에 따라 아래의 사항을 알고 있는 것이 좋습니다.

① 1세 전후의 경우

특히 1세 아이들의 경우에는, 부모의 말보다는 '행동'이나 '동작'에 반응하는 일이 많으므로 아이를 안고 다른 방으로 데려가 환경을 완전히 바꾸는 것이 좋습니다.

아이를 잘 관찰하다 보면 몇 가지 행동들에는 '주의 전환시키기'전략이 유용하다는 사실이 발견됩니다. 예를 들어 1세 아이들의 부모는 아이들이 '원인과 결과'에 대해 탐색하기를 좋아하다 보니 음식을 흘리거나 던지는 등 밥을 먹으면서 지저분하게 만들며 여러 시도들을 한다는 점을 경험으로 자연스레 알게 됩니다. 이럴 때 아이의 접시에 한 번에 더는 음식의 양을 제한하면 이런 문제가 자연스럽게 줄어듭니다. 또한 이런 행동은 아이가 먹을 만큼 먹었고 이제 놀 준비가 됐다는 의미일 수도 있기 때문에, 아이가 이런 행동을 하면 식사를 다 했는지 물어보고 다음 활동으로 재빨리 넘어가보세요. 이때 '주의를 다른 데로 돌리기 기법'이 효과를 발휘합니다. 그 후 대안 제시하기, Can Do 전략을 써서 식사 공간을 벗어나 아이가 '떨어뜨리기'와 '던지기 기술'을 연습하기에 더욱 적당한 물건을 아이에게 줄 수 있는 것이죠.

② 4세 이상의 경우

반면 4세 이상의 아이들에게 '주의 돌리기와 방향전환'전략은 더 이상 효과가 없게 됩니다. 아이들의 주의를 순간적으로 돌릴 수는 있겠지만, 4세 이후의 아이들은 집중력이 더 강해지고 시간의 흐름에 대해 더 명확한 개념을 가지기 때문에 자신이 애초에 했던 요청을 쉽게 잊어버리지 않습니다. 이런 상태에서 무턱대고 아이의 주의를 돌리면 때로는 자신이 부당하고 교묘하게 조종당했다고 느낄 수도 있습니다. 아이들은 누구나 자신의 존재와 자신의 감정 및 욕구가 진지하게 받아들여지기를 원합니다. 대부분의 4세 이상의 아이들은 징징대거나 무례한 말을 하는 등 이전에는 하지 않던 여러 가지 짜증스러운 행동들도 하게 됩니다. 이때 양육자는 아이의 그런 행동은 무시하고 대신 아이가 애초에 부모의 관심을 끌려 한 이유에 집중하는 것이 좋습니다. 더 나은 해결책을 찾는 일에 아이를 적극적으로 참여시킨다면 아이의 협조와 더 바른 태도를 이끌어낼 수 있습니다.

다행히 이 시기에는 **선택권을 주는 기법**뿐 아니라 **자연적 결과**나 **논리적 결과에 대해 언급하기**, **문제에 대해 자세한 정보 주기** 등의 기법이 효과적입니다.

관심돌리기 기법의 유의점

- 너무 자주 쓰면 역효과가 나요!

역효과 ① 감정을 억누르는 아이가 될 수 있어요

이 방법은 너무 자주 쓰면 아이에게 안 좋을 수도 있습니다. 왜냐하면 아이는 사랑하는 가족들이 있는 안전한 환경에서 감정 표현이 허용될 때, 비로소 자기 조절 능력을 배울 수 있기 때문입니다. 어른인 우리도 슬프고 화가 날 때 누군가 내 말에 진심으로 귀를 기울여주면 기분이 나아지잖아요?

아무리 내가 케이크를 좋아한다고 하더라도, 감정적으로 우울한 상태에 있을 때 내 이야기를 들어주지 않고 "○○야, 네가 좋아하는 딸기 쉬폰 케이크야. 이거 먹고 이제 기분 좀 풀어"라고 주의를 다른 데로 돌리는 반응을 하면 어떠실 것 같은가요?

내가 사랑하고 믿을 수 있는 사람이 내 마음을 알아주는 것만으로도 기분이 좋아지잖아요. 아이의 문제 행동을 제지하고자 아이가 자기감정(특히 부정적인 감정)이나 욕구를 느끼지 못하도록 주의를 돌려버리는 전략을 남용하면 자칫 감정을 억누르는 아이가 될 수도 있으니 이 부분을 유의하세요. 이와 관련하여 두 가지 연구를 소개해드릴게요.

연구 결과, '억눌린 감정'은 궁극적으로 '내재화' 혹은 '외현화' 둘 중 하나의 형태로 나타나게 된다고 합니다. 조사 대상 어린이 중 약 30% 정도는 '억눌린 감정'이 안 속에 꾹~꾹 눌러져 갇혀 있는 내재화된 행동을 보였고, 25% 정도는 이 억눌렸던 감정을 밖으로 표출하는 외현화된 행동을 보였습니다. 그러나 이러한 행동이나 성향은 부모와 밀접한 관계를 유지하면서 줄어들었습니다. 이처럼 잘 처리되지 못한 억눌렸던 감정이 내재화되거나 외현화되는 행동은 아이가 청소년기에 접어들면서 증가하는 것으로 알려져 있습니다.

또 다른 연구는 아동기에는 겉으로 표출하는 외현화 행동을 보였던 아이들이 청소년기로 접어들면 내재화되는 행동을 보일 가능성이 높다고 지적했습니다. 격렬한 감정을 억눌러 내재화하면 아이의 자존감이 낮아지고 불안감과 우울감은 높아질 수 있으며 섭식장애, 약물남용, 자해, 자살로 이어지기도 합니다. 한편 세상을 향해 감정을 표출해 외현화하면 신체적, 언어적인 공격성과 폭력성이 나타날 수 있고요.

그러므로 궁극적으로 보호자, 양육자인 우리는 똑게육아 훈육비책인 '하트법칙'을 생활화하여 아이가 어렸을 때부터 여러 다양한 감정들을 일단은 표출할 수 있도록 해주고, 이것을 건강하게 소화할 수 있도록 그 능력을 키워주는 것이 중요합니다.

역효과 ② 더 나은 양육 기술을 익힐 기회가 사라져요

이 전략을 남용해서는 안 되는 또 다른 이유는 양육자가 더 나은 양육 기술을 익힐 기회가 차단되기 때문입니다. 어려운 상황에서 항상 아이의 관심을 돌리는 방식으로 일관하게 되면, 아이가 이 전략에 반응을 보이지 않거나 이 전략이 통하지 않는 상황이 되었을 때(4세 이후) 양육자가 훈육에 더 큰 어려움을 겪게 됩니다. 물론 상황에 따라 '아주 가끔'은 '관심돌리기'가 필요한 경우도 있어요. 하지만 가능한 한 사용을 자제해야 하고, 이것을 주된 양육방법으로 활용해서는 안됩니다. 예를 들어, 결혼식장에서 아이가 소리치거나 괴성을 지르며 운다면, 자신의 감정을 표현하도록 허용하는 대신 관심을 돌려서라도 울음을 그치게 하는 것이 바람직하겠죠.

제가 다른 전략에 비해 '관심돌리기'와 관련해서 주의사항을 많이 언급하는 까닭은 요즘은 주의 전환의 방법으로 스마트폰을 활용하는 부모들이 많기 때문입니다. 전자기기를 사용해 아이의 문제 행동을 제지하는 것은 어떤 부분에서는 임시방편일 뿐입니다. 따라서 앞에서 이야기한 내용들을 참조하여 이 방법을 남용하지 않도록 합시다.

주의 전환시키기 전략을 효과적으로 활용하기 위해서는 앞에서 살펴본 '할 수 있는 행동 알려주기', '대안 제시하기(Can Do)'와 결합해서 사용하면 좋습니다. 다음은 적절한 적용을 위한 예시입니다.

① 단단한 플라스틱 장난감을 던지려고 할 경우

단단한 플라스틱을 던지는 것은 다른 사람들을 다치게 하거나 살림을 망가뜨릴 수 있으므로 던지기 연습 방법으로 받아들일 수 없지요. 그렇다면 아이에게 이렇게 말할 수 있습니다. "이 장난감은 던져도 괜찮은 물건이 아니야. 이제 이걸 선반에 다시 가져다 놓을 거야. 그렇지만 뭘 찾았는지 보렴. 여기 부드러운 공이 있는데, 이건 던져도 괜찮아. 이걸 던져볼래?" 그러면서 부드러운 공을 아이의 손에 쥐여주면 됩니다.

② 쓰레기통을 뒤지려고 할 경우

쓰레기통 뒤지기는 비위생적이고 위험할 수도 있으므로 아이가 그 행동을 계속하게 둘 수는 없지요. 그렇다면 아이에게 이렇게 말할 수 있습니다 "쓰레기통은 쓰레기를 넣는 거야. 우리 손은 멀리해야 해. 네 손이 대신 뭘 하고 싶어 할지 궁금하네. 좋은 생각이 있어! 아마 네가 이 장난감 바구니를 탐색하고 싶을 것 같은데."

③ 과자를 더 달라고 울 경우

아이는 과자를 원하는 대로 먹을 수 없어요. 몇 개를 먹을 수 있는지 그 제한선을 정한 다음 다른 음식이나 다른 활동을 제안해보세요. 이를테면 아이에게 이렇게 말할 수 있습니다. "네 몫의 과자는 이미 먹었잖아. 방금 밖에서 새 한 마리가 깡충깡충 뛰어다니는 걸 봤어. 짹짹, 짹짹! 엄마(아빠)는 새가 귀엽고 좋더라~ 그 새를 보러 가볼까?"

TOOL BOX

강기어 실전적용 TOOL

· 기본 Tool 1) 벽 세우기

□ 실전 Tool ❶ 표정이나 제스처로 경고하기

□ 실전 Tool ❷ 비난하지 않고 행동 취하기

· 기본 Tool 2) 더하기/빼기 전략

□ 실전 Tool ❶ 자연적 결과로 알려주기

□ 실전 Tool ❷ 논리적 결과로 알려주기

□ 실전 Tool ❸ 친절하게 무시하기

□ 실전 Tool ❹ 타임아웃 제대로 하기

· 기본 Tool 3) 부모의 중립적인 감정 유지하기

□ 실전 Tool ❶ 부모와 아이의 거울뉴런 이해하기

□ 실전 Tool ❷ 5성급 호텔 직원으로 빙의하기

♥ ♥ ♥

이번 장에서는 '강기어로 브레이크를 걸어주는 경우'에 사용하는 Tool을 알려드리고자 합니다. 이 장에서 소개하는 전략들은 조금 더 강하고 단호하게 후속 결과값 반응을 줄 때 사용할 수 있는 방법들입니다.

Part 5, C-B를 시작하는 부분에서 '강기어'로 브레이크를 걸어줄 경우는 양육자가 보다 더 엄격하고 확고한 훈육의 원칙과 기준을 정립해야 한다고 말씀 드린 바 있습니다. 그렇기 때문에 다른 어떤 단계보다 양육자 스스로 마인드 컨트롤을 굳건히 해야 합니다. 그런 이유에서 이번 장은 큰 틀에서는 실전 적용 Tool을 알려주는 장이지만, 다른 장들과 달리 훈육의 원칙/기본 개념을 짚어주는 대목이 중간 중간에 나옵니다.

후속 결과 - 강기어 B 기본개념 Tool ❶

벽 세우기

아이가 보인 나쁜 행동이나 양육자가 보고 싶지 않은 행동들에 대해 강한 후속 결과값을 주기 위해서는 사전에 어떤 것을 확실히 내가 금지하고 있는지를 설정해두어야 합니다. 아이와 접속이 이루어진 뒤, 가이드를 주어야 한다는 것을 아이가 원하는 걸 들어주라는 것으로 착각하시면 안 됩니다. **접속**과는 별개로 무엇이 지금 현명한 선택인지 알고 판단할 수 있는 어른이 '**행동 제한**'은 꼭 제대로 짚어줘야 합니다.

내가 "벽"으로 생각해 둔 제한선은 확실히 머리에 넣어두고 사수해야 해요. 아래의 예를 함께 생각해볼까요.

2016년 12월~2017년 초에 저는 은교와 단둘이 호주에 한 달 정도 머무르며 국제 수면 전문가 과정 교육을 받고 왔습니다. 그런데, 돌아오는 비행기를 탈 때, 문제가 발생했습니다. 탑승 수속을 밟는데, 비행기 티켓 발권을 해주시는 분께서 트렁크 세 개 중 하나의 무게가 기준을 초과하여 추가 요금이 발생한다면서, 무게가 초과된 가방의 짐을 다른 가방에 옮겨 담기를 권하는 일이 생겼습니다. 제 뒤에는 다른 승객들이 기다리고 있었기에 저는 얼른 바닥에 쭈그려 앉아 트렁크를 열고 상황을 수습하기로 했지요. 무게를 줄이려면 아무래도 무거운 물건을 빼는 게 낫겠다 싶어 선물용으로 산 마누카 꿀병을 작은 트렁크와 은교의 엘사 트렁크에 넣었습니다. 탑승 전까진 공항에서 아이를 잃어버리지 않도록 아이 케어에 집중하기 위해 트렁크는 모두 화물로 반입할 생각이었고요. 그런데 이때 은교가 엘사 트렁크는 자기가 꼭 기내에 갖고 들어가겠다고 했습니다. 당시 은교는 〈겨울왕국〉에 흠뻑 빠져 있었던 터라 여행 기념으로 엘사 트렁크를 샀는데, 잠깐이라도 떨어뜨려놓은 상태인 게 싫었던 겁니다.

순간 저는 잠시 고민에 빠졌습니다. 아이가 영화 〈장화 신은 고양이〉에 나오는 고양이 같은 눈망울을 하고 애원을 했던 데다 은교의 트렁크가 기내 반입이 되는 크기이기도 해서 제 원칙을 접고 그렇게 하기로 허용했지요. 그러나 그것은 패착이었습니다. 애착을 가진 트렁크이니 아이가 잘 챙길 줄 알았지만, 비행기에 타기 전까지 결국 트렁크를 챙기는 것도 제 몫이 되었지요. 더 큰 문제는 그다음에 벌어졌습니다. 짐을 검사하는 곳에서 트렁크의 꿀병이 문제가 된 것입니다. 꿀병은 기내 반입이 안 됐던 터라 모조리 압수를 당하고 말았지요. 그땐 너무 화도 나고 은교에게도 원망의 화살이 향하게 되었는데, 지금 생각해보면 모든 문제의 원인은 제가 세운 기준(=트렁크는 무조건 화물로 부친다)을 아이의 애원 하나 때문에 제가 허물었기에 벌어진 일이었지요.

당시에 제가 제대로 판단하여, 그 상황에서 다음과 같이 하트법칙을 구사했다면 어땠을까요? "은교가 정말 엘사 트렁크를 비행기에 가지고 타고 싶은 얼굴이구나" 하면서 접속을 시도한 뒤, "그렇지만 엄마가 트렁크까지 챙기면 은교를 챙기는 게 더 힘이 들게 돼. 트렁크를 은교가 가지고 타면 은교도 힘들게 될 테고. 그러면 결국 엄마가 트렁크를 끌게 될 거야. 그러면 여러 가지 실수나 문제가 생길 수도 있어." 이렇게 제한선을 확실하게 알려주면서 여지를 주지 않았다면, 모두가 기분 좋게 여행의 끝을 마무리할 수 있었겠지요. 최종적인 판단은 늘 아이가 아닌 양육자인 우리 자신이 해야 함을 잊지 마셔야 합니다.

이처럼 각 특수한 상황에서 내가 이건 벽이다 싶을 정도로 꼭 사수해야 하는 한계선이 있다면 무조건 사수해야 하는 거예요. 위의 예에서는 제가 **'아이를 챙겨야 하기 때문에, 트렁크는 모조리 무조건 부친다!!!'**라는 생각을 벽처럼 탁! 뇌리에 박아두었더라면, 흔들리지 않았겠죠. 현명한 판단은 우리가 해야 해요. 아이에게 맡기면 안 돼요!!!

그렇다면 여기서 더 나아가서 평상시 절대 금지해야 할 행동의 기준을 세울 때 어떤 과정을 거쳐야 하는지 알아보겠습니다.

① 절대 금지 행동에 대해 부모가 함께 논의해보기

- 우리 집에서 벽으로 성곽처럼 단단하게 세워둬야 할 부분은 무엇인지

어떤 행동이 거슬리는지는 사람마다 다릅니다. 부부 사이에도 서로 다를 수 있는 부분입니다. 그러므로 부모 두 사람이 시간을 내서 우리 가정에서 절대 금지해야 하는 행동(=벽)을 논의해보세요. 이 부분이 서로 다르다면 부모 각자가 아이에게 일관성 없는 대응을 하게 됩니다. 아이 양육에 대한 부부 사이의 가치관이나 태도가 다르면 아이가 문제 행동을 했을 때 배우자를 원망하게 될 수도 있으며, 혼란과 짜증의 발단이 되기도 하지요. 아이의 태도 문제에 부모가 일관성 있게 대응하는 것이 가장 좋지만, 만약 그것이 여의치 않은 상황이라면 최소한 서로 우리 집에서 '벽'으로 세워둔 규칙이 무엇인지 상호 협의 및 공유하는 것이 중요합니다.

② 거슬리는 행동 목록 정리하기

기준을 세울 때는 무엇에 에너지를 쏟을지를 선택하는 것이 관건입니다. 양육에 쓸 시간과 에너지는 한정되어 있기에 아이의 거슬리는 행동이 부모의 에너지를 투입할만한 가치가 있는 것인지 이것부터

정할 필요가 있습니다. 어떤 태도는 바로잡고 어떤 태도는 일단은 그냥 넘어갈지 부모가 정해야 합니다. 개입하는가 마는가. '안전'에 해당되는 부분을 제외하고 '태도'부분에 있어서는 이 행동에 에너지를 쓰는가 마는가는 전적으로 부모의 선택사항이 됩니다.

③ 금지 행동을 했을 때의 대응 방법과 그 이유 고찰하기

벽으로 세워야겠다고 판단한 그 선택에는 그 가정이 추구하는 가치가 실려 있습니다. 따라서 그 행동을 했을 때 대응 방법을 정할 때도 부모의 가치관이 담기게 됩니다. 따라서 어떤 방법을 선택하셨다면, 그렇게 대응하는 이유를 먼저 깊이 생각해 볼 필요가 있습니다. 부부가 각자 질색하는 행동을 합쳐 공동 가치관의 틀을 정립시키세요. 이러한 과정을 밟는 궁극적인 목표는 훈육에 있어 비일관성을 줄이기 위함입니다.

④ 벽 세우기의 예시

우리 가족만의 '벽'을 세울 때는 다음과 같은 사항을 참고하여 기준을 만들면 됩니다.

- 안전과 결부된 위험한 행동은 금지한다.
- 공격적인 행동, 폭력적인 행동은 금지한다.
- 우리 가족 가치관에 어긋나는 행동은 금지한다.

지금까지는 부모의 한계선 중 **절대 무너뜨릴 수 없는 기준인 '벽'을 세우는 과정**에 대해 말씀드렸는데요. 한계선은 그 강도에 따라 여러 형태로 존재합니다. 아래와 같이 설명드리면 가장 이해가 빠릅니다. 저는 크게 네 가지 카테고리로 나눠 설명합니다.

- **문**

꼭 지키려고 사수하지 않아도 되는 것. 즉 유연하게 '열었다, 닫았다' 들락날락할 수 있는 것.

- **벽**

무슨 일이 있어도 지켜야 하는 성곽 같은, 단단한 벽돌 같은 기준.

- **벽으로 만들고 싶은 것**

현재는 유연하게 두고 있지만, 차차 벽으로 세우고 싶은 것.

- **버릴 것**

내가 버리고 싶은 한계선, 굳이 필요 없다고 느끼는 것.

똑게육아, 문/벽 설정 워크시트

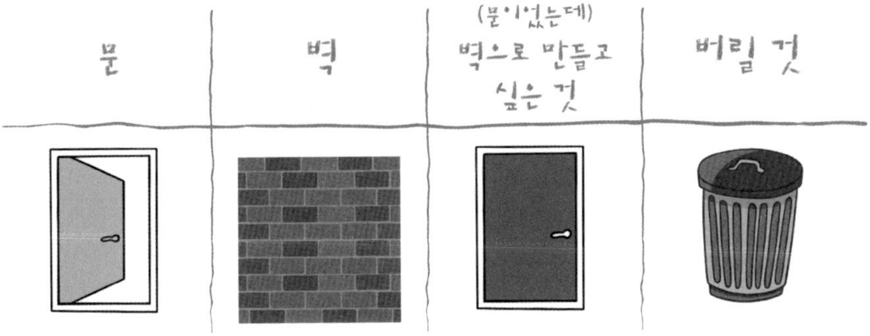

저는 이 부분을 강의할 때, 현장에서 벽을 두드리며 "벽은 우리가 인지하지 않으면, 그 존재를 의식하지 않듯이 그냥 있으니까 있는 거다. 이걸 뚫고 나가려고 저 끝에서부터 달려와서 이 벽에 온몸을 세차게 박는 사람은 없을 것이다"라고 말합니다. 이처럼 너무나 당연하고 자연스럽게 '벽'으로 존재하는 규칙은 아이에게 오히려 안정감, 편안함을 제공합니다.

문제는 여러분은 '벽'이라 생각한 규칙이었는데, 막상 실상황에서는 '문'으로 운영할 경우입니다. 이를 두고 저는 **'자판기'**와 **'슬롯머신'**에 비유를 들어 설명합니다. **'규칙적인 보상'**과 **'간헐적인 보상'**에 대해 이해를 해야 하기 때문입니다. 규칙적인 보상보다 간헐적인 보상이 해당 행동을 더 부추깁니다. 아이가 보인 특정 행동을 소거하려 할 때, 그 행동이 간헐적 보상을 해오던 행동이었다면, 소거하기가 더 어렵습니다. 규칙적인 보상을 해오던 행동을 소거하는 것이 오히려 더 쉽지요. 그 이유는 무엇일까요?

자, 도박장에서 여러분이 슬롯머신을 하고 있다고 가정해보세요. 슬롯머신은 돈을 집어넣었는데 돈만 먹고 보상이 없더라도 간헐적 보상(잭팟)이 터지기도 합니다. 그에 대한 기대가 있기에 멈추지 못하고 계속 돈을 넣어 돌리게 되는 것이지요. 이번에는 자판기를 떠올려보세요. 자판기에 돈을 넣었는데 선택한 음료 캔이 나오지 않는다면, 여러분은 어떻게 행동하시나요? '이 기계가 내 돈을 먹었네. 고장났구나'라고 생각해서 매니저를 찾아 돈을 돌려받으려 하겠지요. 이렇게 행동하는 것은 자판기는 항상 우리에게 일관된 반응이 기대되는 값을 주었기 때문입니다.

우리가 벽으로 세우고픈 규칙이 있다면 그에 대한 반응 값을 꼭 자판기처럼 일관성 있게 주셔야 합니다. 그래야만 해당 규칙은 아이가 그에 대해 한치의 의심도 하지 않는, 비로소 성곽처럼 튼튼한 벽으로 자리잡게 됩니다. 그 존재 자체를 아이가 일부러 의식하지 않아도 자연히 옆에서 단단하게 존재하는 큰 한계선 틀이 되는 것입니다.

슬롯머신처럼 반응하는 부모가 되지 말고, 내가 설정한 규칙에는 자판기처럼 반응해보세요. 아이가 한결 더 편안해져요.

자판기 반응

일관성 있는 반응. 로또를 샀다. → 항상 '꽝'이 나온다.

➡ 이처럼 일관적인 결과 값이 계속 나오면 로또를 사지 않게 된다.

슬롯머신 반응

간헐적 보상, 로또를 샀다. 계속 꽝이었다가 한 번 당첨이 된다.

➡ 그러면 오히려 로또를 더 사게 된다.

어떠한 행동을 강화하는 보상에는

→ 부모의 '악씀' '화냄'도 포함됩니다.

➡ 부정적인 관심일지라도 '관심 조각'을 아이에게 투척한 것이기 때문에 해당 행동은 강화됨을 잊지 마세요.

우리 가족이 세운 '절대 금지 규칙'을 설정하고 그 벽을 잘 운영하시려면 이 행동이 발생했을 때 일관성 있는 대응을 반복해주셔야 아이가 잘 이해하고 나쁜 행동을 비로소 없애게 된답니다!!

아이는 바운더리나 한계선이 있어야 안정감을 느끼며 더 발전할 수 있습니다. 여러분의 가정에 가장 중요한 규칙 몇 가지는 앞선 "벽 세우기"로 꼭 가지고 가셔야 합니다. 또한 아이가 잘못 행동했을 때의 결과값은 미리 예고해주시면 좋습니다. 아이들이 알고 있고 동의한 그런 단단한 '벽'과 같은 규칙들을 밀고 나가면서 일관성을 지키셔야 합니다.

C-B 내공 키우기

이 툴을 구사하기 위한 내공 키우기

그렇다면 왜 아이들은 옳지 않은 행동을 하는 걸까요? 이를 이해하기 위해 아이들의 세 가지 건강한 욕구를 같이 살펴봅시다.

- 연결되고 싶다(connection).
- 경험하고 싶다(experience).
- 힘을 느끼고 싶다(power).

사실 아이들이 하는 대부분의 행동은 이 건강한 세 가지 욕구를 충족시키고 싶어서 일어납니다. 아이가 행동하고 말하는 것은 모두 의

사소통의 수단입니다. 양육자인 우리는 아이가 겉으로 표현하는 내용의 이면을 넘어서 그 아래 숨겨진 메시지를 발견할 수 있어야 합니다.

아이의 행동을 아래의 빙하 모델 그림을 보며 같이 이해해봅시다.

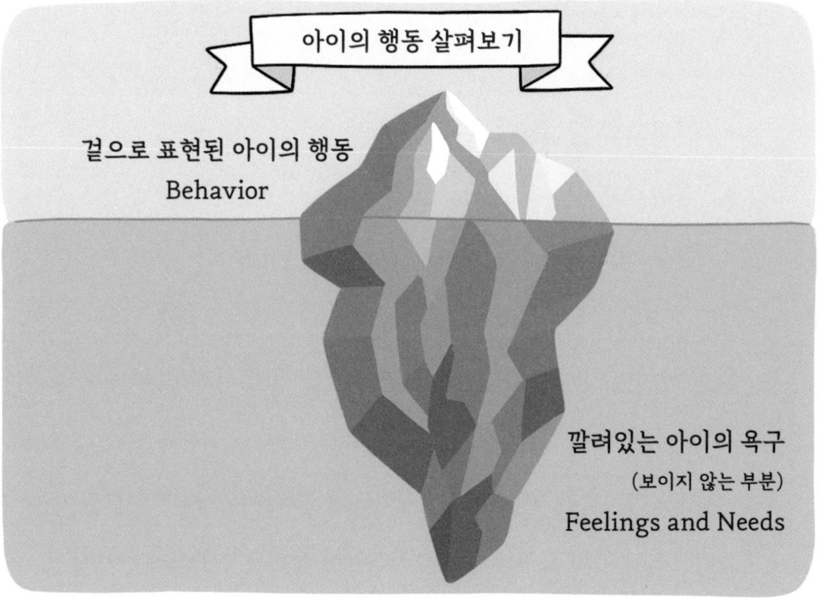

1) **파워있다고 생각하고 싶어!** (나 자신이 컨트롤 하고 싶어)

2) **경험하고 싶어!**

3) **연결되고 싶어! — 접속지수**

모든 아이의 행동에는 의미가 있습니다. 표면적으로 드러난 행동의 이면에는 아이들 나름의 그 행동을 하게 된 동기가 깔려있는 것이지요. 아이의 드러난 특정한 행동은 이 '안 보이는 영역'에 깔려있는 욕구(Needs)와 감정(Feelings)을 인정해주고 이해해주지 않으면, 바뀌지 않습니다. 아이의 드러난 행동 그 자체에만 선불리 반응해주기 보다는 아이의 욕구와 감정을 알아채고 반응해주시려 노력해보세요.

- 연결되고 싶다(connection).
- 경험하고 싶다(experience).
- 힘을 느끼고 싶다(power).

앞에서 언급한 세 가지 건강한 욕구를 충족시키기 위해서 아이들은 브레이크가 걸려야 하는 행동(하트법칙 B단계 전략을 써야 하는 행동)을 하기도 합니다. '**약기어로 브레이크를 걸어주는 경우**'에서 알아본 전략들은 **이 세 가지 욕구를 충족시켜주면서 협력을 이끌어내는 방법들**이었습니다. 아이들은 그저, 이 3가지의 '건강한 욕구'를 충족시키기 위해서 겉으로 우리가 볼 때는 '수정'이 필요한 행동을 할 수도 있다는 점을 다시 한번 기억해주세요.

여러분의 아이가 유독 이상한 것이 아니랍니다. 다음은 문제 행동을 일으키게 만드는 아이 본연의 속성이나 환경적 조건입니다.

☑ 아이는 본래 규칙을 깨지 않고는 탐험할 수 없는 존재입니다.

이게 '문'인지 '벽'인지 두들겨보며, 열리는지 계속 굳게 닫혀 있는지 계속해서 확인하고 시도해보는 것이 그들의 '일'이랍니다. 그러면서 아이들은 규칙을 배워나갑니다.

☑ 유아는 본래 충동적입니다. 늘 지금, 이 순간밖에 생각할 수가 없는, 아직 덜 자란 뇌의 소유자임을 잊지 마세요.

☑ 부모가 겁을 주면 아이가 더 궁지에 빠집니다. 위협, 혼내기는 아이와의 좋은 관계를 물거품으로 만들어 버립니다. 특히 도전적이고 고집스러운 기질의 아이들에게는 더욱 좋지 않습니다.

☑ 부모의 한계선이 일관성이 없고 헷갈릴 경우.

☑ 규칙이 비현실적일 경우.

☑ 폭력적인 상황이 주변에 많을 경우.

☑ 생리적 욕구, 기본적인 욕구가 충족되지 않았을 경우.
배고픈건지, 심심한지, 지쳤는지, 너무 많은 규칙 때문에 버거운지, 어디가 아픈건지, 여러 유혹이 너무 많은 환경인지, 집안에 갇혀 있는 건 아닌지 (떼 트랙커 점검하기 275쪽 참조)

☑ 음식 등을 잘못 먹어 컨디션이 좋지 않을 경우.

☑ 누군가를 질투하는 등 부정적인 감정에 빠졌을 경우.

☑ 새로운 환경에 스트레스를 받는 경우(예를 들어 동생이 생긴 경우). 아이에게 스트레스를 줄 수 있는 환경이 어떤 것이 있는지 부모가 먼저 생각해보세요.

☑ 부모가 아이와 자주 놀아주지도 않고 관심도 주지 않을 경우. (요즘 부모님들은 워낙 바쁘기 때문에, 아이가 알아서 잘할 경우 오히려 무관심하기 마련입니다. 이런 경우 제가 항상 말씀드리는 '눅눅한 포테이토칩 법칙'을 떠올려주세요. 이 용어는 토머스 고든 박사의 저서 〈PET 부모 역할 훈련〉에 나오는 말인데요. 배고픈 사람은 굶기보다는 눅눅한 포테이토칩일지라도 두 팔 벌려 환영한다는 것을 훈육에 빗댄 것입니다. 아이들 입장에서는 바삭한 포테이토칩(칭찬, 격려)이 아니어도 눅눅한 포테이토칩도 완전 땡큐하며 받아들인다는 겁니다. 유아도 무관심보다는 엄마 아빠가 소리라도 질러주기를 바란답니다.)

강기어 B 실전적용 Tool ❶

표정이나 제스처로 경고하기

- No메시지, 멈춰 메시지 전달하기

벽으로 세운 규칙을 아이가 어기려 하면 'No', 즉 그 행동을 멈추라는 메시지를 분명하게 전달해야 합니다. 이때 말로 경고를 하기 전에 먼저 굳은 표정, 일자 입술, 미간 주름 등을 이용해 얼굴 표정으로 경고합니다. 그래도 아이가 행동을 멈추지 않는다면, 다음과 같은 경고의 몸짓도 더하세요. 아래의 몸짓으로 경고할 때는 아이와 눈높이를 맞춘 뒤 경고 메시지를 전달합니다.

- 두 손으로 엑스(X) 자 만들기.
- 고개를 좌우로 흔들며 도리도리하기.
- 같은 눈높이에서 시선을 맞춘 뒤, 근엄하고 흔들림 없는 표정으로 이야기하기.
- 뒤에서 안아 아이의 신체를 구속하기(백허그 구속법).
- 손뼉을 치면서 낮은 음성으로 경고하기(중립적 감정이 포인트).
- 엄지를 내리거나 검지를 들고 경고하면서 단호하게 말하기.

강기어 B 실전적용 Tool ❷

비난하지 않고 행동 취하기

- 결과값으로 액션 실행!
- 같은 선상에 있는 툴 : 말없이 행동하기

아이의 1층 뇌가 폭발하여 부모의 경고 메시지도 먹히지 않고, 아이 자신과 다른 사람들을 위험에 빠뜨린다면 부모가 바로 행동에 나서야 합니다. 예컨대 아이가 키즈 카페에서 문제 행동을 벌였다면 "지금 여기에서 나가 집으로 돌아갈 거야. 키즈 카페에는 다음에 다시 오자. 엄마는 지금 싸움이 나서 누군가가 다칠까봐 너무 걱정돼"라고 말하며 현장 밖으로 나가는 것입니다.

절대 소리지르거나 비난하면 안 됩니다.

이때 비난을 하거나 소리를 지르기보다는 바로 행동을 취하는 것이 중요합니다. **'비난하지 않고 행동 취하기'**는 **'말없이 행동하기'**라고 부르기도 합니다. 그런데 이렇게 '말없이 행동하기'에는 사전 준비 단계가 필요합니다. 부모가 유사시에는 아이에게 말없이 바로 행동할 것이므로 이에 대해 미리 설명해 둬야 해요. 다음은 '말없이 행동하기'의 사전 준비 단계입니다.

말없이 행동하기 (act without words) 사전 준비단계

① 어떠한 상황에서는 부모가 어떻게 바로 대처할 것인지
이에 대해 아이와 미리 얘기해둡니다.

② 말할 수 있는 아이라면 잘 이해했는지
다시 한번 물어보며 확인하세요.
"이럴 때 엄마가 어떻게 한다고 했는지 말해볼래?"

③ 그런 상황이 발생하면 말은 하지 않고 감정의 중립을 지키면서
아이와 이미 얘기한 대로 즉시 행동하세요.

아이의 유튜브 시청을 사례로 들어볼까요? 아이가 사전에 규칙으로 세워둔 미디어 시청 시간을 넘어섰고, 그 후 "화면 끄기 10분 전이야, 5분 전이야"라고 사전 경고를 주는 단계를 거쳤음에도 불구하고 계속해서 아이가 미디어를 시청하고 있다면 이때는 말없이 바로 유튜브를 끄는 행동을 취합니다. (이때 아이가 보던 영상을 중간에 끊고 끄는 것보다는 남은 시간은 보게 하고, 보던 영상이 종결된 이후에 액션을 취하는 것이 좋습니다. 요즘은 유튜브 접속을 제한하는 관리 앱도 많이 있습니다. 완력으로 빼앗아서 끄는 것보다는 관리 프로그램을 통해 유튜브 접속이 안 되게끔 설정해두면 좋습니다.)

또 다른 예를 들어보겠습니다. 운전 중에 뒷좌석에서 아이들이 싸운다면 어떻게 해야 할까요? 이때는 잠시 차를 안전하게 세워두고, 아이들이

싸우지 않고 갈 준비가 될 때까지 책을 읽어준다거나 하는 거예요.

놀이를 그만해야 한다거나 상황을 전환해야 할 때는, 그에 대해 사전에 설명을 해두거나 '미리' 준비시키는 것이 좋습니다. 놀이터를 떠날 때마다 아이가 울고불고 난리를 치는 상황이 이어진다면, 놀이터에 들어가기 전에 먼저 물어보는 거예요. "지난번에 연우가 여차저차 했었지? 오늘은 그러지 않기로 엄마랑 연습하고 또 약속했었지?"

물론, 이렇게 말을 해둔다 해도 당장은 아이가 기억하지 못할 수도 있습니다. 당장은 그렇다고 해도 계속 일관성을 가지고 반복해서 행동을 취하다보면 분명히 시간이 지나면서 그 효과가 나타납니다. 또한 과거에 자주 폭발하던 바로 그 상황에서 아이가 문제 행동을 하지 않았다면, 구체적으로 칭찬을 해줘서 **그 행동**(**문제 행동을 하지 않은 것**)을 강화해줘야 합니다. 예를 들어 "은교야, 보통 그럴 때 많이 화나고 답답해했잖아. 그런데도 이렇게 참고, 말로 동생을 대해줘서 정말 엄마가 기분이 좋네"라고 말해주는 식으로요. 꼭 C-A로 해당 문제 행동을 하지 않은 것을 콕 집어 짚어주시는 것. 잊지 마세요~!

후속 결과 - 강기어 B 기본개념 Tool ❷

더하기/빼기 전략

- 내가 펼치는 전략이 어디 속하나요?

이 전략을 간단하게 설명하면 이렇습니다. 아이가 부모가 보고 싶은 행동을 했다면 아이가 좋아하는 결과값은 더해주고(스티커 붙이기, 손등에 표시하기, 칭찬해주기 등), 싫어하는 결과값을 빼주는 것입니다. (아이가 평소에 하기 싫어했던 일을 면제해주는 것이지요. 가령 모든 숙제를 일주일 연속 성실히 해냈다면 주말 하루 중에는 아이가 가장 하기 싫어하는 숙제를 면제해주는 식으로요.)

반대로, 아이가 부모가 보기 싫은 행동 을 했다면 아이가 좋아하는 결과값을 빼버리고(공격적으로 행동할 경우 키즈 카페에서 나가기, 건강한 음식을 먹지 않을 경우 아이가 좋아하는 디저트를 주지 않기), 싫어하는 결과값은 더합니다(아이가 식사 예절을 제대로 지키지 않을 경우 그날의 설거지 당번 시키기, 준비물을 챙기지 않을 경우 그대로 학교에 보내서 당황스러움 경험하게 하기 ← 물론 구체적

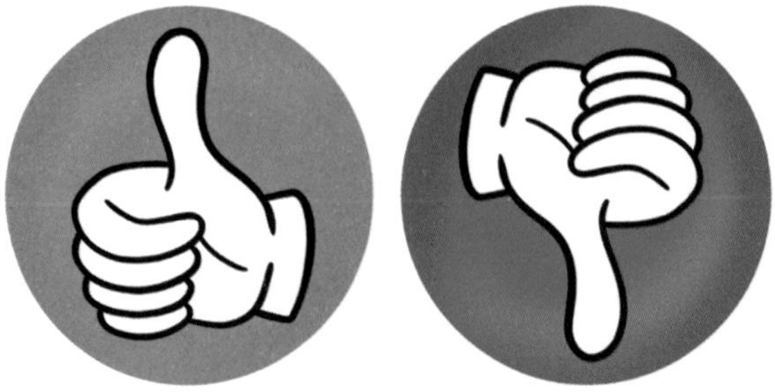

그 행동 좋아~　　　　그 행동은 아니야!

구분	부모가 보고 싶은 아이의 행동	부모가 보기 싫은 아이의 행동
아이가 좋아하는 결과값	+ 더하기	- 빼기
아이가 싫어하는 결과값	- 빼기	+ 더하기

으로 어떤 특정 결과값을 주는 건 아이의 기질과 처한 상황을 고려해 잘 적용해봐야 하고요.). 이를 표로 정리하면 위와 같습니다.

이 전략은 평상시의 상황을 잘 관찰해보시면 의외로 아이가 더 잘 씁니다. 우리가 정신을 똑바로 차리지 않고 있음 이 전략에 당할 때가 많거든요. 한번 생각해보세요. 아이가 사탕을 사달라고 떼쓰며 드러 눕습니다. 우리는 아이의 그 막장 떼가 보기 싫습니다. 보기 싫게 공공장소에서 떼 부리는 것은 부모들이 싫어하는 결과값입니다. 그래서 우리는 이것을 빨리 없애고 싶어서 그냥 사탕을 사주고 맙니다.

자, 아이가 보고 싶은 엄마의 행동은 사탕을 사주는 것(아이의 입장에서 엄마의 행동)이었어요. 그래서 그 행동을 유발하기 위해 막장 떼(엄마가 싫어하는 결과값)를 빼줍니다. 아래의 표로 보시면 아이가 쓰고 있는 전략이 더 명확히 보이실 거예요!!

구분	아이가 보고 싶은 엄마의 행동	아이가 보기 싫은 엄마의 행동
엄마가 좋아하는 결과값	+ 더하기	- 빼기
엄마가 싫어하는 결과값	- 빼기	+ 더하기

제가 위에 색칠해둔 칸을 보세요. '엄마가 싫어하는 결과값'인 '막장 떼'를 빼줘서 자신이 원했던 사탕을 사주는 엄마의 행동을 얻었지요. 아이들도 우리들만큼이나 더하기/빼기 전략을 잘 펼치니 조심하세요.

이 '더하기 빼기'전략에서 유의하실 점은 특권을 없애거나 아이가 좋아하는 물건을 치워버리는 전략(보기 싫은 아이의 행동을 없애기 위해 아이가 싫어하는 결과값을 더하거나 아이가 좋아하는 결과값은 빼는 전략)은 만 3세 이상의 유아에게 쓰는 것이 좋다는 점입니다.

후속 결과 - 강기어 B 실전적용 Tool ❶

자연적 결과로 알려주기

이 방법은 아이에게 공감해주되 부모가 개입하지 않고 아이가 자기 실수로부터 스스로 배우도록 하는 전략입니다. 자연적 결과에는 위험이 따르기 때문에 아이의 나이를 고려해 주의를 기울여야 해요. 일반적으로 만 3세 미만의 아이들은 그 결과값을 이해하지 못하고 행동하다가 매우 위험한 상황에 부닥칠 수 있거든요. 그러니 이 방법을 적용하고자 한다면 3세를 기준으로 생각해주세요.

자연적 결과는 글자 그대로 부모의 개입 없이 아이가 어떤 행동을 하거나 하지 않을 때 당연하게 따라오는 결과를 가리킵니다. 이 결과가 아이의 행동에 영향을 미치려면 다음의 세 가지 조건을 갖춰야 합니다.

① 자연적 결과는 항상 아이의 행동 직후에 일어나야 한다. 반응이 지연되는 것은 자연적인 결과 전략이 아닙니다.

② 아이 본인이 자연적 결과를 겪어야 효과가 있다. 가령 아이와 함께 외출하기로 했는데, 아이가 준비를 늦게 해서 기차를 놓치게 되었다면

이 상황으로 피해를 보는 사람은 아이만이 아니라 온 가족이겠죠. 이럴 경우에는 학습의 효과가 없습니다.

③ 일부 자연적 결과는 여러 번 반복적으로 겪어야 아이의 행동에 영향을 미칠 수 있다.

예를 들어 아이에게 일주일 동안 디저트로 머랭 쿠키를 하루에 두 개씩 먹어도 된다고 얘기하고, 실제로 쿠키가 가득한 통 속에서 두 개만 꺼내줬다고 할게요. 그런데 그 통을 잠시 식탁에 올려두고 다른 일을 하는 사이에 아이가 쿠키를 전부 먹어버렸습니다. 이럴 때 약속을 어겼다고 아이에게 화를 내는 것이 좋을까요? (만 3세 정도라면 충동적 욕구를 잘 제어하지 못할 뿐더러 논리적으로 사고하지도 못합니다.) 이 상황에서 **'자연적 결과'로 알려주기** Tool을 쓴다면 어떨까요?

- 우선 아이가 일주일 치 쿠키를 한꺼번에 먹은 행동에는 어떤 자연적 결과가 뒤따를지, 그것이 어떤 교훈을 줄 수 있을지 생각해볼까요?

'배탈'이 여기에 포함될 수 있지만, 그보다 아이에게 의미가 더 큰 자연적 결과는 '더 이상 먹을 머랭 쿠키가 없다'는 사실입니다.

아이가 하룻밤 사이에 그 사실을 배우지는 못하겠지만, 하루 이틀 시간이 지나면 배우게 됩니다. 따라서 아이가 머랭 쿠키를 더 달라고 하면 "○

○가 다 먹어버려서 다음에 사러 갈 때까지는 먹을 수 있는 머랭 쿠키가 없어"라고 답하여 아이가 자신의 행동으로 인한 자연적 결과를 경험하게 해주세요.

이때 맛있는 쿠키를 다 먹고 싶었던 아이의 욕구를 공감해주고, 그렇다면 다음번에는 어떻게 할지 계획을 세워봅니다. 아이가 직접 쿠키를 작은 통 여러 개에 나눠 담게 하고 이름표도 붙이게 하는 등 이 과정에 아이를 참여시키면 관계를 돈독히 할 수 있고 아이가 교훈을 얻는 데 더 큰 도움이 됩니다. 부모도 자기 행동(그대로 그 쿠키통을 식탁 위에 올려두었던 일)에 따른 자연적 결과를 기억하고, 다음에는 쿠키통을 그대로 식탁 위에 놓는 것이 아니라 바로 아이의 손이 닿지 않는 찬장 쪽에 보관해두면 좋겠지요. 이처럼 어떤 행동이 야기한 자연적 결과를 인정하는 것은 부모와 아이 모두에게 배움의 기회가 된답니다.

이외에 3세 이상의 아이들이 더 단순하게 이해할 수 있는 자연적 결과의 예를 들어보겠습니다.

- 유니폼을 스스로 챙기지 않으면, 축구 경기에서 입을 수 없다.
- 배수구 근처에서 작은 고무공을 가지고 놀면, 잃어버릴 수 있다.
- 겨울철 코트를 입지 않으면, 몸이 떨리고 많이 추워 불쾌하고 힘들다.
- 나쁜 말을 쓰면, 친구들이 좋아하지 않는다.
- 전자 장난감(완구)을 변기에 빠트리면, 고장이 난다.

- 고양이가 무릎에 앉았을 때 가만있지 않으면, 고양이가 바닥으로 내려간다.
- 비 오는 날에 우비를 입거나 우산을 쓰지 않으면, 몸이 흠뻑 젖는다.

다음과 같은 경우에 발생하는 자연적 결과는 아이들에게 허용하기에는 너무 위험합니다.

- 불 속에 손을 집어넣으면, 덴다.
- 차도로 달려가면, 차에 치일 수 있다.
- 날카로운 칼을 만지면, 베일 수 있다.
- 수영장 가장자리에서 달리면, 물속에 빠질 수 있다.
- 개를 화나게 하면, 물릴 수 있다.

자연적 결과를 사용하면 안 되는 상황

(1) 아이가 결과를 즉각적으로 실감할 수 없는 상황이라면 해당 행동과 결과의 연결고리가 끊어져요. 따라서 이런 경우에는 행동이 가져다주는 불편함에서 교훈을 배우지 못할 수도 있답니다.

(2) 결과가 위험할 때는 자연적 결과를 활용하면 안됩니다. 예를 들어 차에 치일 위험이 있는 위험한 곳에서 놀게 하면 안 되겠죠. 언제나 아이의 안전이 항상 0순위이니 이 부분을 염두에 두고 세심하게 주의를 기울여주세요.

(3) 다음과 같이 누군가를 다치게 할 수 있는 상황이라면 부모가 꼭 개입해야 합니다. 예를 들어 가위로 동생의 머리카락을 자르려 한다면 자연적 결과가 누구에게 돌아갈까요?

→ 머리카락을 자르는 아이가 아닌 동생이겠지요. 따라서 그런 행동을 하면 안 된다는 것을 자연적 결과가 아닌 다른 결과로 보여주어야 합니다.

이번에는 한 가지 예를 조금 더 구체적으로 살펴보겠습니다. 아이가 추운 겨울인데 공주 샌들을 신고 나가겠다고 고집을 부리고 있어요. 그럴 때는 일단 그대로 나가게 하고, 겨울 신발은 따로 챙기세요. 아이는 한겨울에 샌들을 신으면 발이 시리다는 것을 자연적 결과로 알게 될 거예요. 그러나 **아이가 겪어도 되는 자연적 결과는 아이의 건강과 관련 없는 안전한 결과여야 합니다.** 그 결과로 아이가 동상에까지 걸려서는 안 되는 것이지요. 이는 안전하지도, 합리적이지도 않으므로 겨울 신발로 갈아신거나 집 안으로 함께 돌아가는 등 **논리적 결과**를 추가로 부모가 부과해야 합니다.

초등학생의 경우에 적용할 수 있는 자연적 결과의 다양한 예도 다음과 같이 정리해두었습니다.

아이의 행동	부모가 개입할 경우	부모의 개입이 없을 경우 자연적 결과
아이가 오케스트라 선발 일정이 다가오는데 바이올린 연습을 하지 않는다.	일대일 과외를 붙여서 어떻게 해서든 연습을 하게 한다.	오케스트라 선발 결과, 탈락한다.
아이가 온라인 수업을 해야 하는데 컴퓨터 충전을 해야한다는 걸 잊어버렸다.	대신 충전해준다.	실시간 온라인 수업을 하는 도중에 배터리가 0이 되어 컴퓨터가 꺼졌다.
아이가 학원 총괄평가에서 안 좋은 점수를 받는다.	학원에 전화해 어떻게든 현재 레벨의 반에 남아 있을 수 없는지 요청한다.	현재 레벨의 반보다 아래 반으로 내려가 수업을 받는다.
아이가 식사 메뉴를 거부한다.	다른 음식을 만들어주거나 간식을 준다.	먹지 않아서 나중에 배가 고프다.
아이가 태권도 도복을 찾지 못한다.	집 안을 뒤져서 결국 찾아준다.	도복 대신 일반 옷을 입고 가서 태권도를 하여 불편함을 겪는다.
아이가 독서 노트를 가져가야 하는데 찾지 못한다.	샅샅이 뒤져 찾아주고 가방에 넣어준다.	독서노트를 제출하지 못해 독서왕 상을 받지 못한다.
아이가 물건을 함부로 다루고 아무데나 놓는다.	물건이 망가지거나 없어지면 새것을 사준다.	물건이 망가지거나 없어지면 사용할 수 없어 불편해진다.
아이가 숙제를 제때에 하지 않는다.	아이를 어떻게든 잡아두어 숙제를 시킨다.	숙제를 늦게 제출하거나 제출하지 못해 점수가 깎인다.
아이가 레고 조각을 정리하지 않는다.	대신 분류해 정리해준다.	제대로 정리하지 않은 상태라 뒤죽박죽 섞여버려, 원활하게 놀지 못한다. 중요한 조각이 사라져버렸다.
아이가 방을 어지르고 치우지도 않는다.	대신 청소하면서 잃어버린 물건도 찾아준다.	아끼는 물건이 사라진다. 필요한 물건이 안 나와 애타는 감정을 느끼게 된다.
아이가 수영을 하고 난 뒤 집에 와 가방에서 수영복과 물안경을 꺼내지 않는다.	대신 꺼내서 건조대에 널어둔다.	매번 습한 상태로 가방 안에 있어서 수영복에서는 냄새가 나고 물안경 고무 테두리에는 곰팡이가 펴버렸다.

기억하세요. 여러분, 부모가 "구해주려고" 나서면 아이는 행동에 따른 불쾌감을 느끼지 못합니다. 아이가 아무 일도 스스로 해내지 못하는 모습을 보시고 나중에 개탄하지 마시고, 자연적 결과를 조금씩 경험하게 해주세요.

후속 결과 - 강기어 B 실전적용 Tool ❷

논리적 결과로 알려주기

아이의 문제 행동에 벌을 주면 **응징**에 그치지만, 아이의 행동에 대한 논리적 결과로 피드백을 해주면 **배움의 기회**가 됩니다. 논리적 결과는 아이가 어떤 행동을 하거나 하지 않을 때 부모의 개입을 통해 합리적으로 주어지는 결과를 가리킵니다. 이 전략을 사용할 때 양육자는 아이의 행동에 따라 "너에게 선택권이 있어" 하고 두 가지 선택지를 제시합니다. 아이가 **긍정적 행동**으로 바꾸면 아이는 **유쾌한 결과**를 경험하게 되고, **부정적 행동**을 고수하면 아이는 **유쾌하지 않은 결과**를 경험하게 되지요. 옆 페이지에 도식으로 정리해 보았습니다.

논리적 결과 (Logical Consequences)

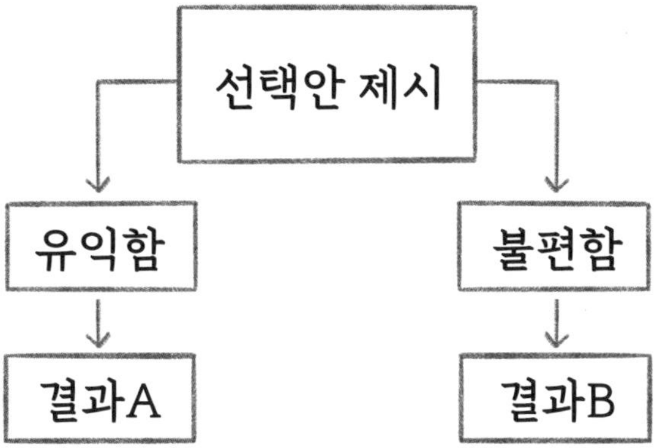

'논리적 결과' 전략 구사 시나리오

➡ 너에게 선택권이 있어

➡ 긍정 행동 '이 길이 맞아' 행동 선택하면, 긍정 결과 유익한 결과값 경험

➡ 부정적인 행동 '그 길이 아니야' 행동 선택하면, 부정적인 결과 유쾌하지 않은 결과값 경험

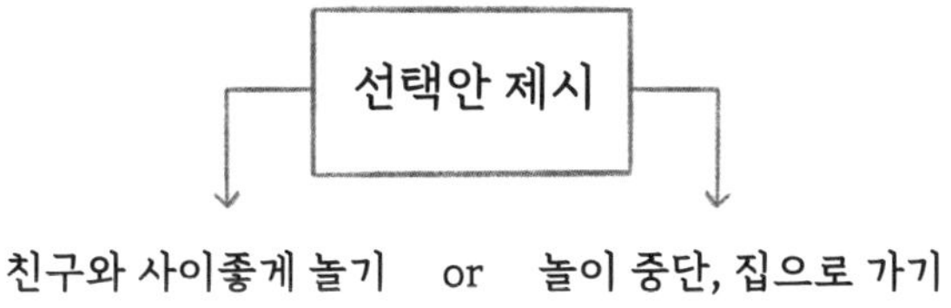

이런 논리적 결과가 아이에게 의미 있는 영향을 미치려면 다음의 네 가지 항목을 충족해야 합니다.

① **연관성**(Related)

자녀의 그릇된 행동과 관련하여 논리적으로 관련된 것이어야 합니다.

② **존중**(Respectful)

아이를 존중하는 태도와 목소리로 실행해야 합니다.

③ **합리성**(Reasonable)

논리적 결과가 합리적이어야지, 아이에게 처벌이라는 느낌을 줘서는 안 됩니다.

④ **도움**(Helpful)

아이가 같은 상황에 다시 맞닥뜨렸을 경우 문제를 해결하는 데 도움이 되어야 합니다.

예를 들어 아이가 마트에서 마구 뛰어다닌다고 칩시다. 그러지 말라고 아무리 타일러도 말을 듣지 않고요. 이 경우 아이의 행동에 다음처럼 논리적으로 뒤따르는 선택지를 제시할 수 있습니다. "네가 걸어 다니기로 선택한다면, 우리는 계속 장을 볼 수 있어. 하지만 네가 계속 뛰어다니기로 선택한다면, 여기서 우리는 나가야 할 거야." 아이가 후자를 선택한다면 실제로 아이를 밖으로 데리고 나가야 할 테고, 이것이 바로 '논리적 결과' Tool을 사용해 이를 경험하게 해준 것이지요.

이 경우에 논리적 결과를 사용하지 않고 그대로 내버려두게 된다면 아이의 행동에 따라서 여러 자연적 결과가 생길 수도 있습니다. 아이가 뛰어다니면서 잔뜩 진열된 물건들을 넘어뜨릴 수도 있고, 그 경우 부모가 그 손해에 대한 책임을 져야 할 수도 있어요. 아이 때문에 다른 손님이 발을 헛디뎌 넘어지면 그 사람은 물론 또 다른 손님들까지 다치게 만들 수도 있고요. 이런 일이 일어나게 그냥 둘 수는 없으니 반드시 논리적 결과를 사용해서 알려줘야 합니다.

부모의 화난 마음을 정당화하는 데 쓰면 안 돼요!

논리적 결과는 자칫 부모의 화난 마음을 정당화하는 데 왜곡되어 쓰이기 쉽습니다. 논리적 결과를 알려주는 과정에서 실은 부모가 너무나 화난 나머지, 아이가 자기 잘못에 대해 어떤 식으로든 고통을 느끼기를 바란다는 사실을 문득 깨달았다면?

그 순간 부모는 아이에게 가하려는 행동을 멈추고 지금 아이에게 공정하고 적절하며 합리적인 결과를 경험시키려는 것인지, 아니면 그저 아이를 벌하려는 것인지 꼭 생각해봐야 합니다. 이 '논리적 결과 경험하기' 전략을 왜곡해서 사용하는 것을 사전에 차단하기 위해서는 다양한 상황을 가정하여 부모가 아이에게 기대하는 행동, 그리고 아이가 그 기대를 어겼을 경우에 뒤따르는 결과를 미리 정해두면 좋습니다.

이렇게 '논리적 결과'로 알려주는 방법은 아이의 2층 뇌(가장 늦게 발달하는, 인지능력을 담당하는 뇌 영역인 전두엽)가 발달하기 전에는 유의해서 활용해야 합니다. 이 전략은 논리적 타당성과 부드러운 태도를 바탕에 깔면서도 단호하고 공정하게 적용함과 동시에 아이에 대한 존중과 배려까지 보여줘야 합니다. 이 방법을 적용하기에 만 3세 미만의 아이는 너무 어리지요. 3세 이후부터는 실질적으로 사용하는 것이 가능하지만, 7세 정도쯤은 되어야 아이가 부모의 설명을 인지적으로 잘 납득하기 때문에 이때부터 훨씬 잘 활용할 수 있답니다. 특히 10대에 접어들었다면 아이도 같이 참여시켜 이 규칙을 다양하게 만들어나가면 좋습니다.

후속 결과 - 강기어 B 실전적용 Tool ❸

친절하게 무시하기

제가 '무시'라고 이름을 붙였지만, 아이가 한 잘못된 행동을 질책하거나 야단치라는 얘기가 아님을 다시 한번 기억하고 이 부분을 읽어주시길 바랍니다. (이 전략은 정말 아이에게 도움이 필요한 상황, 이를테면 아이가 아프다거나 놀랐다거나 할 때 쓰면 안 됩니다.)

이 전략을 쓰기 전엔 우선 아이와 접속을 한 뒤(C-connect), 양육자는 아이에게 잠시 자리를 뜨겠다고 **쿨~한 품위를 갖춘 사무적인 태도로** 말을 해주면 됩니다. **프로페셔널하면서도 감정의 중립을 지키며** 고객을 응대하는 느낌으로요. **다정한 태도**도 장착해주세요. 친절한 무시는 겁주기, 빈정거리기, 창피주기, 모욕주기와는 전혀 다릅니다. 느낌이 완전히 다르니 유의해주세요. 친절한 무시는 아이의 감정에 분명히 공감하며 접속하지만, 한계선을 확실히 알려주는 전략입니다.

프로페셔널한 고객 응대 직원 (이달의 최우수 직원상 수상자 느낌)

\+ 감정 중립 지키기 + 다정한 태도 + 기품 있는 모습

'친절한 무시'하는 방법

(1) 우선 20초 정도 부정적인 관심이건 긍정적인 관심이건 여러분의 관심을 완전히 끄는 것이 첫 번째 단계입니다. 이때 양육자는 차라리 다른 일을 하시면 좋습니다. (이때, 아이의 행동 때문에 나의 감정이 동요되지 않아야 하고, 중심을 잘 잡으셔야 해요.)

(2) 그다음, 아이가 슬슬 2층 뇌에 불을 켤 것 같은 낌새가 느껴지면, 아이에게 **유아어** 및 **신체 접촉**을 구사하면서 평소 좋아하는 놀이를 같이 하자고 제안해보세요. 이를테면 "연우 아까 정말 속상했지. 연우가 그 장난감 가지고 싶었는데. 그런데 엄마가 이번엔 참자고 했지. 엄마한테 와봐. 우리 연우가 좋아하는 마트놀이 할까? 이번에는 어떤 걸 팔아볼까?" 하는 식으로요.

(3) 관심을 완전히 거둔, 친절한 무시를 구사했는데도, 아이가 계속 떼를 부리면서 짜증부림을 시전하고 있다면 몇 초 후 아이에게 다시 가서 C Tool(접속하기)의 전략을 활용해 감정을 표현해주세요. 사실 이때는 아이들이 1층 뇌 폭발로 원시인 상태이기 때문에 단번에 차분한 상태로 돌아오긴 힘듭니다. 친절한 무시 전략을 최소 두 번이나 세 번 정도는 해줘야 스멀스멀 2층 뇌의 불을 켤락 말락 할 거예요. 이때 기질적으로 활발한 아이들은, 2~3번에 걸쳐 친절한 무시 전략을 구사해도 여전히 흥분한 상태가 수그러들지 않습니다. 이 경우는 자기주장이 강해서 고집을 쉽사리 굽히지 못하는 것입니다. 만약 이런 기질의 아이라면, 오히려 2~5분 정도 더 철저하게 친절한 무시 전략을 수행하셔야 합니다. 아이가 차분해질 때까지요. 철저하게 관심을 꺼주시려면 거울을 활용해 아이의 표정과 상태를 몰래 모니터링해도 좋습니다. 우리가 곁눈질로 살짝 관찰하는 것도 아이들은 기가 막히게 캐치하거든요.

(4) 그러고 나면 분명 아이는 어느새 차분함을 찾고 다른 일을 아무렇지 않게 하며 놀기 시작할 거예요. 그때를 놓치지 마시고, 아이 근처로 가셔서 아이와 접속해보세요. 이때 너무 급하게 아이에게 접근하시면 오히려 좋지 않습니다. 근처로는 가되 천천히 아이를 관찰하면서 서서히 접속을 시도하세요. 어른의 권위와 품격을 유지하시면서 서서히 작은 관심을 보여주세요. 매의 눈으로 C-A전략을 구사하시면서 잘된 행동을 객관적으로 집어내주세요. 그러면 아이와 자연스

럽게 다시 연결될 거예요.

주의!

친절한 무시를 쓰신 뒤, 아이가 잠잠해졌고 그 후 근처에 가서 천천히 접속을 시도하실 때 주의사항이 있어요. 이때 방금 전에 아이가 화를 냈다거나 잘못한 일에 대해서는 바로 언급을 하지 마세요. 이미 친절한 무시를 통해 아이에게는 (유쾌하지 않은) 후속 결과값을 건넨 셈이니까요.

주의!

소거 폭발 반응에 주의하세요!

그동안 이 전략을 사용하지 않았다면, 이 전략을 구사하는 초반에는 아이의 문제 행동이 오히려 더 심해지는 것처럼 느껴질 수 있답니다. 아이의 입장에서는 '어? 보통 이렇게 하면 엄마가 들어줬는데 왜 안 되지? 엄마가 지금 왜 저러는 거지? 그렇다면 더 크고 더 거세게 울어보자!'라는 생각이 드는 것이지요. 당연히 그런 아이에게 제대로 된 행동의 방향을 알려주려면 노력과 시간이 수반됩니다. 그렇지만 부모가 일관성을 잃지만 않으면 꼭 변화는 찾아옵니다.

Q&A

Q 만약 아이가 아프거나 무언가 무서워하는 공포를 느낀다면?

A 이럴 때는 친절한 무시가 아니라, 아이를 먼저 달래줘야겠죠. 그런데 이때, 2층 뇌에서 발현된 떼는 조심하셔야 합니다.

2층 뇌에서 발현된 떼

처음부터 그런 건 아닐 수 있습니다. 원래는 '1층 뇌'에서 폭발해서 마구마구 떼를 부렸는데 그때 의도치 않게 부모가 아이의 Wants(원츠, 원했던 바)를 들어준 거예요. 그래서 처음에는 '1층 뇌' 폭발로 인해 부렸던 떼가 이제는 '2층 뇌'에 '원인→결과'로 내가 바라는 목표를 얻기 위해 하는 수단이 되어버린 거죠. 이게 바로 '2층 뇌 떼'입니다.

예를 들어서

(1) 공공장소에서 다른 사람들이 있을 때 오히려 더 발광을 하며 우는 아이

(2) 엄마나 아빠가 관심을 가지며 걱정할 때 오히려 더 떼부림 막장으로 가는 아이

이런 '2층 뇌 떼'의 경우에는 더더욱이 아이에게 작은 '관심 부스러기'라도 던져주면 안 됩니다. 이전에 무심코 그런 로직을 뇌에 심어주셨다면 그게 아니라는 걸 알려주셔야 2층 뇌 떼가 없어지거든요. 그렇게 패악질을 부려도 원하는 것은 가질 수 없다. '안 되는 건 안 되는 거다.'라는 교훈을

알려주셔야겠죠. 이때도 친절한 무시 Tool을 사용할 수 있습니다.

또한 아이는 '2층 뇌 떼'를 부리다가, 2층 뇌의 상태에서 1층 뇌의 상태로 전환될 수 있습니다. 만약 떼쓰기가 아이의 계획대로 흐르지 않는다면 더 화를 낼 것이에요. 그러면서 1층 뇌의 폭발에 다시 풍덩! 빠지게 되죠. 그래서 처음에는 2층 뇌 상태의 떼쓰기로 시작했다 해도 다시 감정 조절이 안 되는 1층 뇌 상태의 떼쓰기로 돌아갈 수도 있답니다.

★ 하트법칙의 예외 상황

- 아이의 안전과 직결된 경우에는 C 접속하기 Tool을 먼저 선행하는 것이 아니라 얼른 달려가 아이를 안고 나오면서 구출해야 합니다.

후속 결과 - 강기어 B 실전적용 Tool ❹

타임아웃 제대로 하기

●● 긍정적 타임아웃

농구나 배구 같은 경기에서 선수 교체나 휴식, 작전 지시 등을 위해 심판의 허락을 얻어 경기 진행을 잠시 멈추는 걸 본 적 있으시지요? 이를 두고 '타임아웃'이라고 부릅니다. 타임아웃은 훈육에서도 중요한 전략으로 아이가 문제 행동을 보였을 때, 잠시 시간을 갖고 거리를 두는 방법입니다. 즉, 똑게육아 하트법칙에서 말하는 타임아웃은 스포츠 경기 중에 잠깐 휴식을 취하듯 막다른 곳에서 좋은 에너지로 리프레쉬하기 위해 쉬는 그런 느낌의 **머리 식히기 시간**이랍니다.

간혹 훈육 강의에서 '무시하기', '거리두기', '타임아웃'이 구체적으로 무엇이 다른지에 대해 묻는 분들이 계시는데요. 타임아웃은 '친절하게 무시하기'(무관심 요법)에 포함되는 개념으로 보시면 됩니다. 거리두기도 마찬가지고요. 즉, 타임아웃은 무관심 전략의 실전인 셈이지요.

무시, 무관심요법 ⊃ 타임아웃

리셋버튼 = 타임아웃

이렇게 이해하시면 됩니다. 타임아웃은 리셋버튼과도 같아요. 행동패턴을 끊어 내기위한 전략, 아이에게 더 올바른 행동을 알려주기 위함이죠. **긍정적인 타임아웃**은 상황에서 분리되어 머리식히기 자리, 남극("은교, 남극에 한번 다녀올래?" 머리를 식힌다는 의미로 네이밍한 것이에요.)으로 자리를 이동하는 것으로 보시면 되고요. 오른쪽 페이지의 사진은 연우가 자신의 마음을 진정시킬 때 도움이 되는 물건들로 스스로 직접 만든 연우의 **머리식히기 자리**랍니다.

참고로 은교의 경우에는 '남극'이라는 단어가 마음에 들지 않는다며

'슬픔을 먹어치우는 솜사탕'이라고 네이밍해서 그 곳에서 기분이 나쁠 때 진정하며 나아지기도 해요. 자신만의 쉼터인 셈인 것이죠.

이렇게 똑게육아 하트법칙에서는 타임아웃은 긍정적인 타임아웃만을 권장하고 있지만, 클래스를 진행할수록 수강생들은 흔히들 알고 있는 고전적인 의미의 타임아웃에 대해서도 계속 궁금해했어요. 따라서 이 고전적 타임아웃에 대해서도 오류 없이 구사하는 방법에 대해 구체적으로 일목요연하게 정리해 강의를 하게 되었습니다.

●● 고전적 의미의 타임아웃

타임아웃은 아이가 바로 옆에서 감독하지 않아도 안전한 상태라면, 혹은 다른 성인이 같이 있어서 아이의 안전이 보장되는 상황이라면 다양한 형태로 활용할 수 있는 방법입니다. "엄마는 너랑 3분간 얘기하지 않을 거야. 너는 동생을 때렸잖아"하고 세상에서 가장 큰 선물이었던 양육자의 관심을 끊는 것도 타임아웃입니다.

고전적 의미의 타임아웃도 '처벌(부정적 타임아웃)'이 아닌 '보호/머리식히기(긍정적 타임아웃)'를 목적으로 시행해야 합니다. "네가 못되게 굴었으니까 너를 여기에 가둬둘 거야!" 혹은 "타임아웃 의자(옛날로 치면 '생각하는 의자')에서 꼼짝하지 마!" 하는 식이 절대 아닙니다. 이런 의미로 활용하시면 잘못 쓰시는 거예요.

저는 은교와 연우가 흥분한 나머지, 거칠게 돌변해서 서로를 대할 때는 "은교야. 이쪽으로 와서 엄마랑 잠깐 안고 있자. 우리는 플러그인 타임이 필요해. 접속지수가 떨어져서 그런 거야. 접속 에너지를 다시 채우자"라고 말합니다. 그러고 나서 아이를 포근하게 감싸 안고 있다가 몇 분이 지나고 나서 다시 놀 준비가 되었는지 물어봐요.

이번에는 부모가 타임아웃에서 흔하게 범하는 실수들에 대해 짚어보고, 타임아웃에 성공하는 비결을 알려드리겠습니다. 먼저, 타임아웃에서 가장 많이 범하는 오류는 아래와 같습니다.

- 너무 많은 경고를 해대는 것.
- 타임아웃을 하는 도중에 너무 많은 말들을 해대는 것.
- 타임아웃이 끝났을 때, 아이에게 뭔가 결정하도록 하는 것.

타임아웃은 그 의미를 제대로 이해하고 사용해야 하는 전략입니다. 까딱 잘못하면, 타임아웃 의자에 아이를 머무르게 하는 것이 목적이 될 수 있거든요. 타임아웃은 아이를 특정 상황으로부터 떼어놓을 필요가 있을 때 쓰면 좋습니다. 중립적인 감정을 유지하며 침착하게 대응하실 수 있다면 오류를 최소화할 수 있습니다.

사실 고전적 타임아웃의 경우, 제대로 실행할 역량이 부족한 상태라면 (아이에게 위협으로 느껴지거나 아이와 '힘의 대치'상태에 빠지는 경우 등) 과감히 패쓰하셔도(활용하지 않고 넘어가도) 됩니다. 부모님들과 상담해보면 타임아웃을 제대로 잘 활용하지 못하는 경우가 많아서 '긍정적인 타임아웃'이 아니면 아예 시도하지 말라고 말씀드리기도 합니다. 아이와 거리를 두는, '친절하게 무시하기'로도 충분하거든요.

하지만 실전에서는 이 고전적 타임아웃을 구체적으로 어떻게 실행할 수 있는지에 대한 질문도 계속 이어졌어요. 그래서 지금부터는 그에 대해 좀 더 구체적으로 알려드려보겠습니다.

고전적 타임아웃을 위해서는 일단 타이머가 필요합니다. 이때 타이머는 아이도 시간의 흐름을 직접적으로 볼 수 있도록 '똑게 타이머'로 준비해주세요. 그리고 타임아웃에 들어가기 전에, 아이가 계속 잘못된 행동을 할 경우 타임아웃에 들어갈 것이라는 **경고**부터 해야합니다.

타임아웃 시작 전 경고 시그널로 사용가능한 것들

부모의 목소리와 진지한 어조, 근엄한 표정, 셋까지 세는 동작, 검지를 치켜세워 경고하는 동작.

준비물 : 똑게 타이머

똑게 타이머를 준비해 두시면 덫에 빠지지 않게 되며 그 효과는 배가 됩니다. 양육자가 완력으로 훈육을 시행하는 게 아니라, 똑게 타이머를 의

인화해서 “노랑이(똑게 타이머 아보카도 색상 type을 의인화한 이름의 예)가 소리를 내면 나올 수 있어”라고 말하면서 부모와 아이간의 힘의 대치 상태에 빠지지 않을 수 있습니다.

타임아웃 시 시간 설정은 1년마다 1분씩 연장합니다. 만 나이를 기준으로 1분씩 더한다고 생각하시면 됩니다. 예를 들어 만 4세는 4분간 타임아웃을 시행합니다.

타이머의 알람이 울리면 타임아웃을 완전히 끝내야 합니다. “이제 좀 진정이 됐니? 좀 괜찮아졌니?”라고 말해주면서 끝내는데요. 만약 아직 아이가 진정되지 않았다면, 다시 C(접속하기) 전략들을 써서 아이의 마음을 이해해 주고 진정할 시간을 좀 더 주겠다고 말할 수도 있습니다.

• 방법

① 마지막 경고하기

아이가 잘못된 행동을 할 때, 타임아웃 액션에 바로 들어가지 말고 경고를 먼저 하세요. **손뻑치기**는 주의를 집중시키기에 좋답니다. 이때 '더 이상 장난하는 게 아니다', '마지막 기회다'라고 알려주는 느낌으로 경고해주세요.

밥을 먹는데 자꾸 핸드폰을 달라고 한다고 가정해볼까요? 마지막 경고로 **손뻑치기+인상 근엄하게 만들며 살짝 찌푸리기+'안 돼'를 알려주는 제스처(고개 도리도리 젓기)**를 함께 보여줍니다. 그다음, 유아어로 접속을 시도해요. "○○야, 엄마도 점점 속상해져가. 핸드폰을 달라는 거지? 핸드폰 가지고 싶어? 핸드폰은 안 돼. 다른 건 돼. 엄마랑 안고 책을 읽을까?"이렇게요.

② '하나, 둘, 셋' 경고하기

마지막 경고를 해도 효과가 없었다면, 더 심각하면서 근엄한 표정을 짓고, 유아어로 아이가 하고 싶어 하는 걸 존중하며 읽어줍니다. "그건 아니야", "멈춰", "안 돼" 등으로 'Not Okay'라는 메시지를 전달한 뒤, '하나, 둘, 셋' 숫자 세기로 갑니다. (《1-2-3 Magic》이라는 책도 있을 정도인데요. 90년대 초반에 나온 오래된 책이기도 해서 현재 시점에서 이 전술을 사용하실 때 유의점들도 많습니다. 중립적인 감정을 지켜서 아이에게 징벌로 느껴지지 않도록 하는 부분이 가장 중요합니다. 만약 이게 잘 안될 것 같다면 이 방법은 쓰지 마세요.)

이때 아이가 눈으로 보면서 동시에 들을 수 있도록 숫자를 셀 때마다 1~2초 정도 간격을 두고 손가락을 꼽으며 세주세요. "○○가 핸드폰을 달라고 하는구나. 그런데, 엄마가 그건 안 된다고 했지. 자꾸 그러면 타임아웃을 가져야겠다. 하나… 둘… 셋!"

(만약 셋을 다 세기도 전에 아이가 떼쓰는 걸 멈췄다면, 거기서 종료하시면 됩니다. 그런데 여기서 놓치면 안 되는 부분이, 말을 잘 따라준 것에 대해 보상해주는 부분이에요. 아이가 잘 진정했다면 C-A 전략 툴을 활용해 아이에게 구체적으로 이 부분을 칭찬해주세요.)

③ 아이와 거리두기

'친절하게 무시하기'전략과 비슷합니다. 조용히 감정의 중립을 지킨 채 아이를 문제 행동이 발생한 장소 밖으로(=머리 식히기 장소) 데려가세요. 아이가 너무 발버둥을 칠 때는 안고서 데려가 보세요. 힘의 대치가 발생하면 여러분이 타임아웃을 가지거나, 거리두기로 실행하셔도 됩니다. "엄마랑 머리 식히기 자리로 가자. ○○야, 네가 진정이 될 때까지."

• 장소

타임아웃을 특정 공간에서 하기 힘들다면, 안전한 구역인 안전문, 울타리 안으로 아이를 옮겨보세요. 아이가 거울을 단단한 장난감으로 쳐대는 위험한 행동을 하고 있다면 처음에는 "그건 아니지(혹은 "안 돼요"), 거울을 그렇게 때리면 위험해"라고 하며, "장난감 이리주세요"하면서 장난감을 먼저 가지고 갑니다. 그런데도 아이가 계속해서 말을 듣지 않는다면 손뼉 치기 경고도 해보고, 마지막 경고인 '하나, 둘, 셋' 경고도 해봅니다. 그래도 아이가 문제 행동을 멈추지 않으면, 액션 들어가는 것이지요.

이때야말로 아이를 데리고 다른 방으로 데려갈 때입니다. 조용하고 안전한 곳으로 데려간 뒤 "거울에 물건 던지지 않기!"라고 말해주며, 감정의 중립을 지키신 채 유유히 (이 전략을 구사하시는 양육자가 화를 내게 되는 상황이라면 안 하느니만 못합니다.) 그 자리에서 나오세요.

문은 열어둡니다. 규칙을 어기면 돌아오는 것은 부모의 달콤한 관심이 완전히 없어진 유쾌하지 않은 상황임을 후속 결과값으로 느끼게 해주는 것이 포인트입니다.

24개월 미만의 유아는 놀이 울타리 안에 가두는 것이 좋고, 24개월 이상인 유아는 자기 방으로 데려가는 것이 좋습니다. 물론 해당 공간이 안전한지는 반드시 확인해야 합니다. 타임아웃 장소에는 깨질 만한 물건이나, 날카로운 모서리, 딱딱한 부딪힐 만한 물체 같은 것이 없어야 합니다. 또한 아이에게 공포심을 주는 장소여서도 안 됩니다. 형제자매가 있을 경우, 형제자매가 중간에 들어가거나 킥킥거려도 타임아웃의 효과가 사라지므로 독립적이고 분리된 공간이어야 합니다.

마지막으로 **고전적 타임아웃**을 시행할 때 성공을 좌우하는 유의사항들에 대해 말씀드리겠습니다. 시행을 하게 되신다면 이 부분들이 우리 양육자가 많이 빠지는 덫이니 부디 잘 숙지하여 해당 덫들을 피해가세요.

• 이중처벌에 유의하자

타임아웃이 끝났다면, 약 30분간은 타임아웃에 대해 이야기하지 않는 것이 좋습니다. 그냥 아이와 같이 잘 놀아주거나 관심을 보여주시면 됩니다. 이미 아이는 후속 결과값 맛보기로 썩 유쾌하지 않은 경험을 했기 때문에, 아이에게 결과값으로 교훈을 준 셈인데요. 여기서 또 한 차례 "**아까 네가 잘못했던 것은 말이야**" 하면서 일장연설을 늘어놓으면, **이중처벌**이 되어서 아이의 기분이 더 나빠지고 타임아웃 자체를 싫어하게 됩니다.

아이는 진정이 되어 있는 것처럼 보여도, 아직 진정이 안 되었을 수도 있습니다. 또는 때에 따라 아직 양육자가 더 화가 나 있을 수도 있습니다. 이럴 때는 타임아웃 시간이 지났다면 아이가 했던 문제 행동을 다 잊고 용서해주시면서 자신의 마음을 꼭 가라앉혀주세요.

타임아웃으로 아이가 기분 나빠하면 **C 전략**을 구사해주며 그 기분 그대로 접속해주세요. "○○가 타임아웃이 싫구나. 아직도 기분이 나빠. 엄마는 너를 진심으로 사랑해. 조금 있다가 다시 올게." 그리고 타임아웃이 완전히 끝났다면, "엄마도 타임아웃을 하기 싫어. 다음번에는 타임아웃을 하지 않고 즐겁게 같이 놀았으면 좋겠어."라고 말합니다.

• 아이와 기 싸움 하지 말자

타임아웃이 아이와의 치열한 기 싸움이 된다면 뭔가 잘못된 겁니다. 아이와의 언생과 협상 등이 이어지며 시간 낭비가 계속되면 이미 잘못된 길로 들어선 것이지요. 또한 아이가 순순히 타임아웃을 하겠다며 협상하는 식으로 나올 때, 그 대화의 공을 받아가며 대화를 핑퐁으로 가져가며 상대해주는 우를 범하지 마세요. 아이가 계속 대화를 이어가면서 양육자를 조종하려 할 때 여기에 말려들어 응하게 되면 우리가 애초에 아이에게 주려 했던 교훈을 제대로 전달하기 힘들어집니다.

• 무관심 전략을 고수하자

타임아웃을 진행할 때는 아이의 안전이 보장되었다면, 무관심 전략을 고수하세요. 아이와 시선을 마주치지도, 말을 걸지도 마세요. 대신 다른 일을 하며 바삐 움직여보세요. 물론 등을 돌리거나 시선을 거둔 뒤에도 상황을 관찰해야 합니다. 아이의 행동이나 말이 보이고 들리지만 아이와 조금 떨어진 자리로 옮긴 뒤 아이의 행동을 살피는 것이지요.

같은 맥락에서 이 전략을 시행할 때 부모의 감정 컨트롤도 중요합니다. 짜증이나 화를 내면 안 됩니다. 아이의 지금 그 행동이 거슬린다는 것을 **비언어적 신호**, 즉 **기류**로라도 나타내면, 안 돼요. 혀를 쯧쯧 찬다거나, 혼잣말 잔소리, 구시렁거리는 소리 등 양육자가 내는 모든 소리와 표정, 분위기가 아이의 고치려 했던 문제 행동에 양육자가 관심을 보이고 있다는 걸 알려주어 오히려 그 행동을 강화시키는 요인이 됩니다. 그 행동으로 여러분의 감정이 오르락 내리락 하는 것을 보여주면 오히려 약점만 잡힐 뿐이랍니다. 성공확률도 확! 떨어지고요.

또한 아이가 타임아웃을 진행하다, 또 다른 문제 행동을 했을 시 양육자가 거기에 관심을 준다면 자신도 모르게 보상을 던져준 격이 되니 이 부분도 유의하세요. **타임아웃**은 **무시전략의 실전**입니다. 행동을 강화하는 모든 요인에서 아이를 떼어놓는다고 보시면 돼요. 나쁜관심, 좋은관심 모두 강화요인이라고 말씀드렸죠.

• 시간은 엄수하자

타임아웃 시간은 최소한으로 하는 것이 좋습니다. 괜히 길게 가지면 예상치 못한 말썽들이 터집니다. 앞에서 적절한 타임아웃 시간을 제시하긴 했지만, 나이에 따라 무조건 1분씩 증가하는 것에 연연할 필요는 없습니다. 이를테면 아이가 만 3세가 지났다면, 1~2분 정도는 짧습니다. 그동안 나도 모르게 준 관심, 그리고 그 강화가 사라진 것을 아이가 느껴야 하니 2~3분 정도가 적당합니다. 다만 이보다 더 길게 가진다고 해서 더 효과적인 것은 아니니, 이후 연령대도 타임아웃 시간을 2~3분 정도로 가져가도 좋아요.

끝나야할 때 끝나지 않는 타임아웃은 부작용이 더 많습니다. 잘 관찰해서 끝을 잘 내주어야 해요. 너무 오랜 시간을 타임아웃 시간으로 가진다면, 아이는 몸을 가만히 있지 못할 뿐더러 대체로 말썽을 피우게 돼요. 처음부터 적절하게 타이머를 설정해두고, 타이머가 울리면 타임아웃은 연장하지 말고 꼭 끝냅니다.

타임아웃 성공을 위한 그 외 유의사항들 정리

- 타임아웃은 벌이 아닙니다.
- 5분간 가지려 했던 타임아웃이 '20분의 대 난장판 소란'으로 변질되는 것. 경험하셨다면 제대로 마인드컨트롤 하시고 임해주세요.
- 타임아웃 하는 도중에는 아이에게 말을 걸지 마세요.
  혼자 외쳐대지도 마세요.
- 아이와 시선을 맞추지 마세요.
- 언쟁에 빠지지 마세요.
- 적절한 타임아웃 시간이 경과되었고 아이가 준비된 것 같으면, 개입을 해보세요.
- 침착한 목소리로 임해야 함을 꼭 되새기세요. "우리 OO가 진정해서 엄마가 기쁘네"
- 타임아웃 장소는 편안한 장소여야 하고 무서운 장소여서는 안됩니다.

• 처벌이 아닌 모두의 보호를 목적으로 하는 타임아웃

타임아웃 의자에 아이를 머무르게 하는 것, 그 자체가 목적이 된다면 실패입니다. **우리 자신을 보호하기 위해서** 우리 자신을 위해 구사할 수도 있는 전략이에요.

"엄마가 지금 기분이 너무 안 좋아서 잠깐 '머리식히기 자리'에 가 있을게"

이런 식으로 처벌이 목적이 아닌 '보호'를 목적으로 시행되어야 함을 잊지 마세요.

"엄마는 우리 은교 편이야. 동생이랑 함께 놀기는 쉽지 않지. 우리 잠시 쉬자"

"엄마는 우리 연우 편이야. 누나네 친구들만 잔뜩 있는 데서 같이 노는 건 쉽지 않지. 우리 잠시 쉬자"

이렇게 아이와 함께 잠시 쉬면서 둘 사이의 연결고리를 더 강화시키는 의미로 타임아웃으로 활용해주세요. '상황과 분리되는 타임아웃', '보호를 목적으로 하는 타임아웃'으로 생각하시면 좋습니다.

이 툴을 구사하기 위한 내공 키우기

생생한 육아 현장에서 느낀 것들

초등학교 학부모가 되고 나니 보이는 것

아이를 초등학교에 보내고 나면 어느새 내 아이와 놀리지 말아야 할 친구 목록인 '재랑은 어울리지 않는 것이 좋겠다'가 만들어져 엄마들 사이에 암암리에 퍼지기도 한다고 했지요. 그 친구와 어울리면 내 아이가 안 좋은 영향을 받게 될까 봐 염려하기 때문입니다. 하나의 예를 와닿게 들어볼게요. 은교가 초등학교 1학년이던 시절에 다른 엄마에게서 이런 말을 들었습니다.

"픽업 때 봤는데 글쎄, ○○가 아이들의 하교를 돕는 옆 반 담임선생님을 보고 '돼지같이 못생긴 게'라고 말하는 걸 들었어요. 1학년 여자애가 어른, 그것도 자신을 가르치는 선생님의 외모를 품평하는 것도 충격적이었는데 다 들릴 정도로 크게 말하는 것도 너무 어이없더라고요. 집에서 전혀 아이 컨트롤을 안 하나 봐요. 그런 언어 습관을 우리 아이가 배울까 봐 걱정이에요. 앞으로는 셔틀버스를 같이 안 태우고, 그냥 개인 라이딩으로 해야겠어요. 우리 아이가 ○○랑 같이 손잡고 셔틀버스에 타는 것, 정말 불안해요."

이렇게 아이가 집 밖에서 하는 행동은 내가 어떻게 통제할 수도 없는데 또래 아이들 및 다른 부모들의 레이더망에 기가 막히게 걸려듭니다. 엄마들과의 교류가 적어도 귀에 들어오기까지 사실 오래 걸리지 않아요. (물론 그렇지 않은 경우도 있겠지만) 보통은 가정에서 배운 대로 밖에 나가서도 그대로 한다고들 생각합니다. 엄마들 속마음에 '걔랑 놀려서는 안 되겠다' 리스트에 오르는 아이들의 특징을 다시 한번 대략적으로 정리해보자면 다음과 같습니다.

- 폭력적인 아이, 다른 아이를 때리는 아이
- 욕을 쓰는 아이, 말을 험하게 하는 아이
- 화를 잘 내는 아이, 걸핏하면 폭발하는 아이,
  신경질을 잘 내는 아이
- 이기적인 아이, 얄밉게 행동하는(소위 얍삽한) 아이

그런데 부모가 내 아이와 놀리고 싶어 하는 리스트에 오르는 아이들의 특징도 있습니다.

- 배려를 잘하는 아이
- 마음의 상처를 주지 않는 아이

이런 아이는 또래 사이에서도 좋아합니다. 결국 자신에게 잘해주는 아이가 좋은 거지요. 고학년으로 올라가면 운동이나 공부를 잘하는 아이, 특기가 있는 아이도 그중에 포함되지만, 기본적으로 배려심, 공감력으로 상대 친구에게 마음의 상처를 주지 않는 아이는 모두에게 인기가 높아요. 반면 매번 내 뜻대로만 해야하는 이기적인 친구는 모두 기피합니다. 그 부모의 직업이나 경제적 배경도 상관없어요. 아무리 천하의 무엇이라 한들 내 아이가 그 집의 아이와 어울려서 배우는 것이 죄다 나쁜 것들이라면 싫기 마련인 것이죠. 내 아이에게 해가 되니까요. (이 부분은 사실 보호자이자 양육자로서 특히나 저학년 때는 관심을 가지고 들여다보며 어느 정도 관리를 해줘야 하는 주제입니다.)

인성이 바른 아이라면 인기는 뒤따르고, 그다음에 그 아이의 부모가 궁금해지게 마련입니다. 다른 부모들도 그 부모와 친해지고 싶어 합니다. 이런 아이의 부모님에게는 다른 부모들의 러브콜이 끊이지 않아요. 왜일까요? 다른 아이들이 그 집의 아이와 플레이 데이트를 하고 싶다고 자기 엄마를 조르기 때문이에요. (또 부모 본인도 내 애를 좋은 아이와 놀게 하고 싶기 때문입니다.) 아이들에게 '○○가 좋다'는 '○

○와 놀고 싶다' 입니다. 내 아이가 누구나 같이 놀고 싶어 하는 아이, 같이 놀렸을 때도 배울 점이 많은 아이가 된다면 그야말로 주변 엄마들에게 '로망의 아들딸'인 셈이랍니다. 영유아 시기 때부터 하트법칙으로 잘 접속해 방향을 알려주고, 올바르게 지도해왔다면 아이가 사회에 나가 다른 사람을 대할 때도 하트법칙의 기본 자세가 자연스럽게 깔려있게 됩니다. 양육자와의 관계도 탄탄해지는 것은 물론이고요.

물론 그렇다고 누구나 같이 놀고 싶어 하는 아이로 키우자는 이야기는 결코 아닙니다. 모든 사람이 나를 좋아해줄 수는 없지요. 다른 사람의 눈치를 보느라 소중한 인생의 핸들을 자신이 통제하지 못하고 주변에 휘둘리는 것은 바람직하지 않습니다. 자기 신념에 따라 올바른 가치관을 가지면서 다른 사람의 입장에 공감하는 감성지수가 뛰어난 아이라면 좋겠습니다. 다만 아이가 처음 맞게 되는 타인과의 작은 사회는 학교입니다. 학교에서 즐거우려면 교우 관계가 정말 중요합니다. 이것이 뒷받침돼야 교과 학습도 의미 있어집니다.

또한 지금 당장 아이가 또래보다 조금 눈에 띄는 문제 행동을 하더라도 정상적인 발달단계를 밟는 과정일 수 있습니다. 아이들은 성장하며 계속 변하기 때문에 내 아이가 그러지 않으리라는 법이 없고, 모범생이던 아이가 갑자기 돌변하기도 하고요. 그러기에 육아는 항상 우리 자신을 겸손하게 만들고, 또 계속 정진하도록 해주는 황금기회이지요.

후속 결과 - 중기어 B 기본개념 Tool ❸

부모의 중립적인 감정 유지하기

훈육을 할 때는 소리를 지르지 않고 화내지 않는 것이 정말 중요합니다. 여러분이 귀중한 교훈을 주고 싶어서 그렇게 행동했더라도, 아이에게는 "엄마가 아까 화냈잖아! 엉엉~" 하는 기억만 남을 수 있음을 잊지 마세요. 아이 앞에서 큰소리로 화를 내면 그저 '아, 화는 저렇게 내야 하는구나. 기분이 나쁠 때는 저런 식으로 목소리를 높여야 하는 거구나. 누가 내 말을 듣지 않으면 위압적으로 행동해야 하는구나'를 시연한 꼴이 될 뿐입니다.

은교가 초등학교 1~2학년 시절 즈음, 저에게 이렇게 말하더라고요. "은교는 엄마가 화낼 때 왜 그러는지는 몰라. 그런데 하나는 알아. 엄마가 우리를 사랑해서 그런다는 것. 아, 맞다, 하나 더 아는 게 있어. 뭔가 중요한 걸 알려주려고 그런다는 것. 그런데 엄마가 큰소리를 내면 무슨 말을 하는지 듣고 싶지가 않아. 그래서 엄마가 잠잠해질 때까지 엄마 목소리가 안 들리는 곳으로 가는데, 엄마가 너무 크게 소리를 지르면 다 들려서 소용이 없더라."

우리가 아이에게 소리를 크게 내며 화를 내면,

= 아 저렇게 화를 내야 하는 구나.

= 감정이 안 좋을 때는 저런식으로 목소리를 높여야 해.

= 상대방을 컨트롤 하려면,
저런식으로 위압적으로 행동해야 하는 구나.

= 상대방이 말을 듣지 않으면, 저런 식의 표출로 다루는구나.

이걸 알려주는 것밖에는 없다는 걸 다시금 성장한 은교의 대사에서 깨닫게 됩니다.

그래서 더더욱이 이 하트법칙이 중요하고, 기본 전제사항으로 양육자인 내가 뚜껑이 열릴 것 같으면 (아이의 안전이 보장되는 상황이라면) 그 상황에서 "나부터" 분리되는 것이 필요합니다.

내가 뚜껑 열린 상황인데 하트법칙을 적용해보려 한다면요?

워워~ 아닙니다. 아닙니다. 참으십시오.

그냥 분리되어서 스스로를 진정시키시옵소서.

→ 제대로 구사할 것 아니라면 내가 괴물되는 모습을 보이지 않는 게 오히려 이득이 되는 일입니다. 그렇다면 최소한 화가 나는, 뚜껑 열리는 상황에서 어떻게 평정을 되찾는지는 아이 앞에서 몸소 보여줄 수 있었을테니까요.

후속 결과 - 중기어 B 실전적용 Tool ❶

부모와 아이의 거울뉴런 이해하기

인간의 뇌에는 타인의 행동과 기분 등을 거울처럼 반영하여 관찰하고, 간접 경험만으로도 그 행동을 모방하고 그 기분으로 전이되게 만드는 뉴런이 있습니다. 바로 '거울 뉴런(Mirror Neuron)'입니다. 옆 사람이 하품을 하면 나도 따라 하게 되는 것, 영화 속 주인공이 슬프게 울면 나도 슬퍼지는 것, 부부가 서로 닮아가는 현상 등은 바로 거울 뉴런이 반응하기 때문입니다.

아이의 감정이 폭발할 때 부모의 거울 뉴런이 활성화되어 부모 역시 아이처럼 길길이 날뛰는 감정 폭주족이 되면 낭패입니다. 어른인 부모가 의식적으로 중립적인 감정, 평정심을 유지하면서 차분하게 버텨내야 아이의 거울 뉴런이 그런 부모의 모습을 따르도록 작동하겠죠. 그러므로 아이의 행동 때문에 화가 난다면 이렇게 생각하며 마인드컨트롤을 하자고요.

'지금 여기서는 그래도 내가 어른이지. 나는 나의 거울 뉴런이 아니라, 내 아이의 거울 뉴런을 작동시킬 거야. 네 행동에 나의 거울 뉴런이 반사적으로 작동하지 않도록 말이야. 나는 어른이니까 그 브레이크 걸 수 있어! 나의 평정심/차분함으로 너의 거울 뉴런을 ON!시킬거야."

후속 결과 - 중기어 B 실전적용 Tool ❷

5성급 호텔 직원으로 빙의하기

아이를 훈육할 때, 특히 부정적 행동에 브레이크를 걸어야 할 때는 자신이 5성급 호텔의 호텔리어라고 생각하고 행동해보세요. 아이가 부정적 행동을 하는 상황을 고객이 불평불만을 쏟아내는 상황으로 가정하고, 프로페셔널한 호텔리어가 고객을 응대하듯 아이를 대하는 것입니다. 화난 감정이나 불쾌한 감정은 최대한 배제한 채로 말이지요.

가령 고객이 프런트에 왔는데 예약이 확인되지 않는 상황이에요. 그런데 자꾸 자기는 제대로 예약한 게 맞다며 우긴다고 생각해보세요. 그럴 때 5성급 호텔의 호텔리어라면 고객과 똑같이 화를 내지 않고 호텔의 품격을 유지하기 위해 침착하게 몇 번이고 지금 상황을 설명할 것입니다.

"고객님, 저 또한 너무 안타깝네요. 그렇지만 저희 호텔의 규정상 예약이 확인되지 않으면 어쩔 수 없습니다."

이때 규정을 바꿀 수는 없다는 결론은 바뀌지 않습니다. 하지만 이것을 안내할 때의 **프로페셔널한 태도와 어투**를 기억하세요. 오히려 같이 화낸다면 설득력이 없겠지요? 프로페셔널함으로 무장해 안내할 때 더 설득력 있고 납득이 가는 법이랍니다.

물론 부모와 자식은 깊이 연결되어 있는 관계이다 보니 훈육을 할 때 감정이 과다하게 개입되어 쿨한 5성급 호텔리어의 태도를 보이기는 쉽지 않습니다. 그럴 땐 이렇게 생각해보면 어떨까요? 한 인간을 온전히 키워내는 '엄마, 아빠'는 여느 전문직보다 더더욱 고차원적이며 프로페셔널하고 가치 있는 직업이라고요. 훈육에서만큼은 양육자가 프로페셔널함으로 무장해야 합니다.

아이를 중립적인 감정으로 대응할 때 좋은 문구는 앞에서 살펴본 "네 마음 알아"에요. (172쪽 참조) 하트법칙 C단계의 똑게회화에서 배워봤죠? 정말 유용한 표현이라 C-B전략에서도 꼭 활용해보세요. 아이가 현 상황의 규칙에 대해 기분이 안 좋을 수 있지만 그 상태에서 **힘겨루기**나 **대치상태**로 빠지면 안돼요. 이 때 "○○ 마음 알아" 이 대사는 마법의 효력을 발휘할 거예요. 아이와의 말싸움, 힘겨루기로 바뀔 것 같으면 짧고 차분하게 반응해주셔야 하지, 여기서 폭발하게 되면 그토록 주고 싶지 않았던 가장 최악의 교훈을 준다는 사실을 꼭 기억하세요.

똑게 회화

"○○마음 알아"

"엄마도 그런 적 있었어"

아이 엄마, 이 닦기 귀찮아.

엄마 (자~ 기억합시다. 아이의 말 자체를 부정하면 안 됩니다.)
은교 네 마음 알아(마법의 접속어).

아이 얼른 자고 싶다고!

엄마 그치, 은교 마음 알지. 엄마도 그런 적 있었어(또 다른 강력한 한 방의 접속어).

아이 항상 이를 닦아야 해?

엄마 응, 자기 전에는 꼭 이를 닦아야 해.

아이 아, 정말 닦기 싫은데…….

엄마 응, 그래, 네 마음은 알겠어. 그래도 엄마가 뭐라고 했었지?

이런 식으로 차분히, 네 마음 알아 태도로 중립의 감정으로 알려주시면 돼요. 여기에서 중요한 포인트! 이렇게 계속 이어나가다가 다섯 번째쯤에서 "그래, 그냥 오늘만 이 닦지 마" 하고 넘어가버리면 오히려 아이한테 더 강하게 낚이는 셈이 된다는 것. 잊지마세요. 아이는 지금 **문**인지 **벽**인지 두드려가며 자기 행동의 한계선과 규칙을 배우는 중인데, '계속 두드리면 열리는구나~'만 가르쳐주는 것밖에 안 됩니다. 이럴 때 다음과 같은 말이 요긴하게 쓰입니다. 아이의 입장과 마음을 인정해주면서 부모의 입장과 마음도 분명하게 말해주세요.

"응, 그래. 알겠어." +
"그런데 엄마는~……"
"그런데 엄마한테는 그게 안 돼."
"그런데 그건 엄마한테는 해당되지가 않아."
"그런데 엄마가 보기에는 그게 아닌 것 같아. 우리가 함께할 수 있는 다른 방법이 있을 거야."
"그런데 엄마는 그게 싫어."

"응, 그래. 연우 이걸 원하는구나."
+ "근데 엄마한테는 그게 괜찮지가 않아."
(아이 감정을 부정하지 말고 인정해주면서 나의 입장을 말해주세요.)

이런 방식으로 아이와 소통하다 보면 아이가 "그런데 엄마는 이거 괜찮아?", "엄마, 이렇게 하는 거 괜찮아요?", "엄마, 이거 해도 돼?"

하고 먼저 물어보게 된답니다. 그리고 이 방법이 또 좋은 점은 아이가 "나는 그게 싫어요", "나한테는 해당되지 않는 일이야" 하고 거절하는 방법도 같이 배우게 된다는 점이랍니다. 그러면 성인이 되어서도 **자신을 보호하는 동시에 해결책을 찾는 대화법**을 잘 구사할 수 있게 됩니다. 계속해서 연습해보세요.

"은교야, 너 유튜브가 보고 싶었구나. 응, 그래. 알겠어. 근데 엄마는 그게 좋지 않아."

"은교야, 너 유튜브가 보고 싶었구나. 응, 그래. 알겠어. 근데 엄마는 그러면 속이 상해."

여기에 **대안제시(Can do) 전략**을 같이 접목해 쓰게 되면,

→ 대신, 영어로 된 유튜브는 시간을 20분만 정해서 보면 가능해. 그러면 우리 모두가 승자야.

→ 다른 좋은 방법이 있을 거야.

→ 만약 보게 된다면 TV에서 멀리 떨어져서 보자. 작은 화면으로 가까이서 보게 되면 눈이 나빠질 수 있거든. 게다가 거북목, 굽은 어깨 자세도 되기 쉬우니까 꼭 우리가 조심해야 해.

part 6.

똑게육아 훈육 칠계명 복습하며 잊지 말자!

똑게육아 훈육 칠계명

복습하며 잊지 말자!

지금까지 하트법칙의 모든 단계를 이해하시느라 수고 많으셨습니다. 육아를 하다 보면 아이를 가르치는 것이 힘들게 느껴질 때가 있습니다. 특히 현장에서 경험한 바로는 보통의 경우 남자아이 육아를 여자아이 육아보다 힘들어하십니다. 그런데 남자아이라고 해서 엄하게 야단쳐야지만 훈육할 수 있는 것이 아닙니다. 성별에 관계없이 침착하게 반복적으로 말하기만 하면 됩니다.

아이가 저지르는 일들은 대부분 단순 무지로 인한 과실이 많습니다. 인생 경험이 부족하기 때문에 생기는 일들인 것이지요. 양육자를 골탕 먹이려고 일부러 저지른 행동이 아닙니다. 아이들이 달리면 안 되는 장소에서 뛰는 것은 그저 달리고 싶어서이지 부모나 주변 사람들을 힘들게 하려는 생각으로 뛰는 것이 아닙니다. 그렇기 때문에 훈육을 할 때 중요한 것은 일관성 있게 반복적으로 가르치는 것입니다. 아이가 받아들이고 체화할 때까지 올바른 정보를 알려주는 것, 그것만으로도 충분히 '아이를 잘 훈육하는 훌륭한 부모, 현명한 부모'가 될 수 있습니다.

육아는 정말 길고 긴 마라톤과 같은 것입니다. 아이는 한 번의 가르침으로 그 자리에서 당장 올바른 행동을 하지 않습니다. 특히 타고난 기질에 따라 움직이는 경우도 많고요. 그래서 만 2~3세까지는 훈육을 하든 안 하든 겉으로 보기에 행동이 별로 바뀌지 않은 것처럼 보이기도 합니다. 이 장기 레이스를 무사히 마치기 위해서는 절대로 포기해서는 안 됩니다. 아이가 당장엔 안 바뀌는 것 같아도 포기하지 말고 계속해서 알려주고 가르쳐주는 것이 중요합니다. 이러한 노력은 아이가 만 3~5세 이후부터 반드시 보상을 받기 시작합니다. 부모가 일관성을 가지고 훈육을 지속적으로 잘 해왔다면, 만 5세 이후에는 활동적인 남자아이라고 해도, 좀 더 침착해지고 사회에서 통용되는 규칙을 체화하기 시작합니다. (물론 이 하트법칙을 생활화해서 계속해서 청소년기에도 쭉 이어질 수 있도록 해주세요.) 제 강의를 들은 수강생분들이 집에서 배우자에게도 이 방법을 써보겠다는 이야기를 전했듯 사실은 하트법칙은 성인 간의 관계에도 유용합니다.

자, 그럼 이번 장에서는 지금까지 말씀 드린 내용들을 '**똑게육아 훈육의 칠계명**'이라고 이름 붙여 총 정리하겠습니다. 하트법칙의 기본 개념과 실전 적용 방법들을 모두 다 익혔다고 해도 실전 육아에서는 마인드컨트롤이 잘되지 않을 때가 자주 생깁니다. 마음이 흔들리거나 훈육의 원칙이 허물어질 것 같을 때마다 이 내용들을 반복적으로 읽으며 마음을 다잡으실 수 있기를 권합니다.

I 본래 백 번, 천 번 가르쳐야 한다.

II 안 했을 때 지적하기보다는 했을 때 놓치지 말고 제대로 칭찬한다.

III 체벌로 다스리지 않는다.

IV 소리만 지르는 빵점짜리 감독이 될 것인가.
유능한 감독이 될 것인가.

V 아이를 안은 상태로 지금 이 행동과 말투를 할 수 있는가?
- 스스로에게 묻기

VI 우리는 '바람'의 방법을 쓰지 않는다.
'해님'의 방법을 쓰기로 했다.

VII 평상시 아이와의 접속률에 신경 쓴다.

I 본래 백 번, 천 번 가르쳐야 한다.

본래 무언가를 누군가에게 가르치려는 사람이라면, 백 번, 천 번을 가르칠 각오를 해야함이 당연합니다. 이와 비슷한 내용을 저는 여러 책에서 사실 많이 봐왔습니다. 그래서 제가 누군가에게 무언가를 가르칠 때는 당연하게 이 마음가짐으로 임합니다.

어떤 사람은 "대체 몇 번을 말해야 알아듣겠어!!" 하고 아이에게 사자후를 날려줘야만, 같은 말을 반복하면서 본인의 에너지를 낭비하는 것만 같은 그 기분 나쁜 스트레스를 해소할 수 있다고 말하기도 합니다. 하지만 이제 다르게 생각해주세요. 아이는 두 번, 세 번을 말해도 못 알아들어서 아이들입니다. 너무 당연한 것이에요. 한 번, 두 번 말하면 제대로 했으면 좋겠지요? 그건 그냥 부모 마음일 뿐입니다. 그럼 몇 번을 말해줘야 할까요? 백 번, 천 번 말해준다 생각하고 임하시면 됩니다.

물론 꼭 부모 입장이 아니더라도 사람은 누구나 같은 말을 여러 번 반복하기 싫어합니다. 하지만 두세 번 말한 것으로 올바른 행동을 하는 아이는 지구상에 없습니다. 그런데 말이죠. 사실 우리 성인들도 똑같습니다. 제가 예를 한번 들어볼게요.

우리가 새로운 운동을 배울 때를 생각해보세요. 가령 여러분이 필라테스를 배우러 갔습니다. 선생님은 여러분에게 코어의 힘을 기르고 바른 자세를 유지해야 한다며 중립 자세를 취하라고 합니다. 처음에는 가르쳐 주는 대로 따라 해봅니다. 그러나 바로 몇 분 뒤 선생님이 알려준 자세를 잊어버리고, 신경 쓰지 않으면 그 자세가 되지 않는 자신을 발견할 겁니다. 그러면 선생님은 같은 말을 다시 반복합니다. 아마 50분가량의 수업에서 선생님은 10번 이상 같은 말을 했을 거예요. "어깨 내리시고요. 귀와 어깨 멀리요~", "중립 자세 유지요. 골반 중립으로 만드시고요", "호흡하세요. 갈비뼈를 닫고 호흡해보세요."라고요. 그리고 이 말들을 그다음 번 수업 때도 계속 반복해서 말할 것입니다.

자~, 아이도 똑같아요!! 한 번 말을 들었다고 당장 고칠 수 있다면, 그게 사람인가요? 당연히 제대로 하지 못합니다. 딱 한 번 들은 게 전부라면 당연히 잊어버리고 예전 자세와 행태가 나오는 게 사람입니다.

30번 들어서 간신히 할 수 있게 되었다고 가정해봅시다. 그것도 그전의 29번의 가르침이 있었기에 가능한 것입니다. 그 스물아홉 번 말한 것이 아무 의미가 없었던 것이 아니에요. 만약 선생님이 '아... 이 회원은 아무리 내가 열정을 가지고 말해주어도 변화가 없다' '소용이 없구나..' 하고 한 다섯 번 말해주고 포기했다면, 그 서른 번째의 변화와 성장은 찾아오지 않습니다. 이것과 같아요.

만일 아이가 마흔 번의 가르침 끝에 간신히 그것을 할 수 있게 되었다면, 그것은 그전의 '서른아홉 번의 가르침'이 있었기에 가능한 것입니다. 즉, 서른아홉 번의 가르침 끝에 아무 변화가 없었다고 할지라도 그 서른아홉 번의 가르침이 아무 의미가 없었던 것이 아니라는 말입니다. 당장에 아웃풋은 없었다고 할지라도 그 서른아홉 번의 무의미해 보이던 가르침을 이어나가지 않았다면 변화와 성장은 끝끝내 찾아오지 않습니다. 힘드시겠지만, 반복적으로 가르쳐준 보람을 느끼게 될 것입니다. 훈육이란 '가르치는 것'이라고 서두에서 살펴봤습니다. 한 가지를 몇 번씩이나 백 번, 천 번까지도 계속 반복해서 말해주고 알려주는 것이 훈육입니다. 그렇게 양육자가 끈기를 가지고 꾸준히 가르쳐주다 보면 어느 단계에 도달해서는 더 이상 말해주지 않아도 아이가 스스로 부모가 기대하는 행동을 할 수 있게 되는 날이 반드시 옵니다. 이때 그 올바른 길을 말해주는 방식과 태도가 중요하다고 이야기하고 있는 것이 이 책의 중요한 주제라고 볼 수도 있습니다. 반복해서 말해줄 때, 여러분에게 필라테스 선생님이

"아니!! 진짜!! 왜 이렇게 못 알아들으세요!!"
"와… 몇 번을 말해야 아시겠어요?!!!"
"제가 분명히 이 동작 하실 때는 중립 자세 취하라고 했잖아요?? 휴~!"

"도저히 회원님은 구제불능 같네요. 더이상 못 가르치겠어요. 도대체가 제 말을 제대로 듣고 있는 거 맞아요?!! 맨날 제가 똑같은 얘기만 앵무새처럼 하고 있잖아요. 바뀌지는 않으시고!"

만약, 여러분에게 팔라테스 선생님이 위와 같이 말하며 가르친다고 생각해보세요. 어떤 느낌이 드시나요? 이런 분한테 배우고 싶으신가요? 그 자리에서 존중받지 못한 기분 탓에 내가 왜 이런 취급을 받아야 하나, 나에 대한 자존감도 하락되고 기분이 상당히 나쁘죠. 강사가 말하는 대로 따라할 의욕도 나지 않을 거예요.

1. 중요 포인트는 서른아홉 번째 똑같은 말을 해주며 알려줄 때도, 소리치거나 상대방의 인격을 모독, 비하하지 않고, 행동을 비난하지 않은 채, 침착하게 알려주는 것이랍니다. 이렇게 되어야 우리도 새로운 필라테스 자세를 몸에 익히고 배워나가게 되는 것이죠. 훈육도 이와 똑같습니다. 이제 하트법칙이라는 비책을 가지고 계시니, 폭발하지 마시고 감정중립을 유지한 상태에서 아이에게 잘 알려주세요. 꾸준히 반복해서!!!

2. 백 번은 사실 약과에요. 이 계명의 서두에서 말씀드렸듯이 성공한 현인들은 무엇이든 다른 이에게 가르치려 한다면 최소한 천 번은 가르칠 각오가 되어 있어야 한다고 이야기합니다. 우리가 가르치려는 상대는 성인도 아니고, 아이들이니 우리는 소중한 아이들에게 백 번, 천 번 정도는 계속해서 가르쳐줘야 한다고 생각하시면 될 것 같아요.

남아는 아무래도 더 거칠고 폭력적인 것처럼 보일 수도 있습니다. 과격해 보이기도 하고요. 2-3살 무렵에는 아무리 말해줘도 당장 고쳐지지 않을 수 있습니다. 그래도 알려줄 건 꼭 알려주는 것이 중요합니다. 이 점 놓치지 마세요. 폭력적인 행동을 할 때마다, 한계선을 초월해서 과격한 행동을 할 때마다 바로, 하면 안 되는 행동이라는 것을 B툴을 활용하셔서 제대로 알려주세요. 그렇게 했느냐 안 했느냐에 따라 1년 후, 2년 후, 3년 후 아이의 모습과 행동이 크게 달라집니다.

II 안 했을 때 지적하기보다는 했을 때 놓치지 말고 제대로 칭찬한다.

아이가 잘못했을 때만 계속해서 지적질을 한다?! NoNo~! 잘못하고 계신 겁니다. 더더욱이 아이가 잘못했을 때라면, 앞에서 제가 전수해드린 C-B 전략들로 잘못된 점을 명확하게 알려주고, 당연한 듯 생각되는 일일지라도 제대로 행동했을 때는 잊지 말고 꼭 칭찬을 해주세요. 그렇게 하면 어느 틈엔가 부모가 기대하는 긍정적 행동이 습관화됩니다. A로 액셀을 밟아 제대로 해당 행동을 강화해주었기 때문에 아이는 해당 행동을 반복하려고 할 거예요. 그런 기분 좋~은 느낌을 아이에게 생활 속에서 선물해보는 거예요. 당연한 것은 한 개도 없습니다. 칭찬을 제대로 하는 방법! 앞서 숙지하셨다면, **5:1 법칙**도 매번 기억하시면서 잘 안되는 부분 1번 '지적반응'해줄 때, '5'배의 비율로 반응을 해줘야하는 칭찬포인트! 놓치지 마세요. C-B전략이 제대로 먹히기 위해서는 C-A를 5번 할 때, C-B를 1번 해야 합니다. 문제점 지적보다 장점을 집어주는 부분을 하루에 5배의 비율로 해주세요. 그래야 문제점을 지적했을 때 효과가 있습니다.

오버해서 칭찬하면 티가 납니다. 그냥 있는 그대로의 사실을 중심으로 말해주시면 됩니다. (=아이의 귀에 들리게 하면 됩니다.)

"꺄~~ 연우 대단하네. 정말 멋져!! 연필도 미리 깎아두고" "연우 최고네! 너무 멋지다. 멋쟁이! 멋쟁이! 신발도 저렇게 깔끔하게 정리해두고"

→ 이런 식의 A(액셀) 반응보다는, 아이의 그 행동을 입으로 그대로 구체적으로 집어만 주어도 효과는 매우 큽니다.

"연필을 미리 잘 깎아두었네", "신발을 가지런히 잘 벗어놓았구나" 하면 되는 것이지요. 내가 어떤 시각으로 아이를 바라보느냐에 따라 칭찬 거리는 무궁무진하게 있습니다. 모든 사람이 '진심이 담긴 칭찬'은 좋아하지요. 아이의 행동 중 평상시 당연하다고 생각되었던 것들일지라도 구체적으로 집어내어 칭찬해줘보세요. B만 백날 해대는 것보다 (C-A를 C-B보다 5배 비율로 해줘왔다면) 그 효과는 비교할 수 없을 만큼 매우 큽니다.

III 체벌로 다스리지 않는다.

'해님과 바람'우화를 다들 알고 계시지요? 바람이 쌩쌩 사납게 몰아치면서 나그네의 외투를 벗기려고 하지만 끝내 외투를 벗길 수는 없었습니다. 그러나 해가 따뜻하게 내리쬐자 나그네는 외투를 벗습니다. 이 우화의 교훈처럼 우리는 해님의 방식이 좋고 옳다는 것을 너무나 잘 알고 있습니다. 하지만 현실에서 해님의 전략을 실행하려고 하면, 우리의 시간과 노력은 더 많이 들어가게 됩니다.

즉각적인 효과를 볼 수 있다는 점에서 양육자들은 체벌의 유혹에 빠지기 쉽습니다. 만약 실제로 바뀌는 행동을 볼 수 있을 때까지 걸리는 시간이 체벌(바람)이 5분, 해님(하트법칙)이 1시간 정도로 차이가 난다면 사람들은 쉽고 빠른 방식을 채택하게 됩니다. 거시적인 부분을 보지 못하는 오류에 빠지는 거에요. 그런데 여러분이 정말로 아이를 사랑한다면, 해님방식으로 행동을 바꿀 수 있도록 해야죠. 그게 참된 사랑이 아닌가요.

체벌은 훈육의 선택지로 아예 생각도 하지 마세요. 지금 당장 변하지 않더라도, 지금 이 한 번의 올바른 가르침은 아이 안에 축적됩니다. 나중에 반드시 아이는 행동으로 보여줍니다.

때려서 가르치는 방식은 당장 그 자리에서는 효과가 있는 것처럼 보일지라도 스스로 납득해서 행동을 바꾼 것이 아니기에, 혼내는 사람이 주변에 없다면 배움의 효과가 없고 이후 문제 행동이 되풀이됩니다. 아이는 그저 맞는 것이 아프고 싫어서 그 행동을 안 하는 것뿐이지요. 아이에게는 그저 아픔, 분노, 슬픔만이 남습니다. 무엇보다 그 방법을 아이가 자신이 속한 사회에서 문제를 해결하는 당연한 방식으로 답습한다는 점이 큰 문제입니다. 상대방이 내 말 안 들으면 때리겠지요. 체벌은 손쉽고 빠른 훈육의 방법이지만 그만큼 폐해가 너무 크다는 사실을 꼭 기억하세요.

'어떤 일이 있어도 아이에게 손을 대지 않겠다' 주문 외우기 (74쪽 참조)

Ⅳ 소리만 지르는 빵점짜리 감독이 될 것인가. 유능한 감독이 될 것인가.

소리만 지르는 감독은 서툰 빵점짜리입니다. 축구감독의 예를 들어볼게요.

"야, 이 멍청아!! 눈이 달려있는 거냐!! 왜 공을 못 잡아!!!"

이렇게 그저 소리만 냅다 지르는 사람. 정말 무능한 감독이자 코치입니다.

"왜 그러냐 너!!! 내가 아까 분명히 말했잖아!!!!!"

무턱대고 화만 내고, 야단만 치는 감독. 우리의 모습은 아닌지 반추해봐야 합니다. 지도를 잘하는 유능한 감독은 위와 같이 말하지 않습니다. 해야 하는 구체적인 행동을 말로 가르쳐줍니다.

"다리에 힘을 좀 더 줘서 수비를 해봐" "패스를 대각선으로 해봐" "허리는 좀 더 낮춰서 드리블 해봐" 등으로 구체적인 지시를 하고 문제점을 잘 관찰해서 평상시 연습을 시키겠지요. 훈육도 똑같습니다. 아이가 하기를 바라는 행동, 이것을 구체적인 말로 알아듣게 표현해주세요. 소리만 지르는 꾸중 같은 건 의미 전달이 안됩니다.

"야!!! 지금 뭐하는 거야!!!!!"와 같은 식의 부류 말이죠. 무능한 감독이 되지 마세요. 특히 아이들은 단순한 부분도 있어서 '정확한 지시'를 해주었을 때 그 말 그대로 움직입니다. 아이가 위험한 곳에 올라가 있다면 "야!! 왜 올라간거야!!!" "어디를 올라가냐!!!" 이런 말에는 별다른 반응이 없지만, '내려오라는' 의미전달을 확실히 해주었을 때, 내려올 확률이 높아집니다. 훈육을 할 때는 아이가 해야 하는 행동, 부모가 아이에게 기대하는 행동을 구체적으로 전달해주면 좋습니다. 지금 해야만 하는 행동을 정확하고 구체적으로 말하는 습관을 들여보세요.

V 아이를 안은 상태로 지금 이 행동과 말투를 할 수 있는가? - 스스로에게 묻기

하트법칙 실전 툴 '5성급 호텔 직원으로 빙의하기'에서 알아보았듯이 아이가 잘못된 행동을 했을 때는 감정을 배제하고 차분한 말투로 올바른 행동이 무엇인지 알려줘야 합니다. 하지만 부모도 사람인지라 화도 나고 감정적으로 격해질 수밖에 없을 때가 있습니다. 그럴 때는 '아이를 안은 상태로 지금 이 행동과 말투를 할 수 있는가?'라는 질문을 스스로에게 던져보세요. '그렇다'라는 답이 나온다면 2층 뇌 상태이고, '아니다'라는 답이 나온다면 1층 뇌에 빠져 있는 상태라고 자가진단하시면 됩니다. 감정적으로 하는 훈육을 피하기 위해서 이처럼 항상 아이를 안고서 야단치는 방법을 사용해볼 수도 있습니다. 만일 아이를 안기가 힘든 상황이라면, 두 손을 꼭 잡고서 말해주는 방법도 있습니다. 하지만 이 모든 것들이 양육자가 초 흥분한 상태라면 아이를 안고 야단을 친다거나 아이의 손을 꼭 잡고 야단 치는 것은 모두 불가능해집니다. 이때 말투가 역시 중요한데, 화난 말투도 안되고 상냥한 말투도 안됩니다. 중립적인 차분한 말투, 하지만 알려줄 것은 알려주는 말투가 중요합니다. 아이가 무언가 어지럽혔을 때도 "아휴!!! 뭐야 이게!!!" 하면서 꽥 소리지를 것이 아니라, "조심해서 다뤘어야지. 컵은 모서리에 놓지 말고" 이런 식으로 오히려 평범한 말투에서 벗어나지 않은 채, 저음으로 차분하게 말해주세요. **Calm Voice(캄 보이스, 차분한 말투)**가 핵심입니다!

VI 우리는 '바람'의 방법을 쓰지 않는다. '해님'의 방법을 쓰기로 했다.

이 계명은 감정을 배제하고 차분한 말투(Calm Voice)로 피드백하자는 앞의 계명에서 이어지는 내용인데요. 앞서 살펴보았듯이 우리는 아이가 말을 너무 듣지 않는다고 해서 '바람'의 방법을 쓰는 것이 아니라 '해님'의 방법을 쓰기로 했습니다. 아이와 소통 시에도 유의해야 할 부분이 ○○하지 않으면 ○○할거야~!!" 이런 식의 대사입니다. 주로 '○○할거야~!!' 에서 ○○에는 벌이나 협박류가 들어가게 됩니다. 이 과거의 오류를 벗어던지고 이제는 'When-Then' 전략(289쪽 참조)을 생활화해보려고 노력하세요. '해당 행동을 하면 → 후속값으로 즐거움이 온다'는 것을 경험하도록 해주는 것이죠. 아래의 예를 보며 연습해봅시다.

· 숙제 끝내지 않으면 친구들이랑 노는 것 취소야!!
→ 숙제 다 끝내고 나면,
연우 친구들이랑 같이 재미있는 시간을 보내자!

· 계속 게임질하며 핸드폰 들여다보고 있을거면 간식 먹을 생각 꿈에도 하지마!!
→ 연우가 게임을 스스로 끄고 나면 맛있는 간식을 먹자!!
연우가 좋아하는 '참치마요 삼각김밥'이랑 '귤' 어때? :)

위와 같은 방식으로 안 좋은 일을 사전예고 하는 방식이 아니라 좋은 일을 사전예고 하는 방식으로 소통하세요. When-Then 전략 문구는 입에 붙여두어도 좋습니다. 아이들의 행동을 이끌어내기 위해 "이 일이 끝나고 나면 좋은 일이 생긴다. 기쁜 일이 기다리고 있다" 로 아이를 기대하게 만드는 것이 훨씬 효과적이랍니다. 우리 어른도 마찬가지죠. 누구든지 상대방이 긍정적인 말투를 사용했을 때 스스로 움직이고 싶어지지요. 어떻게 하면 아이에게 '자신이 스스로 하고자 하는 마음이 들게 할 것인가' 이것이 바로 훈육의 포인트입니다. 여기서 여러분이 훈육을 잘 하고 있는지 아닌지가 판가름나는 거예요. 훈육의 목적은 결국 아이를 자율적이고 독립적인 성숙한 인간으로 성장시키는 것이니까요.

VII 평상시 아이와의 접속률에 신경 쓴다.

하트법칙의 가장 첫 번째 단계 기억하시지요? 바로 아이와 접속하기였습니다. 긍정적인 행동을 강화하는 것이든, 부정적인 행동을 소거하는 것이든 그 전제는 아이와 접속이 잘 된 상태여야 한다는 점입니다. 즉, 훈육이 효과를 발휘하려면 평상시에 늘 아이와의 접속률에 신경을 써야 합니다. 훈육은 아이가 기분이 좋을 때는 내버려 두고, 잘못했을 때 야단치는 게 아닙니다.

사실 훈육을 하다보면 욱하게 되는 상황들이 생깁니다. 아무리 감정의 중립을 지키려고 노력해도 우리도 인간인 이상 폭발하기도 하지요. 평상시 아이와의 접속률을 높이며 지냈다면, 이럴 때 너무 자신을 자책하지 않아도 됩니다. 아이와의 접속률에 평상시에도 신경 써 왔다면 아이는 괴물이 된 부모의 모습을 보고도 부모에게 상처 받거나 속상해하지 않습니다. 지금은 엄마, 아빠가 자신에게 잠시 화를 내고 있지만 자신을 향한 엄마, 아빠의 사랑에 굳은 믿음을 가지고 있기에 일시적으로 보인 그 모습에 좌절하지 않는 것이지요. 이런 아이일수록 회복탄력성도 강하고 문제해결력도 높습니다. 어린 시절에 기쁜 일, 즐거운 일을 많이 겪은 아이, 나는 사랑받고 있다는 것을 마음 속 깊이 느낀 아이는 반드시 올바르게 자라게 됩니다. 존재 자체로 온전히 받아들여진 경험은 아이의 건강한 성장의 밑거름입니다.

똑게 하트법칙을 적용할 때 꼭 주의할 점

똑게육아 하트법칙을 적용할 때 꼭 주의하셨으면 하는 점을 언급하며 훈육의 대장정을 마무리해볼까 합니다. 제가 훈육 컨설팅을 해드린 어느 부모님의 사연을 같이 살펴볼까 합니다. 그 어머니는 전략들을 사용하기 전에 "하트법칙 실시!"라고 자기 자신에게 기합을 넣듯이 외쳤다고 해요. 그랬더니 아이들이 '엄마가 쓰려는 그 전략에 내가 넘어갈 것 같아?'라는 입장을 취했다고 하더군요. 더 나아가 "엄마가 하트법칙을 쓰니까 내 기분이 더더더 안 좋아지잖아. 그거 이제 그만해! 멈춰!" 라고 외쳤다는 거예요. (이 에피소드에서 우리가 주의해야 할 부분이 여실히 나오기 때문에 가져온 것입니다.) 자, 생각해보세요. 아이의 1층 뇌에 불이 들어와서 부정적인 감정의 나락으로 빠져들고 있는데 "자, 이제 엄마가 배워온 하트법칙을 너에게 적용해볼 거야!"라고 외친 다음에 "○○이는 지금 얼굴을 일그러뜨리고 있어요. 악도 써요. ○○이가 정말로 속상해하는 것 같아요"라고 말하며 아이와 접속하겠다고 선전포고한들 아무 효과도 없습니다. 즉, 아이 앞에서는 그 전략에 대해 공표할 필요도, 동의를 구할 필요도 없다는 말입니다. 하트법칙을 실전에서 적용할 때는 여러분의 머릿속으로만 그 과정과 방식을 생각하고, 자연스럽고 편안하게 적용하세요. 아이들에게 작위적인 느낌을 풍겨서는 안 됩니다.

아이가 양육자가 구사하려는 훈육 전략을 훤히 꿰뚫고 있다면 '엄마는 지금 초보야. 불완전한 상태야. 나한테 시험해보고 있는 거야', 급기야는 '나를 아무것도 모르는 아기로 취급하면서 놀리고 있는 거야'라고 느낄 수 있습니다. 그러면 아무리 훌륭한 훈육 전략이라고 해도 백전백패하게 됩니다. 그 분위기가 참 중요합니다. 정말 아이를 어리게 취급하는 듯한 느낌, '내가 이거 배워왔는데 되나, 안 되나~ 한번 써먹어 봐야지~' 하는 식의 진중하지 않은 분위기는 훈육의 모든 전략을 실패로 이끕니다. 진심으로 이 부분을 유의하시며 임해주세요.

실제 육아 현장에서 지금까지 알아본 하트법칙의 전략들을 자연스럽게 적용하기 위해서는 정말 **많은 반복과 적용**이 필요합니다. 그리고 그런 양육자의 노력이 빛을 발하면 아이 역시 그 훈육의 원칙을 흡수해서 의식적으로 행동하지 않아도 일상에서 자연스럽게 규범과 규칙을 지키게 됩니다. 학교에 가서 친구들과 선생님 입장에서 공감해주고 이해해주며 위로해줄 수 있는 아이가 되어, 공감능력과 사회성이 탁월한 아이가 되는 것이지요. 양육자가 이미 **역할 모델**로서 충실하게 행동한 덕분입니다.

이처럼 올바른 훈육을 위해 양육자 자신이 좋은 역할 모델이 되고자 노력하는 과정에서 우리는 한층 더 성장하게 됩니다. 육아가 아이를 키우는 일인 동시에 나 자신이 다시 한번 성장하는 계기인 이유입니다. 하트법칙이라는 비장의 무기를 지닌 여러분과 여러분 자녀의 건강한 성장을 응원합니다.

와~ 여러분, 《똑게육아 하트법칙》을 모두 어떻게 읽으셨을지 너무나 설레고 또 두근거리는 마음입니다. 제가 몇 년 동안 공들여 정성스레 마련한 밥상을, 또 진심을 담아 하루하루 내린 진액을 맛있게 드시고 나서 여러분의 삶과 가정에 어떤 방식으로 유익하게 활용하실지 기대가 많이 됩니다. 저는 매일 아침 하루를 시작하면서, 또 매일 밤 잠자리에 누워서 독자님들 한 분 한 분들에게 기도를 드린답니다. 때로는 혼자 여러분에게 말을 건네보기도 하는데요. 누가 보면 달밤에 '원맨쇼'를 한다고 피식 웃을 수도 있겠지만, 마음속으로 생생하게 독자님들의 모습을 한 분 한 분 그려가며 제 마음속 깊은 곳에서 응원을 보내고 있습니다. 그러면서 어쩌면 저 또한 같이 "으쌰으쌰!" 하며 힘을 내는지도 모르겠습니다. 우리는 육아 동지이자, '엄마'와 '부모'만이 느끼는 그 감정을 알고 있는 공동체의 일원이니까요.

프롤로그에서 말씀드렸던 바와 같이 지금껏 우리가 세세하게 살펴본 똑게육아 하트법칙 전략은 '우리 자신'에게 먼저 구사해줘야 하는 것이 아닌가 싶습니다. 자신의 내면 아이가 아픈 분이라면 더더욱 그럴 것이라고 봅니다. 그 누구도 아닌 여러분 자신이 '나 자신'과 접속하여 더 많이 스스로를 아껴주세요. 지금 아이를 키우는 것처럼 여러분 자신을, 즉 아이 한 명을 더 키운다고 생각하면서 애정을 듬뿍 주세요.

훈육은 여러분 자신, 그리고 여러분의 아이가 지닌 고유함에 대해 배우면서, 동시에 여러분 자신을 키우는 과정이라 여겨도 무방합니다. 하나의 생명을 키우는 데 육체적으로든 정신적으로든 내가 먼저 성장해 있지 않으면 어떻게 그 생명을 잘 키울 수 있을까요.

아이에게는 되도록 어릴 때부터 제대로 하트법칙을 구사해주면 좋습니다. 물론 늦었다고 생각할 때가 가장 빠른 법이지요. 기본적으로 똑게육아 하트법칙은 제가 '1층 뇌', '2층 뇌'로 네이밍한 내용 중, '2층 뇌=현명한 뇌'의 근육을 키워주는 여러 가지 전략들을 설명하고 있다고 이해하면 됩니다. 그러면 하트법칙으로 아이의 2층 뇌의 컨트롤 기능을 향상시키면 무엇이 좋을까요?

바로 아이가 자신의 감정을 관찰하고 파악하며 인식할 수 있게 됩니다. 그로 인해 자기 행동을 점차 스스로 컨트롤할 수 있습니다. 예를 들자면 사회적으로 용인되는 수준의 '화 표출법'을 나름대로 터득해내거나 스스로 그 감정을 다스릴 수 있게 됩니다. 물론 단번에 되지는 않습니다. 처음에 아이의 2층 뇌는 설계도면만 있는 상태이니, 이 책을 만난 여러분은 지금 이 순간부터 아이의 2층 뇌의 건설을 멋지게 도울 수 있을 겁니다. 결국 1층 뇌만 윙윙~ 돌아가는 폭탄이 터진 상황 속에서 아이가 침착하게 계단으로 걸어 올라가 스스로 2층 뇌의 불을 켤 수 있는 그 능력은 '인간 생활의 기본이 되는 능력'이라고 할 수 있습니다.

- 감정 이입 능력, 공감 능력, 비언어적인 분위기 파악 능력
- 합리적 판단력, 문제해결력
- 사회적으로 용인되는 적절한 표현력
- 책임감, 리더십 등의 사회성
- 참고 견디는 능력, 좌절에도 일어설 수 있는 회복탄력성

위의 제가 열거한 능력들의 상위개념으로 통괄할 수 있는 개념이 바로 '2층 뇌의 불을 자기 스스로 켤 수 있는 능력'인 것입니다.

이제는 우리 아이들이 살아갈 미래의 1년 앞을 내다보기도 힘든 시대가 되었습니다. 저의 경우, 첫째와 함께 이미 초등 1, 2학년 시기를 거쳤기에 둘째는 그 경험으로 '조금 더 이렇게 해보면 좋겠다'라고 내심 생각했던 바가 있었지만, 둘째가 초등학교에 입학하던 딱 그 시기에 코로나가 발병해 등교 자체를 하기 힘든 상황에 직면했습니다. 따라서 첫째의 초등 저학년 시절의 경험과 둘째의 그것은 전혀 달랐으며, 사회적으로도 많은 변화가 있었습니다.

이쯤에서 가만히 생각해봅시다. 우리 아이가 20년 후, 30년 후, 50년 후 무엇을 하며 살게 될까요? 여전히 우리나라에서 살고 있을까요? 아니면 세계의 다른 어딘가에서 살고 있을까요? 그때는 어떤 시대가 올까요? 직업을 비롯해 일상의 많은 것들이 달라지지 않을까 생각합니다. 저는 이처럼 예측하기 힘든 미래를 아이가 멋지게 자기 자신의 힘으로 재미있게 헤쳐나갈 수 있기를 바라고 또 바랍니다. 무언가를 스스로 발견하며 개척해나가는 것은 정말 짜릿한 일이니까요.

급변하는 사회 속에서 우리가 꼭 아이들에게 길러줘야 할 것은 우리 아이들이 언제, 어디서건 잘 적응할 수 있는 능력이 아닐까 싶습니다. 여러분과 저도 이제 이만큼 살아봐서 알고 있듯, 그 누구든 인생을 살면서 시련과 아픔을 겪지 않을 수는 없는 것입니다. 우리 아이들이 좌절과 실패 앞에서도 기꺼이 견뎌내며 다시 일어설 수 있는 회복력, 또 누구와도 원만히 어울리며 잘 지낼 수 있는 대인관계 능력, 예상치 못한 일이나 상황에 침착하게 적응할 수 있는 문제해결력을 갖췄으면 좋겠습니다. 우리가 일상 속에서 제가 이 책에서 설명드린 '하트법칙'을 잘 사용한다면, 아이들에게 바로 이런 것들을 모두 선물해 줄 수 있게 됩니다.

《똑게육아 하트법칙》을 드디어 출간하는 이 시점에, 저는 이 책이 '훈육'이라는 육아의 한 분야에서, 저의 전작인 《똑게육아》가 영유아 수면교육에서 대체불가한 도움을 주게되었던 것처럼 '훈육'을 어떻게 접근해야 할지 힘들어하는 우리 육아 job 근무자분들에게 큰 도움이 될 것이라 확신

합니다. 무엇보다 저의 진심이 여러분에게 잘 전달되기를 바랄 뿐입니다.

큰 것을 하나 생산해내고 나면 저는 그즈음 정말 지독히도 몸이 아프곤 합니다. 그동안 오직 하나만을 위해 달려오고 쌓아왔던 내면의 모든 것들이 마치 몸속에서 다이너마이트처럼 폭발하는 느낌을 받는 것이지요. 제가 책을 써나가고 출간해내는 과정은 절대 쉽지 않지만, 그래도 이 작업을 멈출 수 없는 것은 이 일이 우리가 사는 이 세상에서 굉장히 중요하다고 믿기 때문입니다.

예전에 저는 영유아 시기의 여러 가지 과업과 그와 관련된 핵심 내용을 정리한 마일스톤 카드를 만든 경험이 있습니다. 사실 아이가 태어나면서 '엄마'도 새롭게 태어나기에 엄마의 시점에서 마일스톤을 집필하는 것 역시 생각해보고 있습니다.

이처럼 여러분이 아이의 성장을 따라 다음 단계로 넘어가면, 육아 job에 있어 또 다른 새로운 과제와 질문, 이야기가 펼쳐지거든요. 그 과정에서

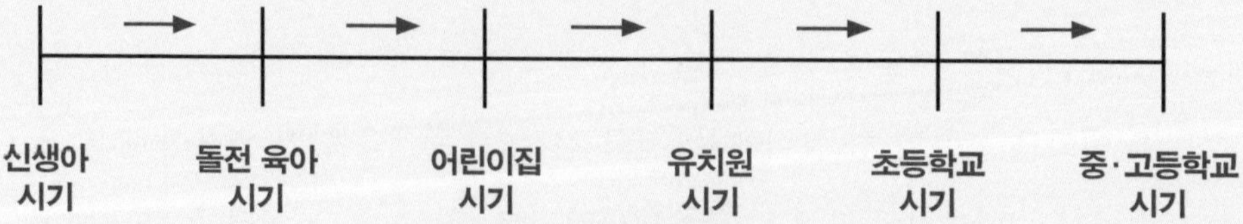

하트법칙은 신생아와 영유아뿐만 아니라 성인에게까지 쓸 수 있는 강력한 툴이랍니다.

“하트법칙을 실천하고 적용한 지 6개월! 저와 아이의 관계가 달라졌어요. 매번 아이와 싸움하느라 녹초가 되었는데, 이제는 제가 화낼 틈조차 없이 아이한테 어떻게 반응해야 할지 알고 있다 보니 한결 마음이 여유로워졌습니다. 아이 역시 따라와주는 것이 보여 저희 가족 모두가 행복해졌답니다.”

이처럼 여러분이 똑게육아 하트법칙 툴을 직접 사용하며 맛본 엄청난 승리감과 놀라운 발견을 공유해주세요. 더 깊게 배우고 싶으신 분들은 똑게 빌리지(Village)의 멤버십 회원이 되어 같이 실천하고 공유할 수 있습니다. 책이 너무 두꺼워져 후속작으로 준비 중인 실전편 또한 기대하셔도 좋습니다.

저의 바람은 다음 세대를 키워내는 가장 중요한 과업을 맡은 우리가 최대한 활발하고 투명하게 서로의 어려움을 드러내어, 보다 현실적이고 실용적인 방법으로 육아 job 일터를 진화시키는 것이랍니다. 육아 job, 엄마 job도 전문적인 직업으로 바라본다면 이렇게까지 발전시킬 수 있는 것입니다.

누구나 동의하겠지만 한 인간에게 있어 어린 시절은 매우 중요합니다. 지금부터라도 우리 같이 노력해보기로 해요. 아이에게 더 좋은 교육 환경을 제공하기 위해 부모가 밤낮없이 사회적으로 바깥에서 보여지는 자신의 job 분야에서만 죽어라 일하는 것도 좋지만, 가장 기본적이고 중요한 하트 법칙을 체득하는 데도 노력해보세요. 왜냐하면 엄마 job, 육아 job은 바깥에서 보여지는 job보다 더 고차원적이고 전문적이며 위대한 일일뿐더러 여러분이 그만둘 수도 없는 여러분의 천직같은 것이니까요. 아이와 함께하는 시간에는 꼭 하트법칙을 활용해 의미 있게 보내보세요. 여러분의 삶 자체가 업그레이드 되는 것을 느끼게 될 거예요.

부모와 자식 간의 불화가 사람이 겪을 수 있는 가장 큰 불행 중 하나라고 합니다. 이런 관계가 생긴다면, 가족 전체의 불행이라고 할 수 있겠지요. 똑게육아 하트법칙을 활용하여 아이와의 관계를 현명하게 일궈나가보세요. 여러분은 인생에서 가장 큰 불행을 면하고 '행복'의 길로 들어설 수 있을 것입니다.

똑게육아 하트법칙으로 얻을 수 있는 인생 최고의 경쟁력은 바로 '행복'입니다.

하트법칙을 알게된 여러분의 인생에 '행복'을 기원합니다.

똑게육아 하트법칙 작가

로리(김준희) 올림

♥ 나의 딸, 아들에게 ♥

육아하랴, 살림하랴, 책 쓰랴, 사업하랴... 내내 힘들었던 엄마를 항상 응원해 주고 사랑해줘서 정말 고마워. 엄마는 너희들 덕분에 힘을 내서 작업할 수 있었어.

너희들이 그동안 엄마에게 힘내라고 전해준 그림 편지들이 정말 많지만, 각각 딱 하나씩만 가지고 왔단다. 생각보다 집필이 오래 걸려 너희들의 현재 그림 실력은 이것보다 훨씬 정교해지고 훌륭해졌지만, 그래도 엄마는 이 시절 너희가 그려준 이 그림들을 보면 그때 그 순간이 생각나서 또 한없이 행복해지거든. (바로 코로나 집콕 육아가 터진 딱 초반에 너희가 엄마에게 그려줬던 그림들. 너희들이 갓 초1, 초3에 올라가던 시절이네.)

은교야, 연우야.

나의 딸, 나의 아들로 태어나줘서 정말 고마워.

너희들은 그 자체만으로 보석이고 기쁨이고 천사들이야.

엄마는 너희들을 낳고 정말이지 더더더더 무한으로 행복해졌단다!

엄마는 너희들 각자를 온 마음을 다해 사랑해.

나중에 너희들이 이 책을 진지한 마음으로 읽게 되는 날이 온다면 너희들의 삶 속에서 하트법칙을 더 의미 있게 잘 구사하게 되지 않을까 싶어. 그리고 무엇보다 누구보다도 소중하고 진귀한 존재인 너희들 자신에게도 꼭 접속하며 스스로를 항상 위로해주고 응원해주고 격려해주길 바랄게. 물론 엄마는 항상 언제나 너의 편이란다!

♥ 사랑하는 남편에게 ♥

오빠. 뭐랄까. 내 꿈은 언제나 행복한 가정이었던 것 같아.

보글보글 된장찌개에 우리 가족 오손도손 모여 앉아
서로의 하루에 대해, 오늘 있었던 일들에 대해,
각자 지금 가장 중요하다고 느끼는 관심사는 무엇인지
진심 어린 마음으로 물어봐 주고 같이 귀 기울여 들어주는
그런 편안하며 서로 아껴주는 온정을 나누는 가정 말이야.

조건 없는 인정과 사랑을 받고 싶은 건 우리 인간의 본능이래.

우리가 인생을 살면서 그런 사람이 단 '한 사람'만 있어도 힘을 내서
적극적이고 건강하게 살아갈 수 있다는 것이지.

나는 현대사회에서는 더더욱 SNS의 수많은 팔로워들보다
온전히 내 편이 되어줄 단 한 사람이 훨씬 중요하다고 생각해.

현대인들이 많이 겪는 우울과 불안, 정신질환은
어린 시절 부모와의 어긋난 관계에서 비롯된다고 해.
결국 자신을 믿어주고 지지해주고
진정으로 사랑해주는 그 한 사람.

그 한 사람과 연결되지 못하면

인생이 힘들어질 수 있는 것이지.

그렇잖아. 그런 사람이 단 한 사람만 있어도

사람은 무너지지 않는거야.

우리 아이들에게는 부모인 우리가

그 '한 사람'이 되어주면 가장 이상적일 거라 생각해.

또 오빠랑 나, 서로가 그 한 사람이 되어주고 있다고

생각하고 있고 말이야.

나는 우리 아이들에게 정서적인 안정과

따뜻한 관심을 제공해주고 싶어.

신체적, 물리적인 안정과 돌봄도 필수적인 부분이지만 말이야.

따뜻한 애정과 가족 간의 존중과 소통이 굉장히 중요하다고 생각해.

오빠, 나는 우리 아이들이 부모(우리)의 사랑을 믿어 의심치 않고,

그리하여 자신을 믿어주고 지지하고 한결같이 아껴주는 우리에게

온전히 마음 편히 의지하고 속을 터놓을 수 있기를 바래.

우리는 그렇게 지금까지 잘해왔다고 생각해.

또 남편과 아내인 우리 부부는 누구보다 서로를 아껴주는 그런 가정.

이게 내가 바랐던 소망이자 꿈이었던 것 같아.

그런데 말이야. 나는 지금 이 책을 마무리하며 생각을 해보니까 말이지.

나 결국 그 꿈을 이룬 것 같아.

그건 바로 오빠 같은 사람을 만나서겠지.

사람들 각자가 소망하고 바라는 꿈은 다를 수 있겠지만,

나는 내 꿈을 그런 면에서 어느 정도 행복하게 이뤘다고 생각해.

나는 우리 아이들에게 '정서적 유대'와

우리 가정에서 줄 수 있는 '무한적인 안도감',

'사랑받는 느낌'을 주고 싶어.

그건 우리가 함께 존재해서 가능한 것 같아.

한결같이 나를 사랑하고 아껴주는 온전한 내편.

나만의 청정지역.

오빠가 있어서, 오빠와 함께라서

내 인생은 빛이 나고 진정으로 가치 있어졌어.

사랑해. my one & only

당신으로 인해 결국 내 인생이 행복하게 완성되네.

– 준희가 –

똑게육아 하트법칙 - 훈육비법전수

초판 1쇄 발행 2023년 4월 12일

지은이 로리(김준희)
그림·기획·구성 김준희
발행인 박성현
편집 윤승민
디자인 forb studio
마케팅 심승연, 최서진

펴낸곳 북로스트
출판등록 2020년 4월 23일
팩스 02)2179-8214
전자우편 bookroasting@gmail.com

ISBN 979-11-976721-4-9(13590)